低品位石油储量复杂结构井开发技术

任芳祥　孙　岩　于天忠　许　宁　编著

石油工业出版社

内 容 提 要

本书是对辽河油田应用复杂结构井等新技术成功开发低品位石油储量理论和经验的总结。书中系统阐述了二次评价理论、低品位石油储量概念及分类、复杂结构井产能预测方法、渗流机理的物理模拟方法和典型低品位油藏开发的矿场试验成果，介绍了有关前沿新技术。本书可供从事油藏开发的工程技术人员阅读。

图书在版编目（CIP）数据

低品位石油储量复杂结构井开发技术/任芳祥等编著.
北京：石油工业出版社，2011.12
ISBN 978-7-5021-8483-4

Ⅰ. 低…
Ⅱ. 任…
Ⅲ. 复杂地层-采油井-石油开采-技术
Ⅳ. TE35

中国版本图书馆 CIP 数据核字（2011）第 099522 号

出版发行：石油工业出版社
（北京安定门外安华里 2 区 1 号　100011）
网　址：www. petropub. com. cn
发行部：（010）64523620
经　销：全国新华书店
印　刷：石油工业出版社印刷厂

2011 年 12 月第 1 版　2011 年 12 月第 1 次印刷
787×1092 毫米　开本：1/16　印张：11
字数：280 千字

定价：46.00 元
（如出现印装质量问题，我社发行部负责调换）

前　言

中国的石油工业经过近一个世纪的发展，一些埋藏浅、构造简单、储集层和原油性质较好、相对较易开采的高品位石油储量大多已探明和开发，而埋藏深、构造复杂、储集层和原油性质差以及经过一定时期开发的老油田，逐步成为勘探和开发的重点领域。

我国属于石油地质条件十分复杂的国家，低品位石油资源占有举足轻重的地位。1994年，全国第二次油气资源评价认为全国石油资源量中，低渗透石油资源量占总资源量的22.4%，稠油资源量占21.1%。二者相加所得的低品位石油储量占到了43.5%。中国石油天然气集团公司2003年对全国28个主要沉积盆地的油气资源评价取得的认识是：低渗透油层资源量占43%，稠油资源量占7.2%，二者相加所得的低品位石油资源量占总资源量的50.2%。

随着我国国民经济的持续高速发展，石油消费不断攀升。过去15年，我国原油产量平均年增长率为1.8%，远低于同期石油消费平均增长速度7.0%。自从1993年我国成为原油净进口国以来，原油进口量连年增长，2005年原油净进口已超过1.36×10^8t。预计到2020年，中国石油年消费量将达到（4.5～6）$\times10^8$t，石油供需缺口为（2.5～2.7）$\times10^8$t左右，对外依存度将达55%～60%。而随着高品位油藏的高速开发，其产量呈递减趋势。我国每年新增可采储量与地质储量之比已由20世纪60年代的0.376降为近年来的0.168，低品位储量的比例不断提高。

从世界石油工业发展规律看，一个油区随着勘探的加深，找到的低品位储量的比例必将越来越大。随着开发时间的延长，油区剩余的资源中因开采多年而品位变差的资源的比例也会增加，油井中低产井的比例也将越来越大。如果我们不能面对这些现实，按照实际情况确定工作方针，勘探开发工作的路子将越来越窄。单以目前40×10^8t左右探明未动用的低渗透储量为例，以现有的技术经济条件，再动用15×10^8t储量，年采油速度按0.5%～0.7%计，就可多生产（750～1000）$\times10^4$t原油。同时，经过半个多世纪的大规模的开发，我们已经有了数万口关闭油井或废弃油井，如果利用新技术优选并恢复生产，再增加（100～200）$\times10^4$t原油产量也是可能的。

水平井、鱼骨井、多底井等复杂结构井技术是动用低品位储量、提高低品位储量采收率的利器。辽河油区通过多种类型油藏复杂结构井的广泛试验和部分油藏类型的规模应用，取得了提高低品位储量动用程度、提高采油速度和采收率的好效果。复杂结构井技术已经应用在静52、兴古7、西斜坡、洼60、欢2-11-13、齐131、新海27、高105、锦150等十几个区块，覆盖地质储量5500×10^4t，成功应用到特殊岩性油藏、薄层稠油油藏、低渗透砂岩油藏和复杂小断块。由于投资成本适中，回收期短，社会、经济效益显著，部分区块投入开发一年就已完全收回投资；完井系统与国外钻井服务公司同水平相比价格仅为1/8～1/6，有较高的价格优势；多分支井技术在油气资源日趋紧张的今天，在薄层稠油藏和低渗透油藏的开采中，为油区实现“少井多产”目标提供了有力保证。截至2007年底，全油区共完钻包括水平井在内的复杂结构井496口，建成原油生产能力175×10^4t。投产485口，开井386口，2007年产油154.8×10^4t。实现销售收入81.73×10^8元，而同期总投资56.62×10^8

元，实现利润25.11×10^8元，在油田稳定发展中发挥了重要作用，取得了显著的社会和经济成效。

除了辽河油区，低品位储量复杂结构井开发技术在四川、大庆、新疆等油田都具有推广应用前景，能够有效利用国家资源，满足国民经济对合理采油速度的要求，节省土地占用，保护环境，特别是所有工具均有自主知识产权，经济和社会效益都十分显著。

当前是开发低品位石油资源的有利时机，开发低品位储量有3个有利条件：

（1）油价处于相对高位，开发低品位石油资源，不仅利润可观，可以较快收回各项投资费用，也为今后低油价时期以极低的成本（主要是操作费）维持原油生产打下基础。

（2）经过长期摸索，对低品位石油资源有了较客观的认识，形成了一套比较成熟的勘探开发和钻采技术。

（3）30年的改革开放，为多种形式开发低品位石油资源提供了资本市场、技术市场和初步经验。

辽河油区地质结构复杂，以稠油为主体，低品位储量油藏与其他油区相比，占有更为重要的地位。因此，近些年来辽河油区在低品位储量开发方面进行了系统的理论创新和各项技术攻关，提出了以精细油藏描述为基础、以二次开发理念为指导、以复杂结构井为主体技术，遵循二次评价“四个转变”的技术路线，最终实现了低品位储量的有效动用和规模开发，取得了提高低品位储量油藏的储量控制程度、动用程度，提高原油采油速度、采收率的好效果。

本书集合了辽河油田应用复杂结构井等新技术成功开发低品位石油储量的理论和经验。在科学技术研究中，得到程林松、刘月田老师和喻晨、陈超、杨正明、陈韶生、吕建云、徐萍、邱林等同志多方面帮助，在此一并表示感谢。

2011年3月

目 录

第一章 低品位石油储量油藏类型及特征

低品位石油储量是指已探明的、资源品质差、赋存及分布特征复杂、常规技术难以经济有效开采的石油资源。低品位石油储量是相对概念。一是相对于已发现的规模大、丰度高、油品好、产量高的油气田而言。二是相对于技术经济条件而言。“品位”是技术经济条件的函数，随着技术进步、油价上升，低品位石油储量可以成为“高品位”的；而在油价下降时，“高品位”资源也可以成为“低品位”的。根据成因，低品位石油储量有两种类型：

(1) 天然形成的，包括低丰度油藏、低渗透油藏、稠油油藏（尤其是薄层稠油油藏）、复杂小断块或者主力油藏周边难以开采、难以动用的油藏的储量，甚至还包括难勘探的储量，即指随累积探井数增加，储量发现率曲线由陡升变平缓的“拐点”后所探明的储量。

(2) 人为原因造成的。主要是经过长期开发的“双高”期油田的剩余储量，相当于固体矿藏的“尾矿”，资源品位变差。但是油田的“尾矿”总量巨大，一般占探明石油地质储量的70% 以上。

我国低品位油气资源丰富，具有较大的开发潜力。实践表明，只要创新理念，创新技术，大胆实践，加强科技攻关，降低成本，在一定的油价条件下，我国绝大部分低品位石油储量是完全可以动用的，完全可以进行商业开发和生产，对于增加原油产量，提高勘探效益，提高国内油气资源供给能力，保障国家石油安全意义重大；对于新老油气田实现增产有效、稳产有方、减产有序，为油气矿业城市调整产业结构，实现可持续发展具有重大意义。

现代石油工业历史比较悠久的美国、加拿大和荷兰等发达国家，在长期开发石油的实践中认识到，在自然界中低品位石油资源的总量是巨大的，和高品位石油资源总量相近，甚至大大超过后者。因此，这些国家都十分重视低品位石油资源的开发利用。俄罗斯油田开发专家克雷洛夫指出：前苏联20年以前全国难动用储量仅占其总地质储量的5%，目前则高达50%。

美国石油工业有140多年的历史。20世纪20年代年产量突破 1×10^8t，1970年达到年产 5×10^8t 的高峰，后逐渐递减，目前仍有 3×10^8t 左右，是我国同期原油年产量的两倍。美国有高产油田和高产井，但是由于开发了更多的低品位石油储量和低产井，全国平均单井日产水平始终较低，产量高峰年时只有2.5t，目前只有1.5t。据统计，1999年，全美国油井日产油小于2bbl[❶]（合0.27t）的油井有 42.3×10^4 口，占油井总数的76.3%；年产油 4293×10^4t，占全美年产量的14.6%。可以说美国是一个建立在低品位石油资源和低产井基础上的长盛不衰的石油生产大国。美国是当今世界唯一的超级大国，所需的石油完全可以全部取自海外，但是，美国并没有这样做。而是在大力开辟多元化海外油源的同时，精心开采本土石油资源，包括低品位石油储量。美国这样做，源于两点考虑。

一个因素是国家安全。2001年美国副总统切尼主持起草的《美国国家能源报告》认为：对进口石油的依赖是一个严重的长期挑战，使美国经济极易受到破坏。加重依赖是能源政策上的失误。为此要增加国内石油产量，措施是：①扩大勘探；②重视开发低品位石油储量，扶持小的油气生产商；③提高采收率；④修改束缚勘探开发的法律法规。

---

❶ $1bbl=0.159m^3$。

另一个因素是宏观经济和社会效益。1998 年，当油价为 11.5 美元/bbl，处于最低谷时，美国石油与天然气州际协调委员会曾做过研究分析，认为如果因油、气价太低，而将 41.3×10^4 口低产油井、19.2×10^4 口低产气井全部关闭，美国本土将少产原油 4328×10^4 t、天然气 385×10^8 m³，产值将减少 93×10^8 美元，并且将减少 54431 个工作岗位。

仔细分析美国本土的年采油曲线，人们会发现几次石油危机和国际油价的变化对美国年产量的影响并不明显，或许就是“多井低产”生产模式的优越性，有利于国民经济的平稳发展。

第一节　低品位石油储量评判标准及特征

低品位石油储量可以从技术和经济两方面进行评判。

（1）技术标准：将自然条件下由于技术原因开发难度较大的储量称为低品位储量，如低丰度、低渗透、薄层稠油、低饱和度老油田的储量。

①低丰度：探明石油地质储量丰度小于 50×10^4 t/km²；

②低渗透：砂岩油藏储层平均渗透率小于 $50\times10^{-3}\mu m^2$；

③稠油 ：油藏条件下，原油黏度大于 50mPa・s；

④低饱和度：原油饱和度小于 60%。

（2）经济标准：一般将投资收益率 12%作为划分储量品位高低的标准，投资收益率达不到 12%的，被定义为低品位储量。剩余储量的经济判断标准则为成本利润率小于 6%的已开发油藏。

低品位石油储量具有如下特征：

（1）储层致密或者原油物性差，具有储量丰度低、单井产量低的特征；

（2）储层和原油物性好，但分布复杂，或储量规模较小，需要特殊工艺和设备，风险高；

（3）与技术和油价呈函数关系，随着技术的发展与油价的上升，可以变为可动用储量；

（4）受管理体制、管理水平、开发水平的影响，管理水平等不同，储量的可动用性不同。

截至 2003 年年底，我国累积探明石油地质储量中，低品位储量占 50.9%，主要由两部分组成：其一为低渗透油层，储量占全国探明储量的 30.9%，2002 年年产油 2598×10^4 t，占全国同期原油产量的 15.4%。其二为重油，储量占全国探明储量 20%。重油中有部分稠油需要使用热采等特殊工艺才能开采，2002 年这部分稠油储量约为 18.4×10^8 t，动用 12.6×10^8 t。（图 1－1）。

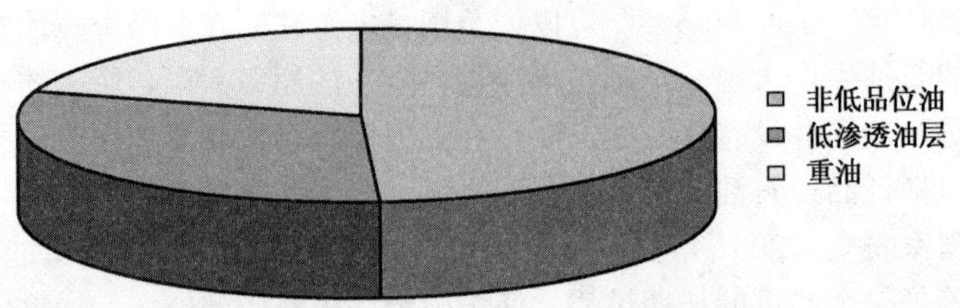

图 1－1　国内低品位石油储量统计图

辽河油区，重油、稠油储量尤其大，占总探明储量的 46.1%，其中油层厚度大、储层物性好、埋藏深度相对较小、可以应用直井进行常规热采、注水开发的，在复杂结构井开发试验的基础上，已经开始规模部署。油层厚度小、靠近边水、直井难以经济有效开发的稠油储量试验复杂结构井开发，也已取得较好效果。

第二节　主要低品位石油储量类型

一、低裂缝密度潜山油藏

该类潜山油藏裂缝不发育，如静52潜山，共6口井25块样品用氦孔仪进行常规物性测定。其中微裂缝孔隙度最大值为12.3%，最小值为0.7%，平均值为3.6%；渗透率最大值为$9.5\times10^{-3}\mu m^2$，大于$1\times10^{-3}\mu m^2$的有6块样品，占24%，其余均小于$1\times10^{-3}\mu m^2$，占76%；裂缝开度在10μm的有效裂缝占39.8%，开度小于0.1μm的无效裂缝占50%，反映出静52潜山裂缝不发育，充填程度也较高。储层属于低孔隙度、低渗透性储层。而边台北潜山油藏储层岩性为混合花岗岩，裂缝发育程度相对较低，储层物性也很差（表1-1）。

表1-1　静52潜山常规物性及孔喉半径数据表

井　号	取样深度，m	孔隙度，%	渗透率，$\times10^{-3}\mu m^2$	平均孔喉半径，μm	岩　性
静52	2806.0	1.8	0.16	0.398	浅粒岩质混合岩
	2807.0	1.5	0.36	0.633	混合岩
安131	2807.1	0.7	<1	1.089	碎裂二长浅粒岩
	2809.0	0.8	<1	1.579	碎裂浅粒岩
	2850.82	2.4	2	0.703	碎裂斜长混合岩
	2901.2	1.8	<1	0.431	伟晶状混合岩
安133	2784.8	2.5	<1	0.094	浅粒岩
安107		2.6	144	1.12	片麻岩
	2755.67	4.3	0.68	0.069	斜长浅粒岩
	2999.12	2.0	0.07	0.534	斜长浅粒岩
安114	2869.98	3.2	0.31	0.184	斜长浅粒岩
	2870.38	6.5	0.35	0.166	中晶斜长浅粒岩
	2900.20	1.6	0.01	0.024	斜长浅粒岩
	2999.99	4.5	2.43	0.410	斜长浅粒岩
安130	2600.63	3.6	0.29	0.155	斜长浅粒岩
	2601.23	4.1	0.38	0.0766	二长浅粒岩
	2688.49	2.1	0.28	0.436	二长浅粒岩
	2689.99	7.1	0.67	0.443	斜长浅粒岩
	2690.39	5.5	3.50	0.862	斜长浅粒岩
	2690.89	4.7	0.34	0.457	斜长浅粒岩
	2758.78	2.3	3.15	0.051	含黑云母二长浅粒岩
	2786.48	3.3	0.97	0.470	条带状混合岩
	2870.10	3.7	0.05	0.106	浅粒岩质混合岩
	2871.74	12.3	9.5	1.613	浅粒岩质混合岩
	3098.07	5.0	0.27	0.330	细晶斜长浅粒岩

这类油藏直井开发效果差。静52井初期日产油5.2t，累积产油只有386t。截至2007年年底，全块累积生产原油仅有27462t，采出程度只有0.68%。边台北投产直井36口，平均单井日产油3.0t，采油速度为0.3%，采出程度仅5.3%，792×10^4t储量难以有效开发动用。

二、复杂内幕构造潜山油藏

复杂内幕构造潜山尤以潜山内幕构造复杂为特征，如兴古7潜山油藏。构造复杂、岩性多样、油层巨厚3个特点集中体现了地质复杂性，与地层古老、发育有裂缝、油品轻质共同代表了该潜山主要地质特征。

兴古7潜山地层为太古宇，根据单颗粒锆石原位定年方法测定，其变质岩形成时间在25亿年前后，是辽河油田最古老的地层之一。潜山南侧发育有多条中低角度逆断层，内幕构造复杂。目前识别的潜山岩性包括变质岩、岩浆岩在内共划分出两大类、7种亚类、15种岩石类型、25种岩石。从裂缝密度、宏观裂缝孔隙度、千米井深日产油水平等统计，兴古7潜山裂缝发育程度为中下水平。根据试油试采资料，潜山未见气顶和边底水，含油幅度达到2300m以上，平均有效厚度为428.5m，属于平面上满块含油、纵向上整体含油的巨厚裂缝性变质岩油藏。原油物性好，属于轻质油。

针对兴古7潜山岩性多样、非均质性强、油层巨厚的特点，通过对全球大中型变质岩潜山油藏开发方式，井网、井距、井型等调研和数字模型、物理模型的综合研究，有了多方面创新和突破。

三、薄层稠油油藏

薄油藏是个相对概念，在辽河油田现有水平井技术条件下，主要指油层厚度小于等于10m、直井开发不经济的稠油油藏。具有以下3方面地质特点：

(1) 油藏埋深浅，一般小于1500m，构造简单，幅度低；

(2) 油层分布广、厚度薄，储层主要为扇三角洲前缘薄层砂，物性好，岩性细，易出砂；

(3) 油水关系较简单，多为纯油藏和层状边水油藏。

薄油藏由于油层太薄，利用直井和常规定向井开发，油层裸露面积有限，难以形成商业生产能力。在薄油藏钻水平井，可以大大增加生产井段与储层的接触面积，增加泄油面积，大幅度提高油井产能，将有工业价值产量所要求的最小油层厚度降低到最小限度，从而达到提高采收率和开发薄油层难动用储量的目的。

稠油根据原油黏度可以分为普通稠油、特稠油和超稠油。由于原油黏度大，天然能量和注水开发的效果都很差，属于低品位储量，需要采用人工注蒸汽开发，称为热采稠油。辽河油区热采稠油油藏主要分布在欢喜岭、曙光、高升、小洼和冷家堡等油田，共动用石油地质储量67394.7×10^4t，占辽河油区储量的36.8%，可采储量16114.5×10^4t，占辽河油区的36.2%。2006年产油643.0×10^4t，占辽河油区产量的53.5%，采油速度为1.0%，累积产油12819.2×10^4t，可采储量采出程度为79.6%。这类油藏平均单井吞吐11.5周期，年油汽比为0.36。根据原油黏度，可进一步分为普通热采稠油—特稠油、超稠油两类。

辽河油区的普通热采稠油—特稠油动用地质储量为53534.7×10^4t，标定可采储量为13016.1×10^4t，采收率为24.31%，年产油374.3×10^4t，采油速度为0.70%，累积产油11243.5×10^4t，采出程度为21.0%，可采储量采出程度为86.38%，剩余可采储量采油速度为21.12%。该类油藏大多产量已经进入递减阶段。一是主力区块已经历1～3次加密调整，井距已从基础井网的100～200m调整到目前的70～100m，单井控制剩余可采储量仅为

0.45×10^4t左右，继续加密调整的余地越来越小且效果明显变差。据主力区块统计，目前加密调整井第一周期产量仅相当于基础井网的5～6周期。二是总体上已进入吞吐开发后期，大部分区块进入高周期生产，地层压力已降至原始地层压力的25%～30%，平均单井周期产油由低周期的2500t下降到1100t左右，油汽比由低周期的1.2以上下降到2006年的0.37，吞吐效果明显变差。三是油井出砂、井况变差、边底水侵入、存水率增加、周期注汽量增大等问题日益显现，不仅影响了吞吐效果，而且成本和产量的矛盾十分突出。四是开发方式转换还没有大面积展开，只能立足于蒸汽吞吐这种衰竭式开采方式，产量逐年递减成为必然趋势。

超稠油油藏自1997年陆续投入开发，到2006年探明石油地质储量1.8308×10^8t，动用石油地质储量13860×10^4t，可采储量3098.4×10^4t，标定采收率22.4%，主要开发动用了杜84块兴隆台、杜84绕阳河、杜229块兴隆台、杜813块兴隆台、杜80块兴隆台、杜212兴隆台、曙1-27-454兴隆台、曙1-6-12兴隆台等8个区块。按热采稠油开发阶段划分，除杜229块兴隆台目前处于快速递减期外，其余7个区块都处于上产和相对稳产阶段。产能建设是超稠油产量上升的主要因素，开发井网一次到位是产能建设的显著特点。目前整体产量处于上产期的主要原因是每年尚有大量的新井投产，且由于超稠油特殊的生产特点，处于上升阶段的产量比例还一直大于处于产量递减阶段的产量比例。但随着投产时间的延长，超稠油整体已处于8周期以上生产，递减阶段的产量比例将逐渐增大，2006年开始超稠油产量规模增大趋势明显减缓，开始进入临界稳产状态。

辽河油区在普通热采稠油—特稠油、超稠油开发方面已经形成了以蒸汽吞吐、蒸汽驱、SAGD为代表的、行之有效的技术，近年来又致力于复杂结构井开发薄层稠油，也已取得了阶段成果。

薄层稠油低品位储量油藏典型代表为西斜坡薄层稠油油藏，构造上位于西部凹陷西斜坡边缘，为一宽缓古斜坡，面积约$260km^2$。研究区自下而上发育8套含油层系，其中Es_{1+2}已上报探明含油面积$28.9km^2$，石油地质储量10460.0×10^4t。目的层为该层系的兴隆台薄油层，主要分布于研究区内主力开发区块的边缘与结合部。因为油层薄、储量丰度低、原油黏度大，长期以来一直未能开发。通过重新认识地质体，总结出西斜坡薄层稠油具有以下特征：

(1) 西斜坡中段兴Ⅱ油层组为本区主力目的层，分布范围广、厚度变化大，油层发育程度受构造、岩性双重因素控制，总体上西南部构造低部位油层发育优于东北部高部位。油气以断裂构造区带为单元聚集成藏，不同时期断裂条带控制油气成藏，影响油气运移及分布规律，其富集程度受控于圈闭所处的构造位置与圈闭类型。内部斜坡带油气富集程度优于边缘带，锦7块、欢127块、锦45块、锦16块和欢17块等主力开发区块均分布于此。

(2) 工区内西八千和齐家两个扇三角洲沉积体多期次沉积砂体为油气聚集提供了良好的储集空间，同时沉积微相控制了油层发育程度，其中辫状分流河道和河口沙坝等沉积微相发育区为油气聚集的有利沉积相带。但位于两个扇三角洲结合部的欢627—欢169井区储层砂体发育比沉积主体部位差，成为薄层稠油分布区。

(3) 对于油气二次运移而言，构造活动应力是油气运移的主要动力之一，应力传递方向是油气二次运移的主要方向，应力释放部位利于油气聚集成藏，因此断裂发育区往往成为油气富集分布区，而断层性质、断距大小和规模控制了区域内厚、薄油层在不同断块中的差异分布（图1-2）。

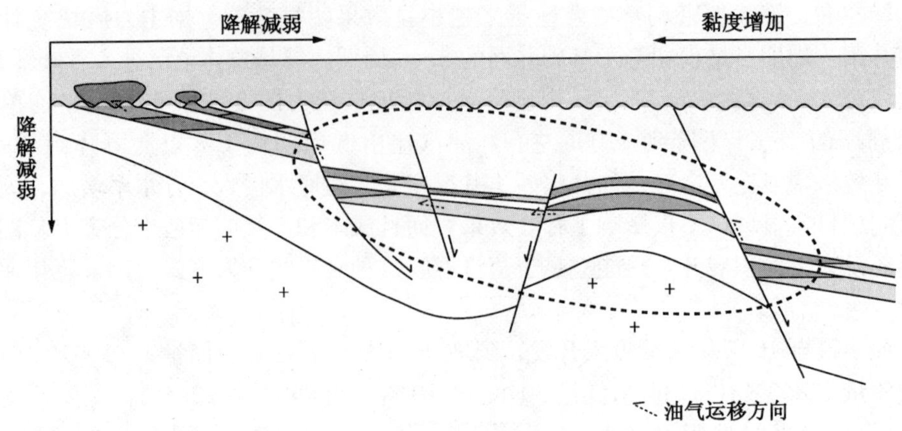

图 1－2　西斜坡薄层稠油形成模式图

(4) 油藏保存程度受控于封堵条件。①构造油藏具有较好的封堵条件。沙一中、沙二末期两次湖泛沉积为该区提供了足够的泥岩盖层封堵条件，并且西南部分布的玄武岩也成为工区油气封堵的良好盖层。②不整合遮挡油藏的封堵条件具有相对性。本区于东营组沉积末期曾经历一次区域构造抬升，靠近工区高部位的边缘带 Es_{1+2} 目的层遭受剥蚀，不整合面对油气成藏具有一定的影响，因此边缘带油层发育较差。

随着埋藏深度的加深，压实作用的加剧，油藏内部逐渐与上部地层压差增大，当遮挡层上下的压差超过不整合面物性封隔层的突破压力时，油气在最薄弱的地带形成突破，向上二次运移。当压力释放后，原油挤入上部的馆陶组储层中，形成新油藏（工区边缘带欢 623 块馆陶组油藏），这一再运移过程可能会造成下部 Es_{1+2} 残余油藏油水界面升高或油层含水，使其油藏规模变小。

(5) 油品性质与油藏所处构造位置和埋藏深度有关。原油降解稠化受以下 3 方面条件控制：

①地下水循环特点和水介质条件。构造位置越高，地表水注入越强，地下水循环强度大、供氧充足、地层水矿化度低，原油氧化降解程度越强。

②油层温度和埋藏深度。油层埋藏越浅，地温越低，微生物具备生成条件，原油越易生物降解稠化。

③油藏保存条件。构造位置越高，靠近不整合面，油藏保存条件越差，原油越易降解稠化（图 1－3）。

四、易出砂稠油油藏

注 60 断块区 Es_3 油层构造形态总体上为被断层复杂化的近北西—南北走向的断裂背斜，沉积相为水下扇沉积，岩性以不等粒砂岩和砾状砂岩为主，油层埋深 1320～1590m，含油井段集中、单层厚度大，含油井段一般为 60～150m，平均油层厚度最大为 41.5m，油层产状主要以中厚层（4～10m）为主，平均孔隙度为 24.54%，平均渗透率为 $1462.6\times10^{-3}\mu m^2$，总体上，属于中高孔、中高渗储层。平面上油层分布受构造控制，主要分布在高断块和断块内的构造高部位，油藏类型主要为边底水油藏，各断块的油水界面深度差别较大，由南向北，油水界面逐渐加深。原油黏度总的由北向南、由西向东逐渐变稠，黏度一般在 23～530Pa・s。油藏的原始地层压力为 13.2～16MPa，原始油层温度为 56～62℃。

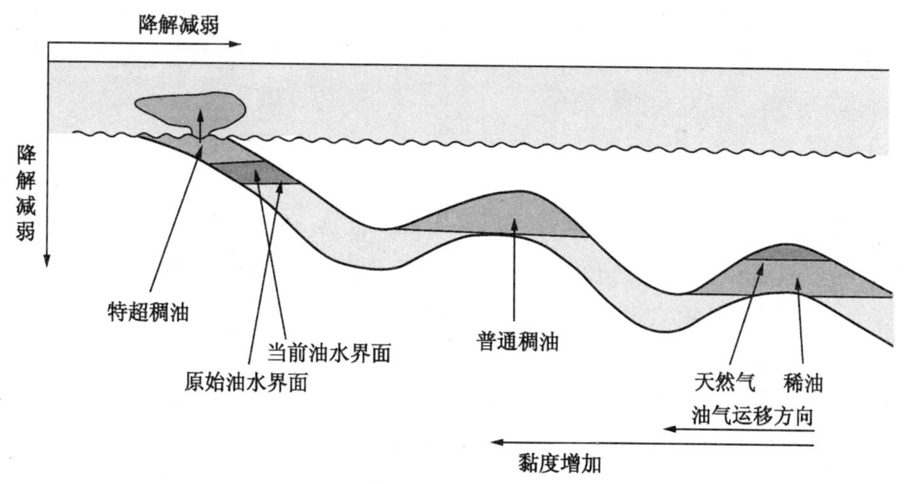

图 1－3　原油黏度纵向分布模式图

洼 60 断块区 Es_3 油层由于胶结疏松，开发中易于出砂。该断块在 1996 年蒸汽吞吐试采成功，1997 年采用 100m 井距，正方形井网，一套开发层系投入开发。2005 年在洼 59 块、洼 60－56－26 块部署加密水平井。目前共投产水平井 25 口，老井 9 口，平均吞吐 4.5 个周期，累积产油 10.7797×10^4t，2008 年投产新井 16 口，初期单井日产油 7.8～29.8t。

五、低孔低渗透砂岩油藏

对于低—特低渗透砂岩油藏的界限，不同学者有不同认识。前苏联把低渗透油藏的渗透率上限定为 $50\times10^{-3}\mu m^2$，如前苏联提高采收率部科技委员会的苏尔古伊耶夫（1993）将低渗透油层的渗透率上限定为（50～100）$\times10^{-3}\mu m^2$。但是，当各油田低渗透储层的形成和埋藏的地质—物理条件有很大差别时，渗透率上限将有所不同。例如，根据萨莫特洛尔油田岩样的气测渗透率，并考虑其毛管和超毛管孔隙的定量比值，确定出该油田低渗透储层的渗透率上限为 $22\times10^{-3}\mu m^2$，而用同样方法确定的苏达尔明油田低渗透储层的渗透率上限为 $12\times10^{-3}\mu m^2$，乌津油田低渗透储层的渗透率上限为 $80\times10^{-3}\mu m^2$。

美国 A. I. Leverson 把渗透率 $10\times10^{-3}\mu m^2$ 作为低渗透储层的上限；我国学者唐曾熊建议低渗透油田以渗透率（10～100）$\times10^{-3}\mu m^2$ 为界；罗蛰潭、王允诚（1986）将渗透率小于 $100\times10^{-3}\mu m^2$ 的油层称为低渗透油层；严衡文（1992）的低渗透储层上限为（10～100）$\times10^{-3}\mu m^2$。西安石油学院和中国石油勘探开发研究院渗流所通过渗流特征研究发现，渗透率为 $40\times10^{-3}\mu m^2$ 前后的临界压力梯度有明显变化，即渗透率低于 $40\times10^{-3}\mu m^2$ 后，临界压力梯度明显增加，而采收率显著降低。因此从渗流特征的观点，低渗透油层的渗透率界限应该是 $40\times10^{-3}\mu m^2$。也有一些人从油田开发角度出发认为低渗透油藏划分要结合油藏地质、流体物性及油井产能等诸因素，以期实际反映油藏渗流能力、可采性和开发难度。还有一些人将其他渗流特征参数作为细分类标准，应用了流度、束缚水饱和度、退汞效率、可流动空间大小、面孔率和黏土矿物含量等参数，将储层含油性与产能间建立起关系，为油田开发决策提供依据。

综合前述各种观点，结合辽河油区低渗透油藏储层特征、流体物性及油井产能等因素，以渗透率标准作为划分依据，将低渗透油藏的渗透率上限定为 $100\times10^{-3}\mu m^2$，并且进行了细分，将油藏空气渗透率在（50～100）$\times10^{-3}\mu m^2$ 划分为中低渗透油藏，将油藏空气渗透率在（10～50）$\times 10^{-3}\mu m^2$划分为低渗透油藏，将油藏空气渗透率小于$10\times 10^{-3}\mu m^2$划分为超低渗透油藏，以期反映油藏实际的渗流能力、可采性和开发难度。辽河油区低—特低渗透砂岩油藏具有以下地质、开发和渗流特征。

1. 地质特征

（1）构造及断裂系统复杂。辽河油区低渗透油田的一个显著特点是构造复杂，断裂系统复杂，如欢北杜家台低渗透油田划分为4个断块群，即齐43、欢50、欢12—欢8及南部4个断块群、60个四级断块。断层形成可以分为4个时期：沙四期、沙三期、沙二—东营期及早期继承活动断层，共组合断层59条，其中沙四时期同生断层41条，沙三时期断层7条，沙二—东营时期断层10条，早期继承活动断层1条。

（2）储量丰度低，单储系数小。单储系数小，即单位面积内每米油层储量少。低渗透率储层由于孔隙度低，束缚水饱和度高，导致含油饱和度低；加上原油性质较好，原油密度小，体积系数大，使得单储系数较小，一般小于$10\times 10^4 t/(m\cdot km^2)$，辽河低渗透油田单储系数平均为$6.93\times 10^4 t/(m\cdot km^2)$，全国典型低渗透油藏平均为$6.76\times 10^4 t/(m\cdot km^2)$。

储量丰度低。低渗透率砂岩储层，除一部分属厚层油藏外，大多为砂、泥岩间互层状油藏，油层厚度较小，单位面积储量低，除少数油田大于$100\times 10^4 t/km^2$外，一般小于$100\times 10^4 t/km^2$，辽河低渗透油田平均储量丰度为$110\times 10^4 t/km^2$，全国典型低渗透油藏平均为$78\times 10^4 t/km^2$。根据储量评价分类，低渗透率砂岩油藏，多属于低丰度油藏。

（3）有效厚度变化大，层数多、单层厚度薄。辽河油区低渗透油田油层有效厚度变化幅度较大，有效厚度最大的雷64块达112m，而最小的牛16块只有3.4m。绝大部分低渗透油藏的油层厚度都集中在10～20m左右。辽河低渗油田另外一个显著特点是层数多，单层厚度薄，如包14块，该块九上段油层分布在埋深835～1420m的585m井段之内，有着单层层数多，单层厚度薄的特点。据包5—3井部署实施前完钻的43口井厚度资料统计，九上段油层单井有效厚度最大的是包7—15井，为44.2m。最小的是包14—8井，为7.7m，平均单井有效厚度为19.77m。单井层数一般在10层左右，单层有效厚度最大为11.2m，最小的0.6m，一般在1.0～2.0m之间，平均单层有效厚度为1.8m。

（4）油藏埋深变化幅度大，层位多样。辽河低渗透油田油藏埋深变化幅度较大，从最浅的包1块990m到最深的牛74块3170m，深度变化幅度达2180m。而且层位多样，包括E_3d、Es_1、Es_2、Es_3、Es_4以及K_1jf等层位。油藏埋藏深度变化大及层位多样性更加大了辽河油区低渗油田的开发难度（见表1－2）。

表1－2　辽河低渗透油田油藏基本参数表

区　块	埋深，m	层　位	区　块	埋深，m	层　位
包20	1355	K_1jf	兴北S3	2112	E_3s_3
欢2兴	1310	$Es_1^{下}-Es_2$	包14	1175	K_1jf
冷46	2650	Es_3	欢58	1205	Es_4
冷3	2650	Es_3	欢北断	2400	Es_4
冷35	2900	Es_3	冷37	2275	Es_3^4
交2	1710	K_1jf	齐家	2000	E_2
包1	990	K_1jf	牛53	2958	Es_2
茨629	2225	Es_3	牛零散	2850	Es_2

续表

区　块	埋深，m	层　位	区　块	埋深，m	层　位
雷 64	2080	Es_3	牛 12	2923	Es_2
牛 74	3170	Es_{2+3}	牛 16	2925	Es_2
沈 95	2010	Es_3^4	冷 161	2575	Es_3
牛心坨	1750	N	17－5 合计	2350	
杜 124	2905	$Es_3^3+Es_4^{11}$	欢 23	2750	Es_4
兴马 19d	1890	E_3d	兴西	2600	E_2s_2
沈 257	2770	Es_4	欢 2－11－13	1580	Es_3
沈 267	3170	Es_4	开 46	1860	Es_3
齐 131	3257	Es_3	欧 50	2475	Es_3
锦 306	3150	Es_2	欧 31	2400	Es_3
锦 307	3425	Es_2	双 210	3665	Es_2
锦 310	3200	Es_{1+2}	欢 640	2575	Es_3
齐 233	2230	Es_4	河 11	1765	K_1jf
奈曼	1585	K_1jf	汉 1	1750	K_1jf

（5）油层含水饱和度高。从全国的低渗油藏含水饱和度来看，普遍偏高，全国低渗透油藏原始含水饱和度一般在30%～50%，有的高达60%。辽河低渗透油藏平均含水饱和度也符合上述规律，为39.2%，最高的交2块达到了49.2%（见表1－3）。

表 1－3　辽河低渗油田油藏基本参数表

区　　块	S_w，%	区　　块	S_w，%
包 20	45	兴北 S3	40
欢 2 兴	35	包 14	45
冷 46	44.7	欢 58	39
冷 3	43	欢北断块	31
冷 35	47.3	冷 37	35
交 2	49.2	齐家	37
包 1	35.8	牛 53	40
茨 629	39	牛零散	40
雷 64	29	牛 12	40
牛 74	40	牛 16	40
沈 95	35	冷 161	47
牛心坨	40	17－5 合计	40
杜 124	35	欢 23	40
兴马 19d	35	兴西	40
沈 257	40	欢 2－11－13	45
沈 267	45	开 46	46
齐 131	40	欧 50	39

续表

区　块	S_w，%	区　块	S_w，%
锦 306	45	欧 31	40
锦 307	44	双 210	36
锦 310	44	欢 640	40
齐 233	46	河 11	45
奈曼	47	汉 1	45

（6）储层物性差，孔隙度、渗透率低。低渗油田储层物性差，渗透率、孔隙度低，辽河低渗透油田平均孔隙度为 16.4%。根据渗透率大小，辽河低渗透油藏可分为 3 类：一类渗透率小于 $10\times10^{-3}\mu m^2$，其储量占 0.6%；二类渗透率为 $(10\sim20)\times10^{-3}\mu m^2$，其储量占 27%；三类渗透率大于 $20\times10^{-3}\mu m^2$，其储量占 72.4%，二、三类低渗透储层的产量占到了 47%。按孔隙度划分来看，孔隙度小于 10%的储量占 0.6%，孔隙度在 10%～20%之间的储量占 79.5%，孔隙度大于 20%的储量占 19.9%（如图 1－4、图 1－5）。

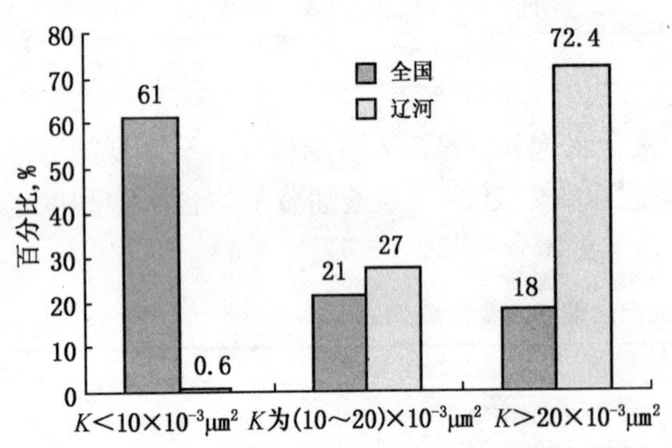

图 1－4　辽河低渗透油田储量在渗透率中分布图

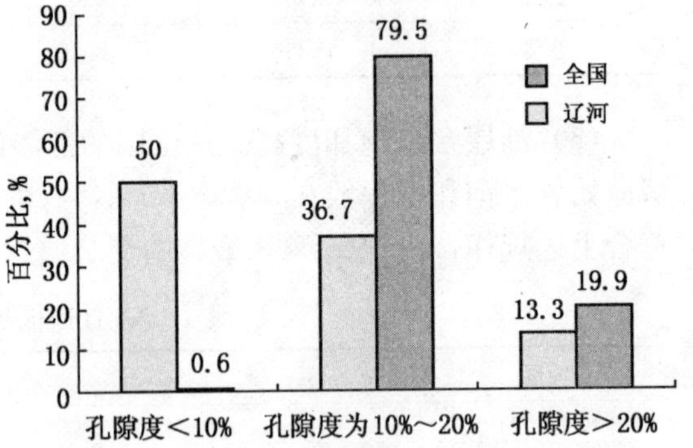

图 1－5　辽河低渗透油田储量在孔隙度中分布图

（7）原油性质较好。我国低渗透油田原油具有：胶质和沥青少、密度小、黏度小、含蜡量高、凝固点高的特点。辽河低渗透油田与之对比具有：胶质和沥青含量高、密度偏大、黏度偏大、含蜡量低、凝固点低的特点（见表 1－4）。

表 1－4　辽河低渗透油田与我国低渗透油田参数对比表

对比单元	密度（地层）g/cm³	原油密度 g/cm³	黏度（地层）mPa·s	凝固点 ℃	含蜡量 %	胶质＋沥青 %
全国		0.84～0.86	0.7～7.8	27.1	17.7	13.4
辽河油田	0.7847	0.8692	0.5～15	21.9	12.25	18.1

2. 生产特征

（1）天然能量小，一次采收率低。低渗透油田一般边底水都不活跃，天然能量不充足，再加上渗流阻力大，能量消耗快，采用天然能量方式开发，产量递减快，地层压力下降快，一次采收率低。

根据计算，我国低渗透油田平均弹性采收率只有 1.27%，平均溶解气采收率为 13.9%。

辽河油区低渗透油田弹性驱加上溶解气驱的一次采收率仅为9.9%，天然能量采收率低（图1－6、图1－7）。

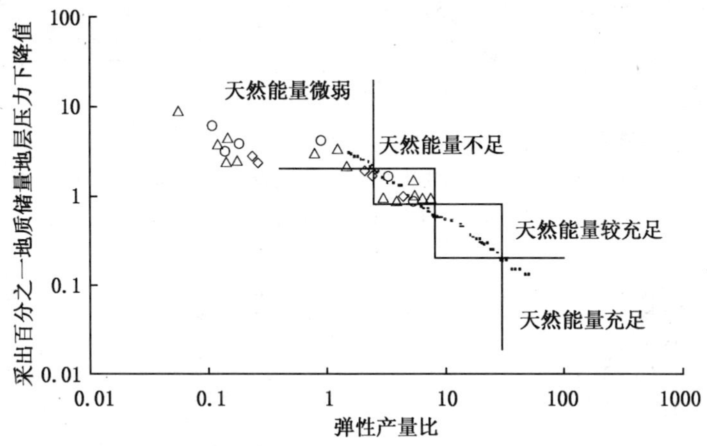

图1－6　辽河低渗透油田天然能量图版

（2）自然产能低，压裂有一定增产效果，但是有效期较短。大多数低渗透油田，由于岩性致密，孔喉半径小，渗流阻力大，导致油井自然产能低，生产压差大。统计我国部分已开发低渗透油田，单井自然产能一般低于5t，特别是渗透率小于$10\times10^{-3}\mu m^2$的特低渗透油田，油井自然产能更低，有的甚至根本不出油。但多数低渗透油田，在经过压裂改造后，增产幅度较大，可使原来不具备工业生产价值的低渗透油田变为可进行工业开采的油田。压裂已成为低渗透油田试油和开发的必要措施。对比我国部分低渗典型油藏以及部分辽河低渗断块，从对比数据来看，压裂是低渗油藏十分有效的增油措施，压裂后产量较自然产能成倍增加，增加幅度基本都在2倍至4倍左右，效果好的也有10倍左右（图1－8）。

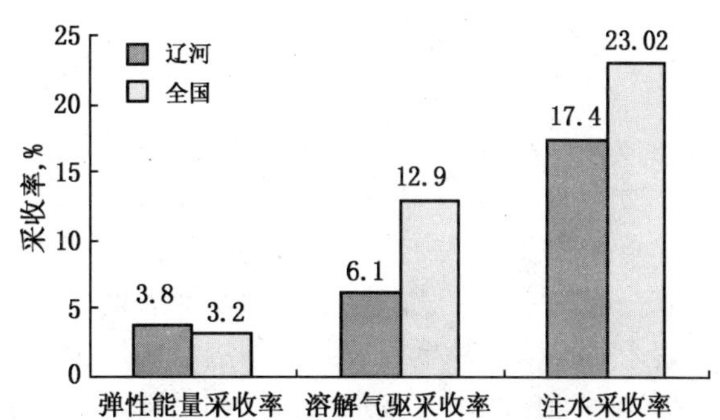

图1－7　我国低渗透油田采收率对比图

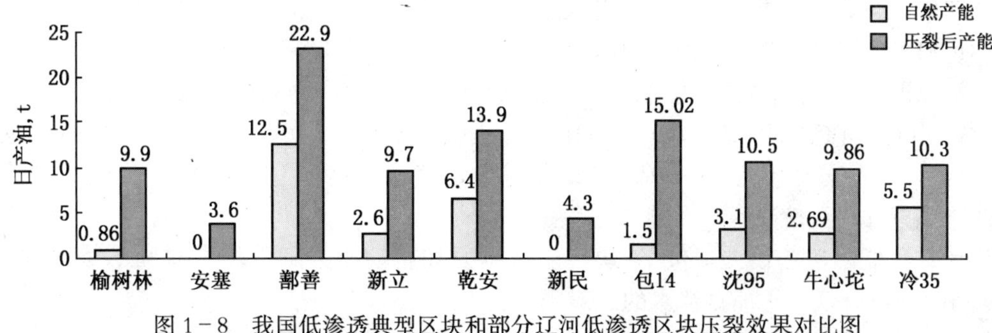

图1－8　我国低渗透典型区块和部分辽河低渗透区块压裂效果对比图

但是，压裂增产需要满足较高的地层压力、适当深度等，而且有效期有限。根据包14、奈曼等低渗透油田的统计，压裂有效期一般在1～2个月，难以成为低渗透储量开发动用的根本性技术。

而且，低渗透油田压裂后初期产能较高，但产量递减快，根据对国内一部分低渗透油田的统计，产油量的年递减率一般都在25％～45％之间，最高达到60％；地层压力下降幅度很大，每采出1％地质储量，地层压力下降3.2～4.0MPa。对辽河外围低渗透油田部分典型井递减进行回归计算发现，初期递减率较大，月递减率在35％左右，而随着开发时间增加，产量降低，递减也相应减缓，后期递减率也在5％～10％左右。分析主要原因是压裂产生裂缝后，大大提高了生产井近井地带的渗流能力，但随着开发的进行，人工裂缝中的原油供给不足，低渗孔隙中的原油渗流缓慢，至使压裂后初期产能高，递减快（图1－9）。

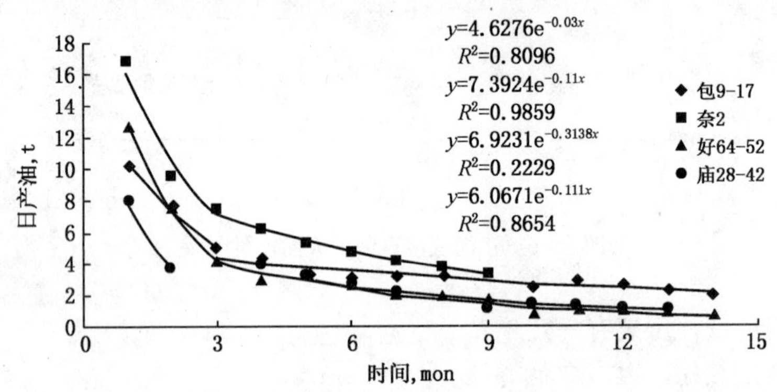

图1－9　辽河外围低渗油田典型井递减曲线

（3）水井吸水能力低，注水压力上升快，存在启动压力。低渗透油田注水开发中存在一个比较普遍的矛盾，就是注水井吸水能力低，启动压力和注水压力高，而且随着注水时间的延长，矛盾加剧，甚至发展到注不进水的地步。

低渗透油田注水井吸水能力低和下降，除油层渗透率低的内在因素外，还与注采井距偏大和油层受污染、伤害及堵塞有关。

注采井距偏大、油层连通性差，则注水井的能力（压力）难以传递、扩散出去，致使注水井井底附近压力高。这类井的指示曲线一般是平行上移，斜率不变，说明吸水指数并未降低，主要是由于启动压力升高，有效的注水压差减少，降低了注水井吸水量。

注入水水质或者作业压井液不合格、不配伍，会污染和堵塞油层，降低注水量。这种井的指示曲线一般是斜率增大，表示吸水指数下降。这时应该针对造成油层伤害的原因，采取相应的解堵措施，以恢复和提高注水井吸水能力。

如辽河静安堡油田沈95断块，因油层含黏土量高，注水水质不合格，含铁、含油严重超标，结垢严重，导致注水压力升高，吸水能力降低。1990年转注9口井中有两口长期注不进水，7口井初期在注水压力16MPa下，日注水仅70～100 m^3，2～3个月后，日注水量降为50m^3，注入压力增至20MPa。1991年采取解堵，注热水、并挤防膨剂进行先期处理后，注水问题才得到解决。

再如辽河低渗透断块——包14块，注水压力和启动压力随着注水时间的增加而升高（图1－10），符合低渗透油藏注水的一般规律。

3. 渗流特征

由于低渗透砂岩油藏自然产能低，原始地层能量不足，为了达到一定的采油速度和保持一定的稳产时间，绝大多数采用注水保持能量的方式开发。然而大量注水实践证明，低渗透

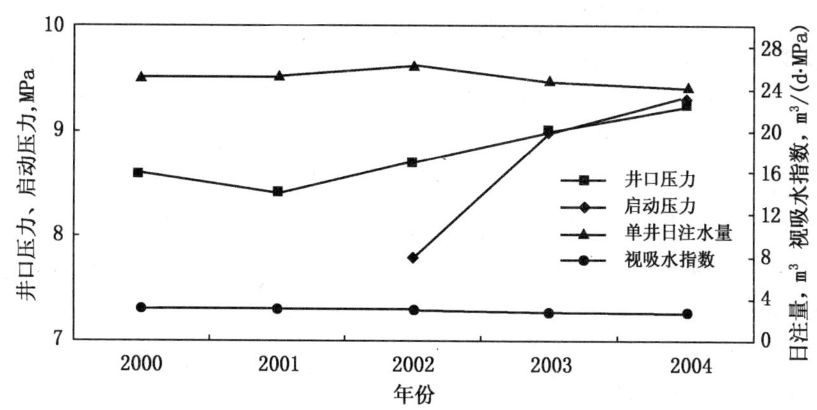

图 1－10　辽河低渗透油田包 14 块注水压力与启动压力随时间变化曲线

砂岩油藏出现一些与高渗透砂岩油藏明显不同，且带有普遍规律性的特征，给油田生产带来一些特殊困难。主要是：启动压力大，要求注水压力高；油井见效慢，必须具有一定的驱动压力梯度，油井见水后含水上升快，产油、产液指数下降快，特别是产液指数在高含水期以前，一直处于较低水平，给提高产液量、实现增产带来很大困难，最终综合表现为水驱采收率较低。

这些注水开发中的特点，实质反映了低渗透储层中油水渗流规律的特殊性。油水在多孔介质中的渗流规律，决定于三大因素：一是流体，主要是流体的组成和物理化学性质；二是多孔介质，主要是多孔介质的孔隙结构和物理化学性质；三是流动状况，主要是流动的环境和条件，以及流体与流体、流体与多孔介质的相互作用。对比低渗透储层与中高渗透砂岩储层的 3 个因素，可以发现低渗透率砂岩储层原油性质普遍较好，其密度、黏度较低，轻质烃组成含量高，胶质沥青质等非烃极性物质含量较低，从这一点来说，一般优于中高渗透油藏。因此，导致高、低渗透油层中油水渗流规律不同的主要原因，在于导致两者渗透率差异的岩石成分和孔隙结构差别。

（1）低渗透储层渗流机理。生产特性是储层性质和流体渗流规律的宏观表征，低渗透油层流体渗流的非线性主要是储层性质与流体相互作用的结果。这一特征本质在于给定储层流体的渗流机理，认识这一机理是开发好低渗透油田的基础，同时为提高低渗透油田开发水平提供理论依据。

已有的研究成果说明低渗透储层的渗流特征和中、高渗透储层有明显的不同。渗透率表示了地层流动孔道大小的统计平均值。由等效渗流模型所导出的渗透率（K）与平均孔隙大小（r）的关系为：

$$r=\left(\frac{gK}{\Phi}\right)^{1/2}$$

由于孔隙度 Φ 变化幅度较小，实际上渗透率 K 值的变化主要反映了地层平均孔隙半径 r 的变化，且呈非线性关系。对于低渗透储层，孔隙半径极其微小。一般中、高渗透储层孔隙半径约在数微米到数十微米之间。而低渗透储层孔隙半径多在 1μm 以下。

流体在这种微细孔道中（特别是极性流体）流动时，孔壁固液界面作用力对流体流动产生的影响更加突出，可能使流动特征发生变化。对这种固液界面作用，目前有各种不同的解释，主要有如下几种：

①沿孔壁产生反流势，抑制流体流动；

②孔壁处流体产生非牛顿黏度；

③孔壁处流体产生吸附不动层；

④孔壁处双电层等。

对于微细孔道中吸附层的存在及对流体流动的影响已有不少研究。这种具有异常性质（非牛顿流体性质）的吸附滞留层的厚度，不同学者得到的结果各异，一般约在0.1μm。

对于孔隙孔道大的中、高渗透储层，这种吸附层所占的孔隙截面积相对很小，对渗流能力的影响也极其微小，可以忽略。而对低渗透储层，孔道异常细小，比面异常大，吸附层的厚度和孔径在同一数量级，在这种情况下，吸附层对流体流动产生的影响就不得不考虑了。

可见，在低渗透储层中流体流动环境及流动条件和中、高渗透储层有较大的不同。低渗透储层中渗流的一些复杂因素和由此产生的附加阻力是达西渗流定律未曾考虑的。因此，有必要针对辽河低渗透油田进行研究和探讨，了解低渗透油层的渗流特征，为改善开发条件，提高开发水平以及注水潜力评价等提供基础依据。

(2) 非达西渗流特征。众所周知，在油藏工程和渗流力学研究中一直以达西定律为基础，达西定律的表达式是：

$$\nu = -\frac{K}{\mu}\frac{\mathrm{d}p}{\mathrm{d}l}$$

式中 ν——视渗流速度；

K——渗透率；

μ——流体黏度；

$\mathrm{d}p/\mathrm{d}l$——压力梯度。

达西定律的假设条件为：流体为均质的牛顿流体，液流为层流状态，流体与孔隙介质不起作用。中、高渗透油层的状况与上述假设条件比较接近，因而原来以达西定律为基础的渗流研究理论和方法，对中、高渗透油藏开发基本适应。

但低渗透油层的情况则大不相同，许多特点和现象与达西定律所假设的条件相差很大，因而简单用达西定律及其所衍生的理论方法，难以认识和指导低渗透油藏的科学合理开发，需要做深入一步的研究和探讨。

早在20世纪50—60年代，国外就有非达西渗流的提法。我国西安石油学院闫庆来等最先用地层水和原油通过天然岩心进行渗流实验。结果表明，在渗透率较低时，无论是水还是原油，该直线段的延伸与压力梯度轴交于某点而不经过坐标原点，称这个交点为启动压力梯度。当存在较明显的启动压力梯度显示时，即产生非达西渗流现象。中国科学院渗流力学研究所作了进一步的实验分析，同样发现在渗透率较低时，存在启动压力梯度，即非达西渗流现象（图1-11、图1-12）。

低速非达西渗流的临界条件，与流体性质和渗流速度都有关系，中国科学院渗流力学研究所经过综合研究分析提出，如果流体黏度为5mPa·s，采用1m/d的速度，那么渗透率小于$28\times10^{-3}\mu m^2$的储层将为非达西渗流。

黄延章推导出了存在启动压力梯度及非达西渗流条件下油井产量的计算公式。

当存在启动压力时，单井产量的计算公式为：

$$Q = \frac{2\pi hK}{\mu\ln\frac{r_H}{r_W}}\left[p_H - p_W - \sqrt{\frac{\phi}{2K}}\tau_o(r_H - r_W)\right]$$

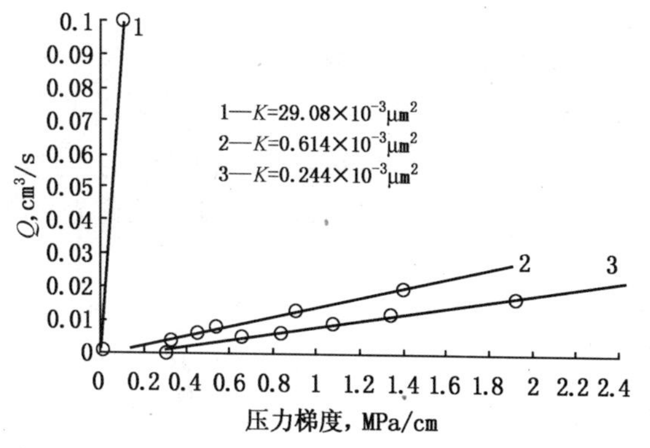

图 1－11　地层水通过天然岩心的渗流曲线

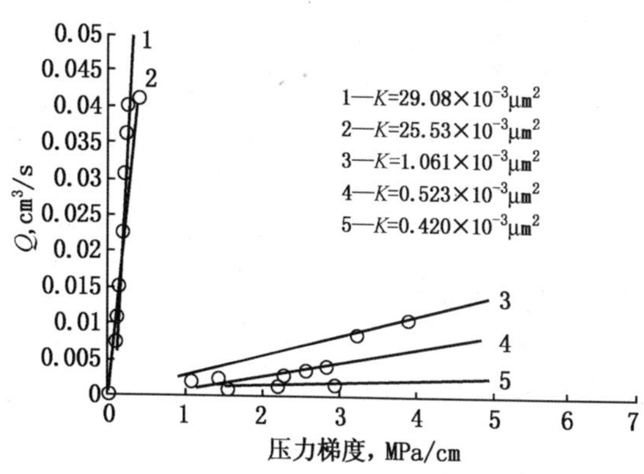

图 1－12　原油通过天然岩心的渗流曲线

或

$$Q=\frac{2\pi hK(p_{\mathrm{H}}-p_{\mathrm{W}})}{\mu\ln\frac{r_{\mathrm{H}}}{r_{\mathrm{W}}}}\left[1-\frac{\sqrt{\frac{\phi}{2K}}\tau_{\circ}(r_{\mathrm{H}}-r_{\mathrm{W}})}{p_{\mathrm{H}}-p_{\mathrm{W}}}\right]$$

式中　Q——油井产量；

h——油层厚度；

ϕ——油层孔隙度；

r_{H}——供油半径；

r_{W}——井眼半径；

p_{H}——供油边界压力；

p_{W}——流动压力；

$\tau_{\circ}$——极限剪切力。

上式为计算单井产量的方程式，它与计算中、高渗透油层产量公式的差别在于公式的右端方括号中数值的大小。从上式可以看出，当存在启动压力时单井产量将减小，其减小的幅度与渗透率有关，与原油的极限剪切应力有关，也与井距有关。渗透率越小，原油的极限剪切应力越大，井距越大，产量减小幅度越大。

用上述公式，对接近安塞油田情况的条件作了计算，计算结果表明，当井距为 200m 时，产量下降 20%，即由于启动压力的存在，单井产量比用达西定律计算的产量减少 20%。同时，当存在启动压力时，生产压差越大，产量降低的幅度就越小。

从上式来分析，影响油井产量降低因素主要有 4 个：

①渗透率越低，油井产量降低的程度越大；

②在渗流过程中原油的极限剪切应力越大，油井产量降低的程度越大；

③井距越大，油井产量降低的程度越大；

④生产压差越小，油井产量降低的程度越大。

因此，做到开发好低渗透油藏，应该注意以下几个主要问题：

①用压裂等技术手段提高油层的渗透率，至少是井底附近油层的渗透率，以减少启动压力造成的影响，因此整体压裂改造是开发低渗透油藏不可缺少的工作；

②降低原油的极限剪切应力。可以采用化学处理，提高地层温度，或其他物理场效应的

方法来达到此目的；

③在技术经济指标允许的范围内，井距宁可采用偏小一些的为宜；

④尽量采用大一些的生产压差。

（3）油、水两相渗流特征。油藏中多相流体共存或流动时，岩石对某一相流体的通过能力的大小称为该相流体的相渗透率或有效渗透率。有效渗透率不仅与岩石本身性质有关，还与各项流体的饱和度有关。

从理论上讲，储层和流体主要的物理、化学性质，如渗透率和孔隙结构、原油黏度和油水黏度比以及表面润湿性和原油边界层厚度等，在相渗透率曲线中都可得到反映。而相渗透率曲线的特点也就反映了不同类型储层的水驱油特征和效果（图 1－13、图 1－14）。

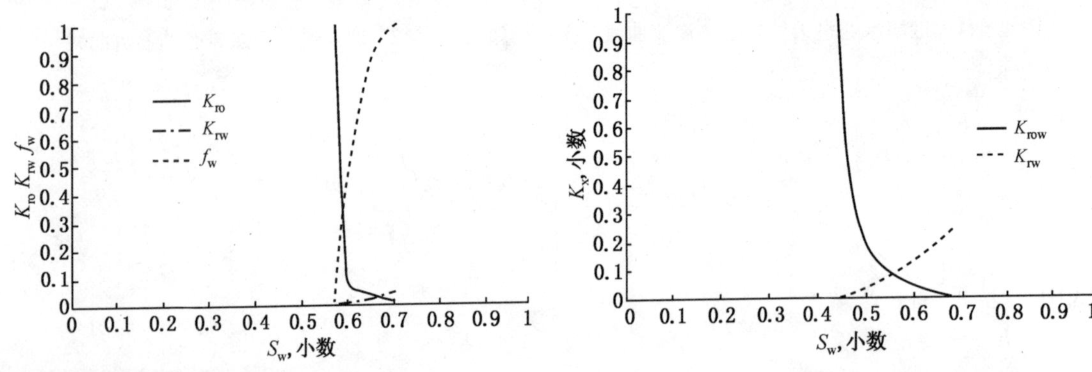

图 1－13　包 14 块油水相对渗透率曲线

图 1－14　欢北断块油水相对渗透率曲线

与高渗透储层相比，低渗透储层在相渗透率曲线上表现出的主要特点如下：①束缚水饱和度高；②残余油饱和度高；③两相流动范围窄，较一般高渗透砂岩油藏低；④驱油效率低，由相渗透率曲线计算的驱油效率较一般高渗透砂岩油藏低；⑤油相渗透率下降快；⑥水相渗透率上升慢，最终值低，水相渗透率最终值低；⑦由此产生的结果是见水后产液（油）指数大幅度下降（图 1－15、图 1－16）。

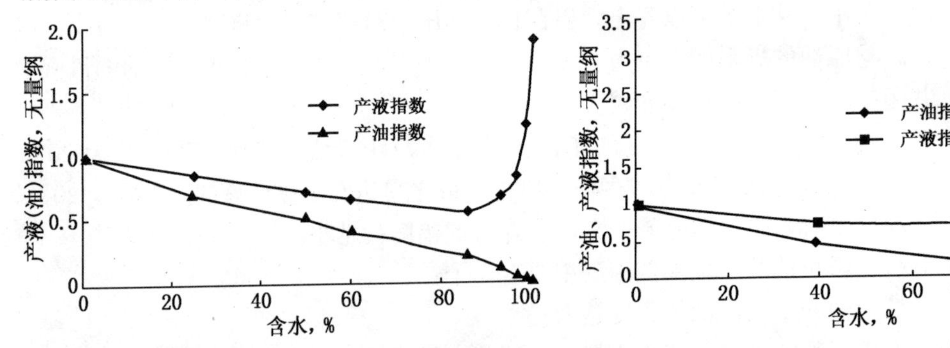

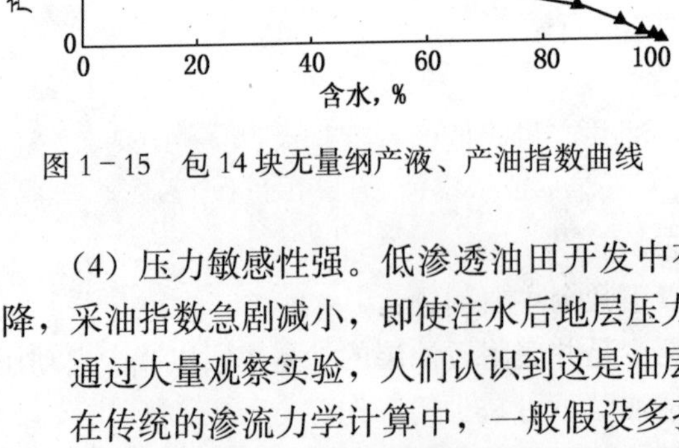

图 1－15　包 14 块无量纲产液、产油指数曲线

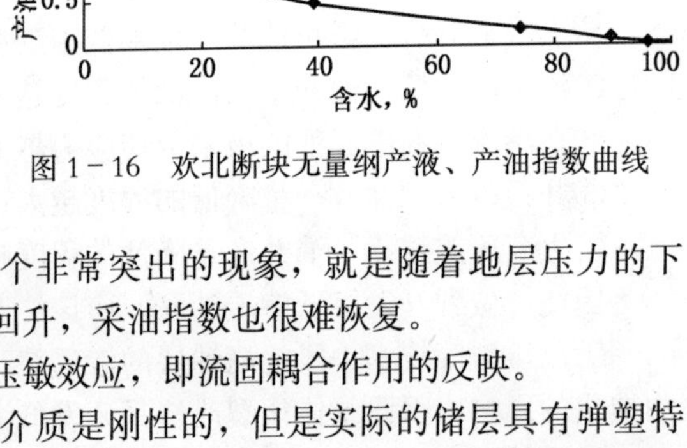

图 1－16　欢北断块无量纲产液、产油指数曲线

（4）压力敏感性强。低渗透油田开发中有个非常突出的现象，就是随着地层压力的下降，采油指数急剧减小，即使注水后地层压力回升，采油指数也很难恢复。

通过大量观察实验，人们认识到这是油层压敏效应，即流固耦合作用的反映。

在传统的渗流力学计算中，一般假设多孔介质是刚性的，但是实际的储层具有弹塑特性，表现在孔隙度，特别是渗透率等物性参数随压力的改变而发生变化，使渗透介质更为显著。

中国科学院渗流力学研究所编制了计算低渗透油藏流固耦合渗流的程序，进行了考虑与不考虑流固耦合作用的对比计算，及不同注水实际油藏开发指标的对比计算。

上述实验研究结果都说明，低渗透油藏地层压力下降后，引起储层渗透率大幅度减小，对油藏开发造成明显的不利影响。因而对低渗透油藏一般应采用早期注水或注气保持压力的开发方式（图 1－17、图 1－18）。

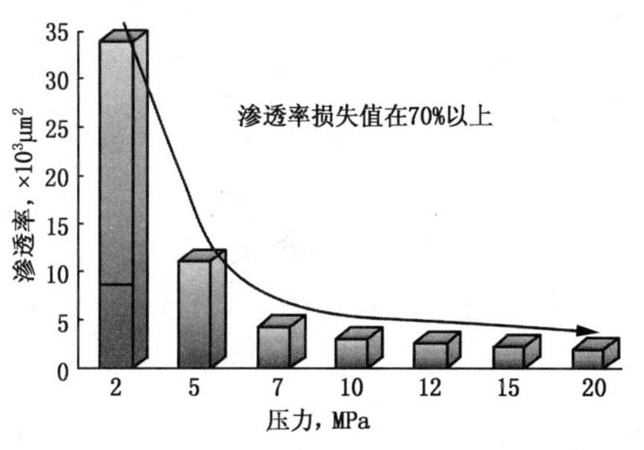

图 1－17　压力下降对渗透率的影响

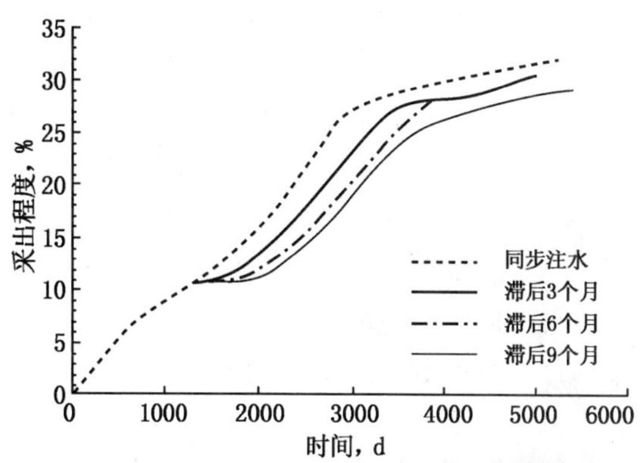

图 1－18　不同注水时机对油藏指标影响

（5）低渗透储层渗吸特征。亲水岩石具有渗吸作用已为人们共知。我国油藏开发中最早发现明显渗吸作用的是江汉王场油田。王 3－11 井油层是亲水岩石，原为注水井，1971 年 6 月至 10 月 7 日累积注水 12682m³，后因邻井见水而停注。关井 14mon 后改为抽吸生产，开始含水 48％，63d 后含水降到 2％～4％，并转为自喷，日产油达 40t 以上。

近年来，根据低渗透油层的特点，中国科学院渗流力学研究所进一步做了系统的实验研究工作，取得了一些认识。实验结果表明：水驱初期以驱替作用为主，渗吸作用较弱；水驱中期驱替和渗吸都起作用；水驱后期渗吸作用增大。即随着驱替作用进行，在采出的原油中驱替作用逐渐减弱，渗吸作用逐渐增加。即在驱动力的作用下，水首先进入较大的毛管孔道，随着驱替过程的进行，大毛管中的油越来越少，小毛管中靠渗吸采油的作用逐渐增加。在油藏无水采油期内主要驱替高渗透层中的油，油藏进入含水期后，低渗透储层开始进行自吸排油，在中含水期是自吸排油最旺盛的时期，而到了高含水期，自吸排油过程比较缓慢。

六、高孔隙度、低饱和度砂岩油藏

高孔隙度、低饱和度砂岩油藏，一般已经经过直井开发，剩余油饱和度低，属于“尾矿”型低品位储量。复杂结构井开发该类剩余储量的开发配套技术需要围绕以下 3 点核心技术：

（1）构造、储层、油藏类型的精细认识技术，即要以油藏精细描述为基础；

（2）剩余油分布、可动剩余储量的准确定位技术：包括水淹动态综合分析技术、大规模精细油藏数值模拟技术研究；

（3）合理开发方式、层系井网井型评价技术，围绕复杂结构井，需要重新界定合理的开发层系和井网，甚至转换开发方式。

七、复杂小断块油藏

复杂小断块是含油面积小于 1.0km²、四周为断层切割包围的地质单元或者含油面积小于 1.0km^{2}的地质单元为主（占总储量 70%以上）。

复杂小断块构造复杂、断层多，岩性以砂岩为主，往往储层和原油物性好。由于断块破碎，难以形成完整的注采系统和开发单元，使得直井难以经济有效开发。

近年来已经成功开发高 105、锦 150、小 33、小 35 等复杂小断块低品位储量。通过在小 35 设计双分支井，在高 105 块大凌河油层设计大斜度定向井，实现平面跨断块，纵向上跨层组开发，钻井时采用地质导向跟踪，根据现场实际情况及时准确地落实目的层，确保了较好的油层钻遇率，同时加深了对区块构造横向上变化情况，岩性、物性及油层分布情况的了解，达到了设计目的，为下一步开发奠定了良好的基础。

小　结

（1）我国累积探明石油地质储量中，低品位储量占 40%以上。截至 2007 年年底，辽河油区仅探明未开发的低品位储量、探明低—特低渗透储量和稠油储量合计占辽河油区探明石油地质储量的 60.9%，新增探明储量以低、深、难、稠、小为特色，因此低品位储量高效开发具有重要意义。

（2）辽河油区以复杂结构井为主导技术实现了低品位储量的全面动用。到 2007 年底，全油区共完钻复杂结构井 496 口，建成原油生产能力 175×10^4t。增加可采储量 3000×10^4t，已成为提高油藏整体开发水平的主导技术，也是辽河油区实现稳健发展的重要技术。

（3）从资源质量、储层物性特征等方面将低品位储量分为低品位潜山油藏、低品位砂岩油藏、低品位稠油油藏共三大类 7 种亚类。

第二章　低品位储量评价理论与开发对策

国家对石油工业发展的高度重视、对能源的强劲需求、石油技术的进步都为开发低品位储量创造了条件。复杂结构井技术和二次开发、二次评价新理念为低品位储量开发奠定了基础。形成了辽河油区低品位储量开发以二次开发为核心理念，以复杂结构井为主导技术，以4个转变为切入点的技术思路。

二次开发是用新的开发理念、新的开发方式、新的开采技术，实现老油田新一轮开发或持续开发，大幅度提高原油采收率，增强持续发展的资源基础，最大限度地延缓油田递减，增强老区稳产基础。二次开发分为狭义和广义两种，狭义二次开发就是针对濒临废弃的油藏，废置原井网，应用水平井和特殊结构井或新技术完钻的直井，重新部署开发井网，实现新一轮开发。广义二次开发是狭义二次开发的进一步拓展，主要是最大限度利用原井网，辅以新井网，通过改变驱替类型、驱替方式、渗流方式或组合驱替介质，实现老油田持续开发。

近年来，辽河油田先后在18个区块开展了二次开发先导试验和工业化试验，覆盖石油地质储量2.45×10^{8}t。按基本概念，辽河油区二次开发分两种类型。

(1) 从油藏角度。

①在现开发方式下，最大限度动用可动油储量。

②通过转变开发方式，增加可动油储量。

(2) 从评价指标角度。

①恢复可采储量，达到标定采收率。

②增加可采储量，提高采收率。

辽河油区二次开发覆盖的范围为稀油、高凝油和稠油。稀油和高凝油一般指开采10年以上的油藏。稠油只要是适合条件和时机成熟，无开采年限限制。

第一节　低品位储量二次评价理论

已探明的石油地质储量，被长期搁置未开发动用，主要原因是由于储量低品位受到了技术与经济的双重制约。但是低品位储量的概念是相对的，随着技术的进步与原油销售价格的上升，部分低品位油藏是可以实现有效开发的。要在这些低品位储量中找到那部分可以有效开发的储量，就要改变过去对已探明未动用储量的评价思路与做法，集成切实可行的新技术，采取针对性的开发对策，开展二次评价，逐步地、尽可能多使一部分低品位储量动用起来。

低品位储量二次评价已经成为辽河油区开发生产的必然要求。辽河油田原油开发建设始于20世纪70年代，1994年原油产量达到最高峰，1998年以来每年递减$(30\sim40)\times10^{4}$t。针对产能建设目标区块日趋减少、品质变差的实际情况，加大探明未开发储量评价力度，随着开发理念的转变及复杂结构井技术的日趋成熟，使得探明未开发储量二次评价成为新区产能建设的重要组成部分。

一、低品位油藏二次评价的基本概念及评价对象

二次评价就是用新思路、新技术、新方法重新评价未开发储量及“双高”老油田，在落实储量可靠程度的同时，筛选出在评价基准条件可以开发动用的储量。二次评价的基准条件是变化的。

二次评价的对象是搁置3年以上探明未开发储量和早已发现但通过新技术评价才能达到储量申报标准的资源性储量。

二、低品位储量二次评价的技术路线

二次评价技术路线是相对于一次评价的“4个转变”，即转变评价思路——从储量整体性评价向储量的可动用性评价转变；转变评价对象——从油藏评价向平面和纵向上有利部位评价转变；转变评价方式——从天然能量开发评价向补充能量开发评价转变；转变评价手段——从直井评价向复杂结构井评价转变。

三、低品位储量二次评价“4个转变”技术路线的内涵

（1）转变评价思路——从储量整体性评价向储量的可动用性评价转变。主要从技术与经济动用的可行性进行双重评价。对于长期搁置的已探明未开发储量，要根据储量丰度的高与低、油品性质的优与劣、油藏地质特征的简单与复杂等油藏本身属性等方面自然情况，开展年度研究与动态评价，充分考虑技术的进步研究评价技术动用的可行性；要充分预测技术进步可能带来油井生产能力的变化，通过对市场油价的变动、操作成本的提高等经济因素进行综合分析，评价经济开发的可行性。综合筛选出有可能开发动用的石油地质储量。

（2）转变评价对象——从油藏评价向平面和纵向上有利部位评价转变。在评价思路转变的基础上，对于有可能动用的石油地质储量开展进一步的平面和纵向上的精细研究。平面上，以油藏为整体，根据对构造、沉积、储层、油层、油藏类型的综合研究，筛选出油藏平面上最有利的部位；纵向上，根据对钻井资料、录井资料、测井资料和试油试采动态资料等方面的研究评价，定性或半定量评价油层在纵向上的电性、岩性、物性、含油性，筛选出纵向上油井产能可能较高的层位。综合平面与纵向上的筛选结果，开展评价试验，进而实现整体油藏中的局部动用。

（3）转变评价方式——从天然能量开发评价向补充能量开发评价转变。对于筛选出的部分低渗透的储量，天然能量开采产量递减较快，通过采取注水或对油水黏度比相对较高的油藏采取低干度注汽等补充能量的方式，同时辅以配套工艺措施，使油井生产能力能够在一段时间内保持相对稳定，经济评价开发有一定的效益。对这部分储量，在注采系统上，必须考虑到极强的针对性，即，平面上可以是单井对单井注水或注汽，可以是独立井组注水或注汽，还可以是局部井组对应完善注水或注汽，也可以是对油藏有利部位的注采系统整体完善；纵向上优选井段、优选层段，充分发挥有利层段的生产能力，实现这类储量的有效开发。

（4）转变评价手段——从直井评价向复杂结构井评价转变。应用水平井评价低丰度的稠油、超稠油储量，加大油层的揭露长度，保证单井控制储量大于经济极限，从而提高单井产能和增加了单井可采储量；应用水平井评价裂缝发育程度较低的潜山油藏，增加油井钻遇裂缝的频率，并辅以鱼骨分支井，增加裂缝的沟通程度，提高油井生产能力，保证开发的经济有效；应用分支井跨层系、跨单元评价复杂小断块油藏，最大限度地减少了油井井数，降低开发投资和操作成本，从而提高了区块的开发效益。

四、低品位储量二次评价主要成果

2003—2008 年通过对未开发低品位储量区块的二次评价，共完成 1.72×10^8 t 储量的研究，评价了静 52、西斜坡、牛 74、曙 615 等 44 个区块，评价未开发储量 9498×10^4 t，完成开发动用 3480×10^4 t，部署并实施评价井 37 口，提供开发井位 246 口，建产能 43.49×10^4 t。二次评价后动用储量占新区动用储量的 15.5%，完钻井数占新区总井数的 13.4%，建产能力占新区能力的 9.5%，而且有增加趋势（图 2-1、图 2-2）。

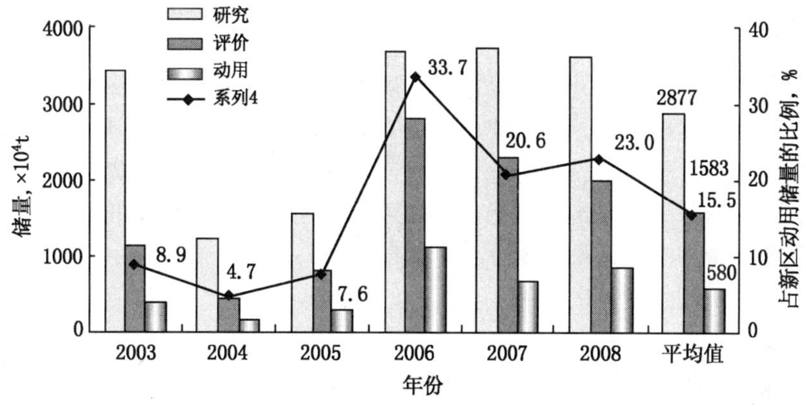

图 2-1　2003—2008 年探明未开发储量二次评价动用储量成果图

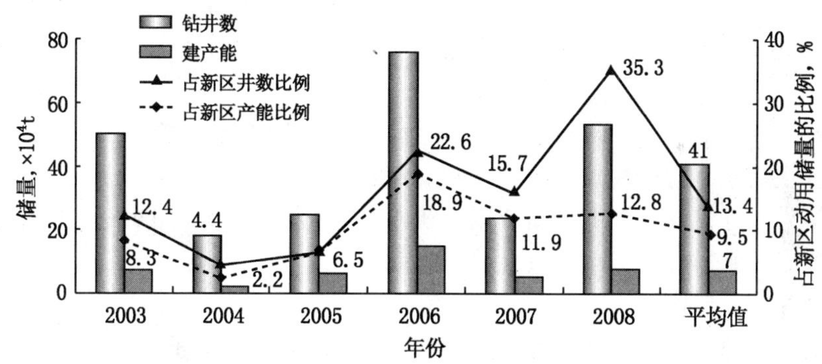

图 2-2　2003—2008 年探明未开发储量二次评价产能建设成果图

随着二次评价工作的不断深入，针对探明未开发储量品位较差、整体建产能效益差的实际，打破常规思路和传统做法，提出了“4 个转变”的工作思路，以“水平井和补充能量开发”为核心的评价手段，加上工艺技术上的不断突破，增强了开展探明未开发储量二次评价的信心。

第二节　低品位油藏开发的复杂结构井技术

复杂结构井指的是具有任意的井眼轨迹或者具有多个分支的井，包括水平井、多底井、鱼骨井等。复杂结构井在储层面积一定的情况下可以扩大渗流面积，并且可以减少流动摩擦造成的产量损失；在保证产量的情况下减少钻井进尺，节省材料费用。因此，随着钻完井技术的不断提高，应用复杂结构井开发油田已经成为一种趋势。目前复杂结构井技术已发展到了一个较高水平，主要表现为由一般多分支定向井发展到多分支水平井，由最初的侧钻分支定向井发展到套管内侧钻中、短半径分支水平井，由老井中侧钻分支井发展到应用新井预开窗系统侧钻分支井，由最初凭经验侧钻发展到采用先进的有线或小直径 MWD 无线随钻测量控制侧钻，轨迹控制水平得到了大大提高，完井方式从裸眼完井发展到筛管完井、砾石充填完井到套管完井。

复杂结构井井型有：水平井、叠加式双或三分支水平井、二维双水平分支井、反向双分支水平井、二维三分支水平井、二维四分支水平井、鱼骨井、辐射状三分支水平井、辐射状四分支水平井等。

复杂结构井与定向井、直井的主要差异表现在：复杂井有多个井底目标，各个分支井眼与主井眼都有特殊的连接装置。为了实现井下安全生产、作业，要求复杂井的完井特别是连接处要解决好 3 个关键技术：力学完整性，即连接处有足够的机械支撑；水力完整性，即连接处有足够的水力密封能力；再进入能力，即可选择性进入任意分支井眼，进行后续增产或修井作业。复杂结构井的发展可以划分多个时期：

（1）在 20 世纪 20 年代首次提出多分支井的概念；

（2）1953 年，苏联 66/45 井（9 个分支井眼，产量是直井的 17 倍）的成功，标志着多分支井技术的正式诞生；至 1990 年，苏联共打了 126 口多分支井，其中 33 口勘探井、77 口采油井、3 口注入井和 9 口其他用途井。

（3）20 世纪 90 年代以后，随着定向井、水平井等相关技术的快速发展，美国、加拿大各油公司迅速着手多分支井技术的开发研究和现场应用，据不完全统计，Baker Oil Tool、Halliburton、Sperry－Sun 等公司现已研制成功了近 20 套多分支井系统，并钻成了近 2000 口多分支井。

（4）1997 年春，由英国 Shell 公司 Ericdiggins 组织在阿伯丁举行了多分支井的技术进展论坛，并按复杂性和功能性建立了 TAML 分级体系；

（5）近年来多分支井系统的更新速度更快，大多数井都实现了四级以上完井，实现了工程为地质油藏服务的目标，获得了较大的经济效益。

复杂结构井的主要优势有：

（1）在钻井和完井时，可从主井眼上直接增加分支，共用垂直井段；

（2）对于海上油田，可以从一个平台槽钻多个分支井眼，能暴露出更多的产层，从而减少海上平台槽的数量，缩减平台的数量和尺寸；

（3）大大减少无效井段（长水平井段可能有相当的无效井段），可增加油藏内所钻的有效进尺与总钻井进尺的比率，从而降低了钻井总进尺数，降低了钻井成本；

（4）减少了设备搬迁、下套管和钻井液费用；降低了废弃物处置费用，由于分支井眼省去了许多垂直向井段，需要的钻井进尺、相应的需要处置的钻井液及钻屑也少。

（5）可以降低地面采油和集输设备、海上钻井隔水管及井口等材料的成本。

（6）应用复杂井技术能够降低油田的总体开发成本，把边际油田转变为具有经济开发价值的油田。

（7）在未知渗透率的各向异性地层中，钻多分支井可减小经济风险。

复杂结构井包括水平井、多分支井等多种井型。

一、水平井

水平井技术于 1928 年提出，20 世纪 40 年代付诸实施，成为油气田开发、提高采收率的重要技术。20世纪80年代相继在美国、加拿大、法国等国家得到工业化应用，并由此形成研究、应用水平井技术的高潮。水平井钻井技术已日趋完善，并以此为基础发展了各项配套技术。在数量方面，目前世界上应用水平井技术较多、技术水平较高的是美国和加拿大；中国也有较大的发展。

水平井技术主要应用在以下几种油（气）藏：薄层油藏、天然裂缝油藏、存在气锥和水锥问题的油藏、存在底水锥进的气藏。另外，水平井在开采重油、水驱以及其他提高采收率措施中也正在发挥越来越重要的作用。

水平井技术发展有两大特点：一是由单个水平井转向整体井组开发，由水平井向多底井、分支井转变；二是应用欠平衡钻井技术，缩短钻井液对油层的浸泡时间，减轻对油层的伤害，加大机械钻速，减少井下矛盾，使水平井、分支井在较为简化的完井技术下达到高产。

辽河油田早在“八五”期间就开展了国家科研攻关项目——“水平井系列技术”的研究和应用试验，“九五”期间又进行了“侧钻水平井系列技术”的攻关和现场试验。1992年在冷家堡油田冷43块Es_{1+2}油藏完钻第一口水平井——冷平1井。通过十几年的反复研究、攻关和试验，自2003年水平井技术开始在不同类型油藏得到推广应用，已发展成为辽河实现油田高效开发的一项重要技术。截至2008年7月共投产水平井604口。水平井发展到目前，回顾其发展历程，大致经历了3个阶段。

1. 第一阶段（1991—1996年）：普通稠油油藏水平井单井试验阶段

经过一年的室内物理模拟、数值模拟研究和准备，1992年辽河油田在冷43块、齐40块两个厚层—块状普通稠油油藏实施水平井5口，投产油井4口，采用蒸汽吞吐开采方式，累积生产原油7.5941×10^4t，平均单井累积生产原油1.5183×10^4t。试验取得了初步效果，证明了水平井技术在这类油藏开发中应用是可行的。试验中攻克了水平井钻井技术难关，水平井钻井技术获得国家创新技术奖，同时形成了普通稠油油藏水平井油藏工程设计方法。

2. 第二阶段（1997—2002年）：超稠油水平井开发试验阶段

在普通稠油油藏试验成果的基础上，开展了超稠油水平井部署研究。在曙光油田杜84块选择了小规模整体先导试验区，同时开展水平井开发超稠油和蒸汽辅助重力泄油试验，共实施单水平井5口和双水平井1对，投产5口。由于初期对超稠油水平井生产规律和注采参数设计等方面缺乏认识，水平井的生产能力没有得到充分发挥，根据室内物模和数模研究结果，重新调整了注采参数，周期产量由调整前的2355t上升到了2991t。到2004年底，5口水平井累积生产原油11.7877×10^4t，平均单井产油1.9646×10^4t。试验结果充分显现了水平井技术在超稠油中的应用效果，与试验同步开展的水平井物理模拟、数值模拟研究取得突破，形成了热采稠油油藏水平井数值模拟技术，为今后水平井在超稠油中的规模应用奠定了基础，积累了经验。

3. 第三阶段（2003年至今）：扩大试验范围及规模实施阶段

2003年以来，辽河油田在前期准备的基础上，进一步加大了水平井研究和试验力度，在不同类型油藏不同开发阶段相继开展了：①应用水平井技术开展超稠油开发方式转换研究；②裂缝性油藏水平井与直井组合注水研究；③老油田二次开发研究；④薄储层滚动勘探开发研究；⑤主力油藏边部、薄层边际储量有效开发研究；⑥鱼骨井开发低渗透油藏试验研究，应用范围不断扩大。

5年来，共完钻投产水平井580口，累积生产原油439×10^4t，平均单井生产原油

7500t，实现了：①由热采普通稠油向特稠油、超稠油、常规注水开发等多种类型油藏拓展；②由单水平井试验向区块整体水平井部署开发拓展；③由单水平井向分支（鱼骨）水平井方向拓展；④由蒸汽吞吐、天然能量开发向多元化开发拓展；⑤由已开发区块向滚动评价拓展。在老油田挖潜增效、提高储量动用程度和储量升级等方面起到了重要作用，同时基本形成了不同类型油藏（7种油藏类型）水平井（复杂结构井）的设计模式，逐步确立了“二次评价、二次开发、多元开发、深度开发、高效开发”的开发工作方针。

工艺上初步配套了水平井温度压力剖面测试工艺技术，为了解水平段动用情况，调整水平段受效部位、实现水平段均衡动用提供指导依据，并形成有效的水平井负压冲砂技术，以解决水平井段沉砂的搅动及悬浮、井底砂的水平运移、低地层压力水平井冲砂液回灌地层等问题。通过科技攻关形成了一套适合辽河油田水平井开采配套工艺技术，为满足水平井正常生产需要，延长水平井生产寿命，提高水平井开采效果，实现辽河油田水平井高效快速发展提供了技术保障。

总之，辽河油田水平井技术应用经历了长期的探索、实践和发展的历程，在充分技术准备的基础上，在“十五”末终于实现了规模化应用。

二、多分支井

分支井的概念起源于20世纪30年代，而世界上首先开展分支井技术研究是在20世纪50年代。第1批多分支井开始于前苏联的俄罗斯和乌克兰地区，一开始技术发展缓慢，主要原因是完井技术不过关。1995年以后，随着水平井完井技术的发展和三维地震技术的普及，多分支井技术得到迅速发展。

多分支井是水平井技术的集成和发展。多分支井指的是在一口主井眼（直井、定向井、水平井）中钻出若干进入油（气）藏的分支井眼，其主要优点是能够进一步扩大井眼同油气层的接触面积，减小各向异性的影响，降低水锥水窜，降低钻井成本，而且可以进行分层开采。据Spears and Associrues公司统计，全世界分支井共计2481口，最多的有20个分支(中国辽河)。

国外在20世纪90年代后期大力发展多分支井，并被认为是21世纪石油工业领域的重大技术之一，多（底）分支井是指在1口主井眼的底部钻出两口或多口进入油气藏的分支井眼（二级井眼），甚至再从二级井眼中钻出三级子井眼。主井眼可以是直井、定向斜井，也可以是水平井。分支井眼可以是定向斜井、水平井或波浪式分支井眼。多分支井可以在1个主井筒内开采多个油气层。实现1井多靶和立体开采。多分支井不仅能够高效开发油气藏而且能够有效建设油气藏。多分支井既可从老井也可从新井再钻几个分支井筒或者再钻水平井，所以原井再钻（Re－entry）已不再是老井的侧钻技术，而应与多分支井相提并论。原井再钻在利用已有井眼增加目标靶位、扩大开发范围的同时，还可充分利用油田已有管线、道路、井场、设备等，具有很高的经济效益。

研究表明，分支井适合于包括稠油油藏在内的所有油气藏。既可在老井中侧钻分支井，也可采用预开窗系统在新井中侧钻分支井。

我国1962年在川中充270井施工了一直两斜的分支井；1993年在新疆进行了分支井的尝试；1995年在川西地区完成了川孝162分支井组。1998年9月，中国海洋石油南海西部公司用修井机和原井重钻技术钻成了中国海洋第1口多底井（W114－A11B、11C井），2个井筒用电潜泵合采，产量是斜井单井产量的3倍。1999年，中国石油新疆油田公司打了1口自行设计、自行施工、具有自主知识产权的侧钻3分支井，完井技术等级为4级。此后，辽河、胜利、南海西部等油气田开始致力于该项技术的研究，并施工了分支井。

辽河油区2007年10月完成了深层巨厚变质岩裂缝性潜山3段5层交错叠置复杂结构井部署，共部署包括大斜度井、水平井、鱼骨井在内的复杂结构井39口，而用于控制的直井开发井仅仅4口，实现了叠置、交错、规模复杂结构井实施。

2008年，辽河油田完钻的双主眼11分支鱼骨井——边台—H3Z井和20分支鱼骨井——静52—H1Z井都开创了分支井之最，静52—H1Z井是部署在静52潜山的第一口鱼骨试验井。该井已见到良好效果。这口井在完成5个分支后进行中途测试，平均日产液24.6t，钻井循环时已出油10余吨，投产后初期日产油超过50t。预示着静52潜山低品位储量有望实现整体动用，为更低品位油藏开发提供了依据，同时为提高单井产量、降低综合成本、提高经济效益开辟了新途径（图2－3）。

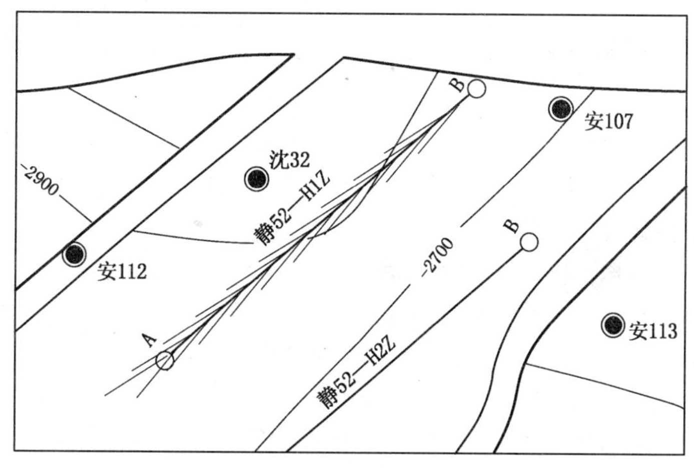

图2－3　静52—H1Z井分支示意图

辽河油区静52—H1Z井2007年9月16日开钻，是由中国石油辽河油田公司沈阳采油厂自行设计的，设计水平井主井眼长1000m，共20个分支，每个分支长180m，目的层段进尺4600m，是目前国内水平井段最长、分支最多、井身结构最复杂的多分支水平井。

随着多分支井技术系统适应性和熟练程度的提高以及应用经验的日益丰富，多分支井技术不再是模糊的想法，而应当是低品位油田和常规油田开发的首选技术。

第三节　低品位储量精细油藏描述与开发方案制定

油藏的精细描述是低品位储量开发方案优化设计的基础，应用复杂结构井开发的研究分为两个层次。

第一层次，规划研究。按照“四个转变”总体技术思路开展研究，现已完成静52、边台北、西斜坡薄层稠油、曙一区边部薄层、曙602、龙48、欢60、前14、洼82、冷120、茨622等44个油田区块的优选、评价和研究，覆盖石油地质储量14960×10^4t，开发动用可采储量$(1800\sim3400)\times10^4$t：

（1）从低品位储量整体评价向可动用储量评价转变。现已准备评价单元12个，地质储量为2958.72×10^4t。这类储量井控程度相对较低，区块构造、储层分布、油水关系及油井产能尚需进一步落实，区块整体投入开发经济效益差。为了达到为产能建设提供资源的目的，需要解放思想，改变以往评价地质储量的做法，寻找有利部位部署开发井，实现由区块地质储量整体评价向局部可动用储量评价的转变。

（2）从油藏评价向平面和纵向有利部位评价转变。有 13 个单元，地质储量为 1950.64×10^4t。这类储量构造、储层分布、油井产能相对落实，有多套含油层系、有利的出油井点或有相对发育稳定，单层厚度较大的有利层段。其主要技术对策是在综合地质研究的基础上，重点评价有利部位、有利层段，针对油藏地质特点部署水平井或复杂结构井，实现由油藏评价向有利部位、有利层段评价转变。

（3）从天然能量开发评价向补充能量开发评价转变。有 4 个单元，地质储量为 3072.4×10^4t。这类储量的主体部位已实施开发井，为了提高储量动用程度，建议开展注水开发试验，以实现注水补充能量开发做准备。

（4）从直井评价向复杂结构井评价转变。有 15 个单元，地质储量为 6978.1×10^4t。这类储量采用常规直井开发经济效益差，建议实施水平井或复杂结构井，以达到提高油井产能，提高经济效益的目的。

第二层次，具体油藏研究。通过评价，初步确定适合于复杂结构井的低品位储量，要求综合开展油藏地质特征、开发特点、合理层系、井网、井距、开发方案比选和优化、开发指标预测和经济评价等研究。针对不同油藏类型和特点，工作要求有所侧重。

（1）低裂缝密度潜山油藏。除了地质特征再认识，重点应用经验公式、解析模型和油藏数值模拟等方法预测鱼骨井、多底井和水平井开采的开发指标，结合经济评价，分析开发动用的可行性。已经完成静 52 块、边台北等油藏的研究、部署和实施。

（2）复杂内幕构造潜山油藏。主要研究如何基于地震资料和钻井、录井、测井资料，落实潜山构造形态，研究内幕构造分布规律。同时综合应用地震属性反演、岩心观察、录—测井统计、构造应力反演、有限元分析等多种方法预测裂缝发育规律，结合构造研究成果，提供复杂结构井部署的最佳方案。现已完成兴古 7 潜山油藏的研究、部署和实施。

（3）薄层稠油低品位油藏。该类型油藏研究主要面临两大难点：①薄油层储层展布。辽河油田与中国大部分油田一样，是以陆相沉积为主，因此储层表面变化大，横向储层岩性变化大。而油层厚度的技术和经济下限是决定复杂结构井开发可行性的重要方面，需要在研究中联系油层物性、含油幅度高低、边底水活跃程度、开发方式、油价高低走势等确定。②钻井轨迹控制难度大，必须做到精确入靶，保证井眼轨迹在油层最佳位置，以保证取得较好的开发效果。

通过不断探索、总结和完善，形成薄油层地质综合研究技术、评价开发一体化技术、目标含油砂体精细刻画技术、薄油层水平井随钻跟踪调整技术等薄层稠油复杂结构井开发配套研究技术。现已完成锦 612 兴隆台油层的研究、部署和实施。

（4）低孔低渗透砂岩油藏。研究重点在于地质体的精细认识，寻找平面上和纵向上物性相对较好、产能落实、剩余油富集、有一定地层能量的部位和层段，且能够通过转变开发方式有效补充能量。

对于薄层低渗透砂岩油藏，直井无法经济有效动用，复杂结构井开发也存在能量补充、供油能力、泄油半径等问题，在其开发部署中需要注意以下几点：

①纵向上选择油层相对厚度大、分布稳定的小层，保证油层钻遇率。如，欢 2－11－13 块部署区域油层厚度在 5m 以上，具备一定的地质储量，单储系数达到 $11.1\times10^4t/(km^2\cdot m)$。

②平面上注意注采井网的配合、能量的补给，保证较高了累积产量。如欢 2－11－13 块

复杂结构井部署在油藏腰部，一则离开边水距离不是太大，避免受效差。二则避免了构造低部位水淹、高部位储层砂体变薄的风险。

③产能落实。利用原有直井落实油层的生产能力，力争最好的经济效益；尽可能设计鱼骨井，降低进尺，减少成本，提高泄油范围，提高产量。已完成齐 131、欢 2－11－13、新杜 1 等块的研究、部署和实施。

（5）高孔隙度、低饱和度砂岩油藏。高孔隙度、低饱和度砂岩油藏复杂结构井开发是开发理念的根本转变。研究中，静态地质认识虽然仍然是全部工作的基础，但是更重要的是透过生产数据、开发规律的总结，分析油藏低饱和度特征和空间分布规律，应用复杂结构井特性和优势，提出合理开发方式和部署方案。已经完成小 33、小 35、锦 150、高 105 等块的研究、部署和实施。

第四节　低品位储量开发的工作程序

辽河油区低品位储量的开发同样按照“超前研究、优化部署、先期控制、分步实施、跟踪分析、及时调整”的原则，大力推行“评价、研究、部署、试验、推广”的工作程序。大力推行勘探开发一体化，实现了低品位储量开发中技术和经济的有机统一。总体遵循：

（1）在对低品位储量区块科学排序的基础上，超前研究，精细刻画地质体，在地质体可控的基础上部署评价井，及时录取各项资料。在构造、储层分布、油井产能相对落实的情况下安排井位部署和工业化试验。

（2）本着先易后难的原则，优先实施技术相对成熟的区块，按照“四个转变”的工作思路，开展部署研究。坚持“超前准备，精细研究，优化部署，分步实施，跟踪分析，及时调整”的成功做法，按照“实施一口、投产一口、研究一口、安排下一口”的程序，确保钻井成功率。

评价阶段，主要根据低品位储量复杂结构井开发标准进行油藏的筛选和评价。筛选标准主要考虑以下 3 方面：

（1）油藏储量已探明未整体开发。油藏存在以下一个或多个不利条件：①储量丰度低，小于 $50\times10^4 t/km^2$；②构造复杂，含油面积小于 $1km^2$ 区块的储量占全油田总储量的 70%以上；③油藏致密，储层平均渗透率小于 $50\times10^{-3}\mu m^2$；④原油物性差，地下油黏度大于 50mPa・s。

（2）油藏已经开发进入开发中后期，处于低速开采阶段，采油速度小于 0.3%，剩余油高度分散，应用复杂结构井技术具有继续提高采收率的潜力。

（3）利用复杂结构井技术开发，动用储量能够占地质储量的 70%以上。

研究阶段是影响低品位储量动用和开发最终效果的关键阶段。针对评价阶段确定的低品位储量油藏，研究利用复杂结构井技术，通过转变开发方式来开发油藏平面和纵向有利部位的可行性。

部署、试验和推广 3 个阶段，相互联系又相互区别。在低品位储量地质、开发综合研究的基础上，应用复杂结构井优势开展部署，必须符合中国石油和天然气行业标准和《开发管理纲要》要求的开发方针和原则：

①坚持科学、有效、可持续发展方针和安全、环保、适用、配套原则进行方案设计和部署；

②以经济效益为中心，少井高产，实现高效开发；

③合理利用天然能量与适时人工补充能量相结合，提高采油速度和采收率；

④建立和完善动态监测系统，掌握油藏开发动态，便于开发调整；

⑤适应油田开发阶段要求，发展和配套采油工艺技术系列。

同时，为了规避和降低风险，要求将整体部署、分步实施、试验先行结合起来，复杂结构井的整体开发部署，要求满足新增动用储量达到全油田总储量的70％以上。选择的试验区、试验井要求具有地质条件和资料条件都具有代表性，井控程度相对较高。

小 结

（1）低品位储量油藏二次评价就是用新思路、新技术、新方法重新评价未开发储量，在落实储量可靠程度的同时，筛选出在评价基准条件可以开发动用的储量。二次评价的基准条件是时变的。二次评价的对象是搁置3年以上探明未开发储量和早已发现但通过新技术评价才能达到储量申报标准资源性储量。

（2）低品位储量二次评价的技术路线是相对于一次评价的“四个转变”，即转变评价思路——从储量整体性评价向储量的可动用性评价转变；转变评价对象——从油藏评价向平面和纵向上有利部位评价转变；转变评价方式——从天然能量开发评价向补充能量开发评价转变；转变评价手段——从直井评价向复杂结构井评价转变。

（3）根据辽河油区低品位油藏特点，在国内首次提出应用复杂结构井为主导技术实现低品位储量的全面动用。到2007年底，全油区共完钻复杂结构井496口，建成原油生产能力175×10^4t。增加可采储量3000×10^4t，已成为辽河油田实现稳定发展的重要技术。辽河油田复杂结构井技术整体处于国内领先地位，成为提高油藏整体开发水平的主导技术。

（4）低品位储量开发应遵循“评价、研究、部署、试验、推广”的工作程序。

第三章　实验模拟与工艺技术攻关

第一节　复杂结构井渗流机理与产能评价

一、复杂结构井渗流机理研究

1. 物理模型实验概述

人造岩心为环氧树脂胶结石英砂而成，也可以用磷酸铝胶结石英砂或黏土胶结刚玉砂经烧结而成。人造岩心的物性——孔隙度、渗透率、润湿性等，与石英砂粒度、胶质的含量，压制时压力和温度有关，实际制作操作时应须有一定的经验和严格的配方。

裂缝性的物理模拟，较早法国石油研究院用硅胶蚀刻模型进行了水驱油实验，国内有用溶蚀玻璃板研究者；再者就是用人工岩心人工施加一定应力使其产生裂缝，而由此产生的裂缝开度，延伸长度以及条数均不好控制；还有就是用天然裂缝岩心实验。目前裂缝性的物理模型多为岩心驱替实验和二维渗流开采机理特点研究，而对于用实际裂缝性油藏按相似准则得到油藏实际模型进行注采开发的大型物理模拟很少见。

油藏渗流物理模型是整套实验装置的核心部分。

（1）模型整体形状是圆柱形或立方形，圆柱形直径或立方形边长为0.5～1.2m，高度为0.5～1.2m。模型内部渗流空间应足够大以保证测试精度，同时模型的尺度应该尽量小以保证制作和使用的方便和可行性，两方面因素综合决定模型尺度。

（2）模型内部是人造裂缝性渗流介质，介质内有人工制作的裂缝，裂缝密度、裂缝宽度及裂缝导流能力在介质内任意位置的分布均为定量的和可控的。

（3）渗流介质内设置金属细管模拟复杂结构井，根据实际需要确定金属细管任意管段与渗流介质的接触方式——可渗透或封闭（射孔或树脂胶结）；也可以直接在人造介质内造孔模拟裸眼完井。

（4）环绕供液空间与外部供液压力泵相连，以设定压力向渗流介质供液。

（5）模型自重几百千克到几吨重，因此需要在模型上方安装起重设备。

（6）实验模型是一次性的，即每试验一种井型都要重新制作渗流介质及其内部的复杂井。最大限度地提高模型的再利用率是本实验研究的主要难题之一。

模拟实验有两条思路，一是用渗流模型模拟整个油藏或实际供液区域，二是只模拟近井区域。前者边界条件较容易实现，但几何相似难以满足；后者几何相似相对容易满足，但边界条件满足比较困难。

实验中将面临很多个相似问题，必须优先满足主要因素的相似性。

例1：考虑半径为 r_e 的圆形边界油藏内一口井渗流，要求其物理模拟与实际油藏压力场相似，根据

$$Q=\frac{2\pi Kh}{\mu}\frac{p-p_{wf}}{\ln\frac{r}{r_w}+s}$$

对实际油藏渗流：

$$Q_{实} = \frac{2\pi K_{实}\ h_{实}}{\mu_{实}} \frac{p_{e实} - p_{wf实}}{\ln \frac{r_{e实}}{r_{w实}} + s_{实}}$$

对模型渗流：

$$Q_{模} = \frac{2\pi K_{模}\ h_{模}}{\mu_{模}} \frac{p_{e模} - p_{wf模}}{\ln \frac{r_{e模}}{r_{w模}} + s_{模}}$$

若要实现流场压力分布相似，由上两式得

$$\frac{Q_{模}}{p_{e模} - p_{wf模}} \frac{\mu_{模}\left(\ln \frac{r_{e模}}{r_{w模}} + s_{模}\right)}{K_{模}\ h_{模}} = \frac{Q_{实}}{p_{e实} - p_{wf实}} \frac{\mu_{实}\left(\ln \frac{r_{e实}}{r_{w实}} + s_{实}\right)}{K_{实}\ h_{实}}$$

这就是其压力场相似条件。

例 2：考虑圆形油藏内一口井渗流速度场相似，其相似条件为：

$$\frac{Q_{实}}{V_{e实} r_{e实} h_{实}} = \frac{Q_{模}}{V_{e模} r_{e模} h_{模}}$$

以上各式中，下标“实”表示实际油藏，“模”表示物理模型。

2. 常规平板模型实验研究

为了模拟实际地层条件，采用了树脂胶结砂岩模型作为实验模型。采用了两种基质渗透率模型，一种基质渗透率为 $30\times10^{-3}\mu m^2$ 左右，一种基质渗透率为 $2.5\times10^{-3}\mu m^2$ 左右。在研究中，考虑了大裂缝的分布特点，模型中采用了人造应力缝来模拟地层中的裂缝。

根据现场数据和模型特点，制作了两类平板模型，其中第一类平板模型具体参数为：基质渗透率为 $30\times10^{-3}\mu m^2$，孔隙度为 15.0%，模型长度为 30cm，宽度为 30cm，厚度为 1.8cm，平面上两个方向上裂缝密度为 10 条/m，裂缝宽度小于 0.1mm；第二类平板模型参数为：基质渗透率为 $2.5\times10^{-3}\mu m^2$，孔隙度为 8.3%，模型长度为 15cm，宽度为 15cm，厚度为 1.4cm，由于较低的基质渗透率，该类模型在平面两个方向上的裂缝密度为 60 条/m，裂缝宽度约为 0.1～0.2mm。

3. 可视裂缝构建与渗流物理模拟

针对裂缝性油藏基质渗透率极低的实际，选用通透可视材料配合合理技术构建类三维可视物理模型和二维剖面物理模型，可以模拟不同裂缝尺度的裂缝性油藏直井采油、直井注水、直井—水平井组合注水采油等不同开发方式、多种井型开采，计量与比较开发指标，为研究裂缝与水平井筒、裂缝与注水井排的合理配置关系，优化开发方式等提供定量、准确的模拟结果。

4. 复杂结构井近井地带流动电模拟机理实验

通过室内电模拟实验方法，对复杂结构井近井地带渗流规律进行研究，从电模拟的角度模拟井眼轨迹参数对不同井型产能的影响，探讨不同井型多分支井近井地带的渗流规律。

设计包括水平井、鱼骨井以及平面多分支井在内的不同井型复杂结构井近井地带渗流规律的电模拟实验和井眼轨迹参数对不同井型产能影响的电模拟实验。

1）实验基础参数及相关参数计算

电模拟油藏参数见表 3-1。

实验模型中，电解槽长度为 1.363m，宽度为 1.358m，将其折算为圆形供给半径为 $R_{em} = \sqrt{\frac{136.3\times135.8}{\pi}} = 76.76\ (cm) = 0.7676\ (m)$。

表 3-1 油藏参数表

参　　数	取　值	参　　数	取　值
供给半径 R_e，m	500	井筒半径 r_w，m	0.11
油层厚度 h，m	40	地层油黏度 μ_o，mPa·s	500
水平渗透率 K_h，$\times10^{-3}\mu m^2$	1300	垂直渗透率 K_v，$\times10^{-3}\mu m^2$	1300
生产压差 Δp_e，MPa	5.0	原油体积系数 B_o	1.0
水平井筒长度 L_m，m	300	分支长度，m	100

将油层参数代入相应的相似系数计算式，得到模型参数如表 3-2 所示。

表 3-2 模型参数表

参　　数	取　值	参　　数	取　值
电解槽长 a，cm	136.3	电解槽宽 b，cm	135.8
溶液高度 h_m，cm	6.14	电导率 ρ_m，μs/cm	580
水平井筒长度 L_m，cm	46.05	分支长度 L_f，cm	15.35

2）水平井近井地带流动的电模拟实验

对于水平井测量不同生产压差下的产量以及势的分布，并测量生产段长度分别为 100m、200m、300m 和 400m 时水平井产能随井筒长度的变化。

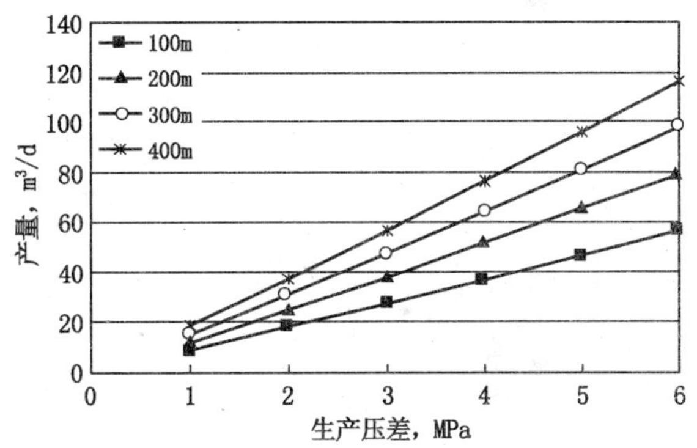

图 3-1 不同长度水平井产量与压差的关系曲线

水平井的相关实验结果见图 3-1、图 3-2。从中看出，对于某一长度的水平井随着生产压差的增加，在不考虑生产段沿程压力降的情况下，产量线性增加，符合达西定律。在某一生产压差下，水平井产量随水平段长度的增加而增加，而且随水平段长度的增加，米采油指数呈现降低的趋势。

3）鱼骨井近井地带流动的电模拟实验

（1）分支数对产能的影响。

实验模拟的主井筒长为 300m，分支井筒长均为 100m。结果如图 3-3 所示。从中看出，无论何种井型，随着分支数的增加，鱼骨井的产能随之增加，但是增加的幅度逐渐变缓，对对称鱼骨井而言，超过 6 个分支后，产能增加幅度变小，不对称鱼骨井的分支数超过 4 条后，产能增加幅度变小（图 3-4）。

（2）分支离开跟端的相对距离对产能的影响。

在主井筒长 300m 的情况下，分别取跟端距离 a = 0m、20m、40m、60m、80m 和 100m。从试验结果知道，鱼骨井的产能随着分支井眼跟端距离的减小而增加，因此当第 1 分支布置在主井筒跟端位置时产能达到最大（图 3-5、图 3-6）。

（3）分支井的夹角对产能的影响。

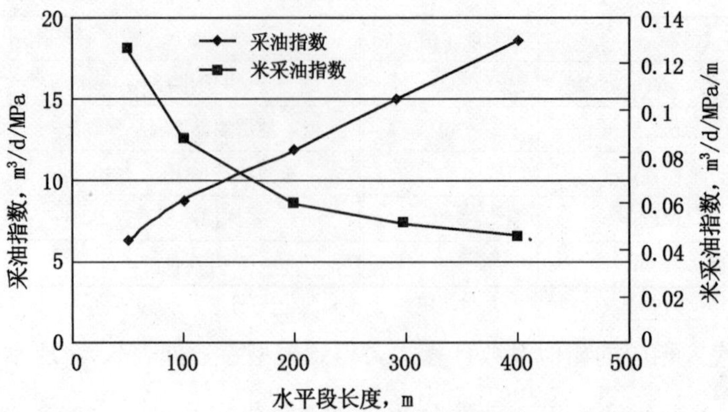

图 3－2　水平井米采油指数随水平段长度的变化曲线

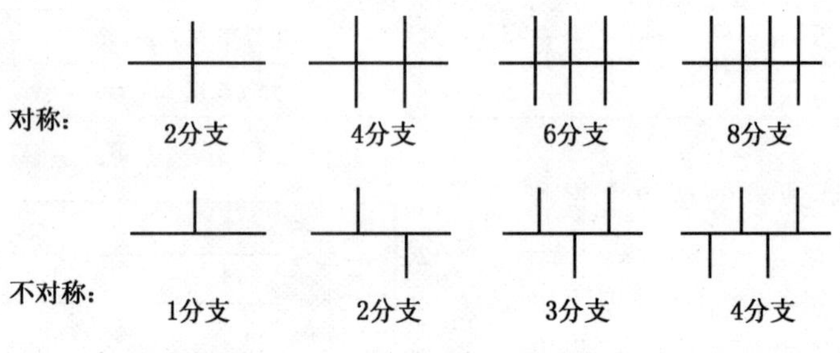

图 3－3　不同分支数鱼骨井示意图

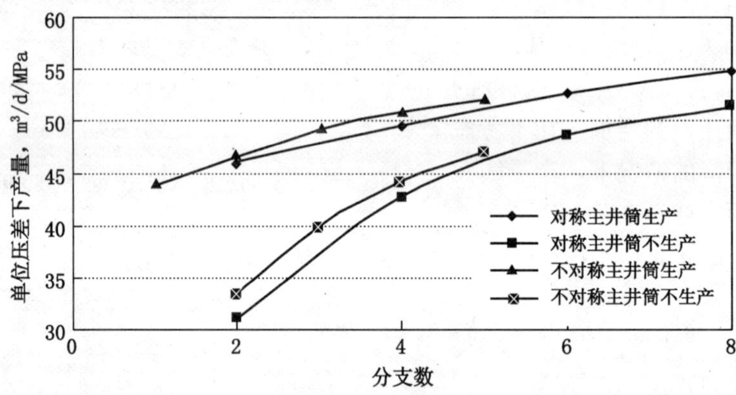

图 3－4　不同分支数鱼骨井单位压差下产量对比

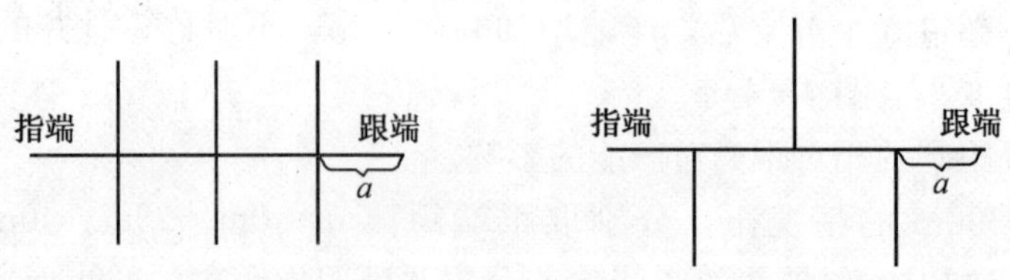

图 3－5　对称与不对称鱼骨井跟端距离示意图（a 为跟端距离）

分支井眼与主井眼的夹角分别取为5°～90°。从试验结果分析，随着分支与主井筒夹角的增加（0°～90°），产能随之增加，但是增加的幅度逐渐减缓，当夹角为90°，产能达到最大（图3-7、图3-8）。

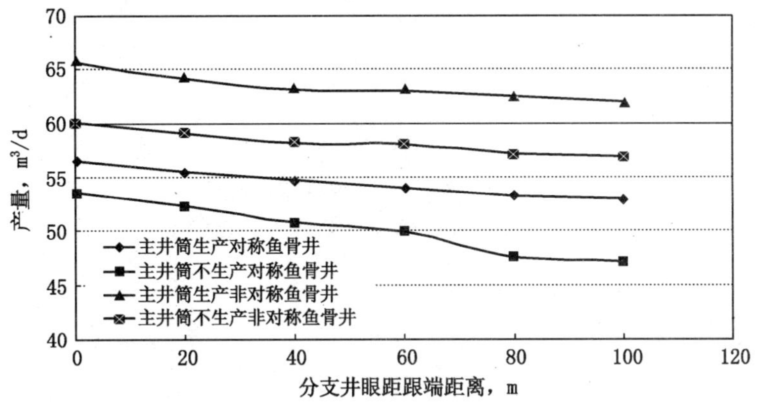

图3-6　不同跟端距离对鱼骨井产能影响

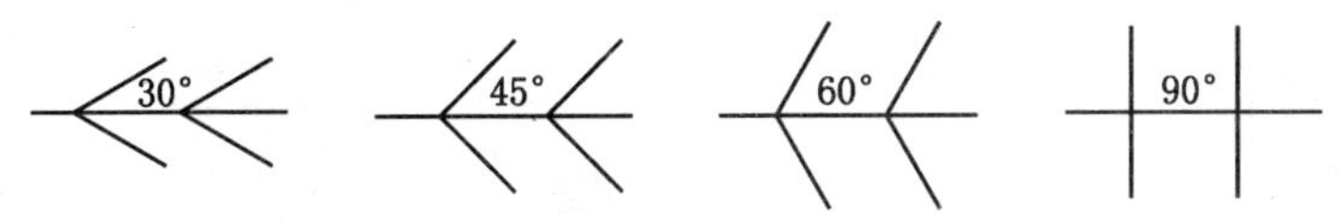

图3-7　鱼骨井不同分支角度示意图

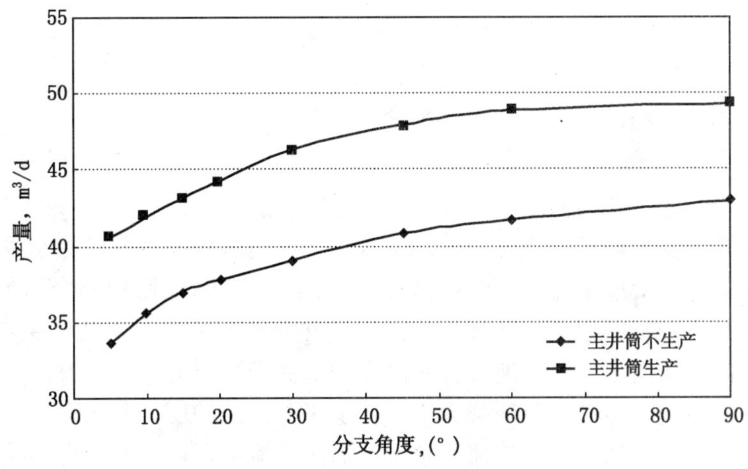

图3-8　不同分支角度对鱼骨井产能影响

4）平面多分支井近井地带流动的电模拟实验

由于前期研究大多将平面多分支井的渗流机理近似为裂缝井的渗流机理，为进行对比研究，平面多分支井的井型如图3-9所示。针对不同井型的平面多分支井测量近井地带势的分布，对于多分支井模拟分支井眼长度（50m、100m、150m和200m）、分支数（2分支、3分支、4分支）、各分支井眼间的夹角（分别为180°、120°和90°）对平面多分支井产能的影响。

从试验结果知道，平面多分支井的产量随着分支数的增加而增加，但是分支数超过3以后增加的幅度逐渐变缓，说明平面多分支井生产时存在支间干扰（图3-10）。

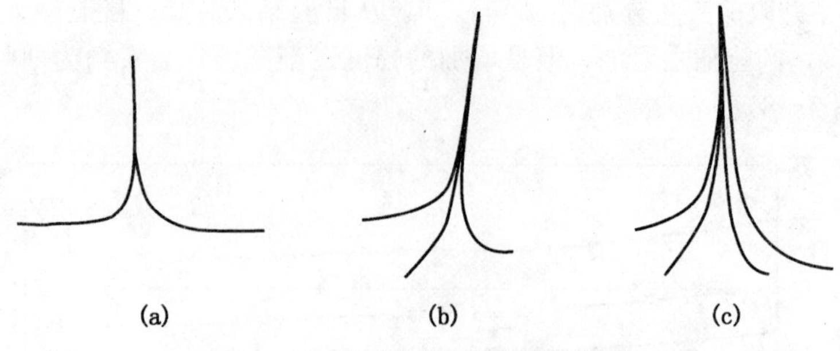

图 3－9　平面多分支井井型示意图

(a) 平面 2 分支井；(b) 平面 3 分支井；(c) 平面 4 分支井

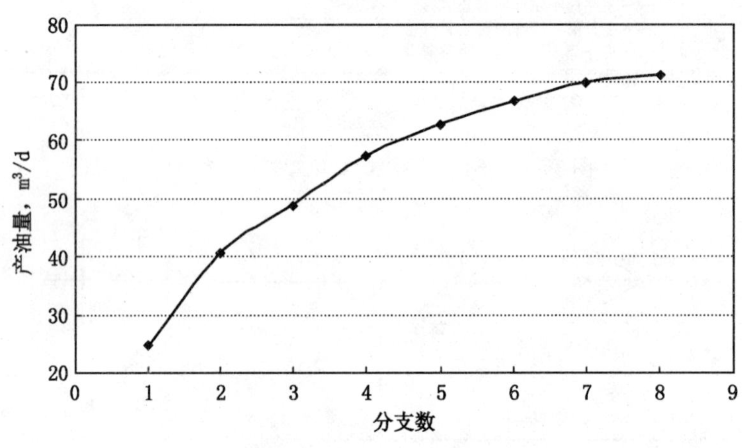

图 3－10　多分支井产量随分支数变化

二、复杂结构井产能评价

1. 水平井产能评价模型

水平井生产时，水平井筒内除了沿水平井长度方向有流动（一般称为主流 ）外，油藏流体还沿水平井筒长度方向各处流入井筒。从水平井筒指端到水平井筒指端跟端，流体质量流量是逐渐增加的（即变质量流）。在这种情况下，沿主流方向流速也逐渐增加，加速度压降不再等于零，其影响不能忽略；油藏流体沿水平井筒径向流入，干扰了主流管壁边界层，影响了其速度剖面，从而改变了由速度分布决定的壁面摩擦阻力。另一方面，径向流入的流量大小影响水平井筒内压力分布及压降大小，反过来井筒内的压力分布也影响从油藏径向流入井筒的流量大小，因而油藏内的渗流与水平井筒内的流动存在一种耦合的关系。

随着水平井钻井与完井技术的日趋成熟，水平段完井方式从先前单一的裸眼完井发展为多种完井方式；水平井渗流理论也从先前的水平段处理为无限导流能力裂缝发展为水平段变质量管流与油藏渗流耦合的流动。因此在对不同完井方式下水平井生产段进行三维空间特征数学描述的基础上，考虑生产段井筒变质量管流与油藏渗流耦合作用，进行不同类型油藏中水平井生产段近井油藏地带势（压力）的分布以及相关渗流数学模型的研究。

1) 水平井生产段的三维空间特征描述

尽管目前钻井工艺水平能够达到精确控制水平井生产段井眼轨迹使之到达水平，但是由于地层倾角和非均质性的存在，使得生产段轨迹在油藏中上下起伏，左右摆动。目前几乎所有的水平井研究都是基于水平井完全水平而考虑的，从而忽略了水平段的重力损失以及地层各向异性对产能的影响，这里从水平井井眼轨迹控制的井眼参数（井深、井斜角及方位角）出发，描述水平井生产段的三维空间特征分布。

（1）裸眼完井或割缝筛管完井水平井生产段的三维空间特征描述。

裸眼完井和割缝筛管完井方式下水平井生产段井筒都与油藏直接接触，而且割缝筛管的高密度割缝使得近井油藏流体比较均匀地流入井筒，流动机理类似于裸眼完井水平井近井地带渗流机理。水平井生产段在空间特征分布如图 3－11 所示。

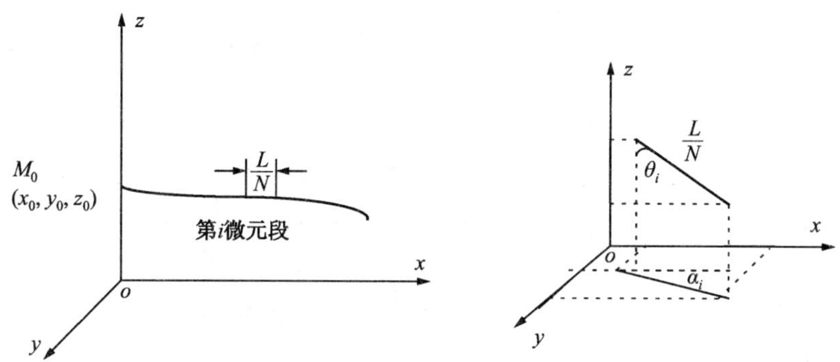

图 3－11　裸眼完井或割缝筛管完井水平井生产段的三维空间特征分布

设水平井生产段跟端的坐标为 M_0（x_0，y_0，z_0），将长 L 的水平段分成 N 段微元段，生产段第 i 段井斜角为 θ_i，方位角为 α_i，则第 i 微元段（$1\leqslant i\leqslant N$）上任意点坐标为：

$$\begin{cases} x_{\mathrm{p}}(i,t) = x_0 + \dfrac{L}{N}\left(\sum\limits_{s=0}^{i-1} \sin\theta_s\cos\alpha_s + t\sin\theta_i\cos\alpha_i\right) \\ y_{\mathrm{p}}(i,t) = y_0 + \dfrac{L}{N}\left(\sum\limits_{s=0}^{i-1} \sin\theta_s\sin\alpha_s + t\sin\theta_i\sin\alpha_i\right) \\ z_{\mathrm{p}}(i,t) = z_0 + \dfrac{L}{N}\left(\sum\limits_{s=0}^{i-1} \cos\theta_s + t\cos\theta_i\right) \qquad (0\leqslant t\leqslant 1) \end{cases} \tag{3-1}$$

（2）射孔完井方式下水平井生产段的三维空间特征描述。

射孔完井方式下水平井生产时，水平段井筒与油藏无法直接接触，只能靠射孔的孔眼相连，油藏流体渗流入孔眼后在向井筒内汇流，因此该种完井方式下水平井生产段应该为诸多的孔眼（空间特征分布如图 3－12 所示）。

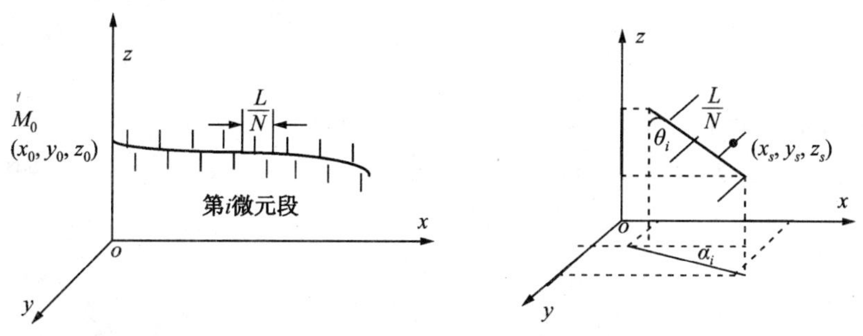

图 3－12　射孔完井水平井生产段的三维空间特征分布

设水平井生产段跟端的坐标为 M_0（x_0，y_0，z_0），将长 L 的水平段分成 N 段微元段，射孔密度为 n_{p}，孔眼深度为 d_{p}，孔眼直径为 l_{p}，射孔相位角为 ω，初始射孔角度为 ω_0，则

第 i 微元段（$1 \leqslant i \leqslant N$）上第 j 个孔眼上任意点坐标为：

$$\begin{cases} x_s(i,j,t) = x_0 + \dfrac{L}{N}\sum\limits_{s=0}^{i-1} \cos\theta_s \cos\alpha_s + \dfrac{j}{n_p}\cos\theta_i \cos\alpha_i + t \cdot l_p \sin\gamma_{i,j} \cos\chi_{i,j} \\ y_s(i,j,t) = y_0 + \dfrac{L}{N}\sum\limits_{s=0}^{i-1} \cos\theta_s \sin\alpha_s + \dfrac{j}{n_p}\cos\theta_i \sin\alpha_i + t \cdot l_p \sin\gamma_{i,j} \sin\chi_{i,j} \\ z_s(i,j,t) = z_0 + \dfrac{L}{N}\sum\limits_{s=0}^{i-1} \sin\theta_s + \dfrac{j}{n_p}\sin\theta_i + t \cdot l_p \cos\gamma_{i,j} \\ \qquad (0 \leqslant t \leqslant 1, 1 \leqslant j \leqslant \dfrac{L}{N} n_p) \end{cases} \tag{3-2}$$

2）裸眼完井或割缝筛管完井水平井近井渗流机理及渗流模型

将水平井生产段视为三维线汇，在建立生产段上微元线汇在无限大油藏中任意点的势分布的基础上，根据镜像反映和势叠加原理等渗流力学理论，推导底水油藏、边水油藏和封闭边界油藏中水平井生产段近井地带的渗流模型。

（1）裸眼完井或割缝筛管完井水平井生产段在无限大油藏中势的分布。

将长 L 的生产段分成 N 段微元段，设第 i 段微元段的径向流量（油藏流入井筒流量）为 q_r（i），流压为 p_{wf}（i）（$1 \leqslant i \leqslant N$），并作以下假设：

①油藏为均质、等厚各向异性无限大地层，其中各向异性渗透率 $K_x = K_y = K_h$，$K_z = K_v$；

②单相不可压缩流体，油藏中渗流符合达西定律；

③完井方式为裸眼完井或割缝筛管完井；

④考虑生产段井筒内变质量管流对油藏渗流的影响，即考虑生产段沿程压力损失。

无限大油藏中流体流向水平井生产段的稳定流动规律符合 Laplace 方程：

$$\frac{\partial^2 p}{\partial x^2} + \frac{\partial^2 p}{\partial y^2} + \frac{K_v}{K_h}\frac{\partial^2 p}{\partial z^2} = 0 \tag{3-3}$$

外边界条件：

$$p(x,y,z)\big|_{x\to\infty, y\to\infty, z\to\infty} = p_e$$

内边界条件：

$$p(x,y,z)\big|_{(x-x_p(i,t))^2+(y-y_p(i,t))^2+(z-z_p(i,t))^2=r_w^2} = p_{wf}(i) \qquad (1 \leqslant i \leqslant N)$$

根据势叠加原理，可以得到水平井生产段在无穷大地层中任意点 M（x，y，z'）所产生的势：

$$\Phi(x,y,z') = \frac{N}{4\pi L}\sum_{i=1}^{N}\left[q_r(i)\ln\frac{r_{1i}+r_{2i}+L_i}{r_{1i}+r_{2i}-L_i}\right] + C \tag{3-4}$$

如果油藏为无限大各向同性地层（$\beta = 1$），水平段纯水平放置（$\theta = 90°$，$\alpha = 0$），而且不考虑水平段沿程压力损失（即 q_r（i）相等），则由式（3-4）变形得到势分布函数：

$$\Phi(x,y,z) = \frac{Q}{4\pi}\ln\frac{R_1+R_2+L}{R_1+R_2-L} + C \tag{3-5}$$

式中，$R_1 = \sqrt{(x_0 - x)^2 + (y_0 - y)^2 + (z_0 - z)^2}$

$R_2 = \sqrt{(x_0 + L - x)^2 + (y_0 - y)^2 + (z_0 - z)^2}$

式（3-5）等势线分布为一组同心椭圆簇，常规水平井电模拟实验和数值模拟也同样验证了这一结论。

（2）不同类型油藏中裸眼或割缝筛管完井水平井近井地带的渗流模型。

①封闭油藏中裸眼完井或割缝筛管水平井完井的渗流模型。

厚度为 h 的封闭边界油藏中生产段长为 L 的水平井如图 3－13 所示，各向异性地层中单相不可压缩流体的流动同样遵循 Laplace 方程。

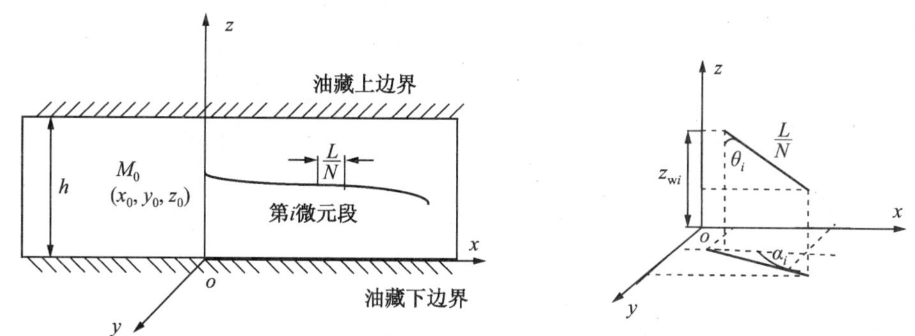

图 3－13　封闭边界油藏中水平井生产段示意图

借助无限大地层中水平井生产段第 i 微元段（$1 \leqslant i \leqslant N$）任意点的势分布函数，根据镜像反映原理，以油层顶部、底部封闭边界为镜像面，将封闭边界油藏中水平井生产段第 i 段微元段镜像成为无限大地层中无穷生产井排，根据势叠加原理，水平井生产段在封闭边界油藏中任意点 M（x，y，z'）所产生的势为：

$$\Phi(x,y,z') = \sum_{i=1}^{N} \Phi_i(x,y,z') = -\frac{N}{4\pi L}\sum_{i=1}^{N}(q_r(i)\varphi_i) + C' \tag{3-6}$$

设供给边界处势为 Φ_e，则由式（3－6）可得：

$$\Phi(x,y,z') = \Phi_e - \frac{N}{4\pi L}\sum_{i=1}^{N}\left[q_r(i)(\varphi_i - \varphi_{ei})\right]$$

设供给边界处压力为 p_e，则可得到裸眼完井或割缝筛管完井水平井生产段沿程径向流量 q_r（i）与流压 p_{wf}（i）的渗流数学模型：

$$\begin{bmatrix} \varphi_{11}-\varphi_{e1} & \varphi_{12}-\varphi_{e2} & \varphi_{13}-\varphi_{e3} & \cdots & \varphi_{1N}-\varphi_{eN} \\ \varphi_{21}-\varphi_{e1} & \varphi_{22}-\varphi_{e2} & \varphi_{23}-\varphi_{e3} & \cdots & \varphi_{2N}-\varphi_{eN} \\ \varphi_{31}-\varphi_{e1} & \varphi_{32}-\varphi_{e2} & \varphi_{33}-\varphi_{e3} & \cdots & \varphi_{3N}-\varphi_{eN} \\ \vdots & \vdots & \vdots & \cdots & \vdots \\ \varphi_{N1}-\varphi_{e1} & \varphi_{N2}-\varphi_{e2} & \varphi_{N3}-\varphi_{e3} & \cdots & \varphi_{NN}-\varphi_{eN} \end{bmatrix} \begin{bmatrix} q_r(1) \\ q_r(2) \\ q_r(3) \\ \vdots \\ q_r(N) \end{bmatrix} = \frac{4\pi L\sqrt{K_h K_v}}{N\mu_o} \begin{bmatrix} p_e - p_{wf}(1) \\ p_e - p_{wf}(2) \\ p_e - p_{wf}(3) \\ \vdots \\ p_e - p_{wf}(N) \end{bmatrix} \tag{3-7}$$

式中　μ_o——流体黏度，mPa·s；

K_h 和 K_v——油藏水平渗透率和垂向渗透率，$\times 10^{-3}\mu m^2$；

p_e 和 p_{wf}（i）——油藏供给边界和第 i 微元段井壁处的压力，MPa。

②底水油藏中裸眼完井或割缝筛管完井水平井的渗流模型。

厚度为 h 的底水油藏中，生产段长为 L 的水平井如图 3－14 所示，各向异性地层中单相不可压缩流体的流动同样遵循 Laplace 方程。

借助无限大地层中水平井生产段第 i 微元段（$1 \leqslant i \leqslant N$）任意点的势分布函数，根据镜像反映原理以油层顶部封闭边界为镜像面可将底水油藏中水平井生产段第 i 微元段镜像为无限生产井排，从而底水油藏中水平井生产段第 i 段微元段镜像成为无限大地层中生产井和注

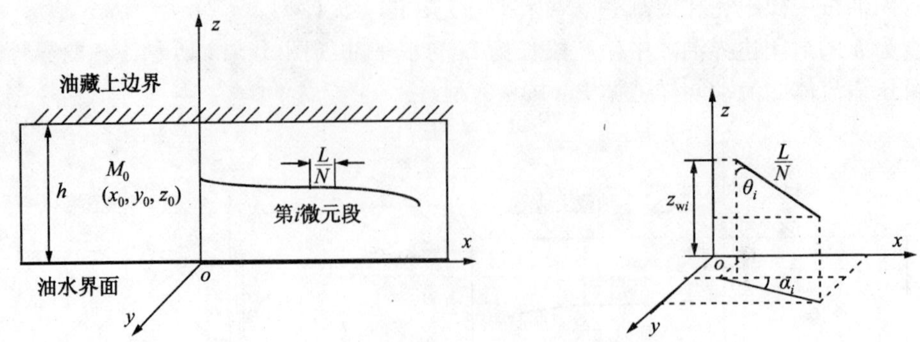

图 3-14　底水油藏中水平井生产段示意图

水井交替出现的无穷井排，根据势叠加原理，水平井生产段在底水油藏中任意点 M（x，y，z'）所产生的势为：

$$\Phi(x,y,z') = \sum_{i=1}^{N} \Phi_i(x,y,z') = -\frac{N}{4\pi L}\sum_{i=1}^{N}(q_r(i)\varphi_i) + C' \tag{3-8}$$

由边界条件可知，油水界面处的势为 Φ_e，则由式（3-8）可得：

$$\Phi(x,y,z') = \Phi_e - \frac{N}{4\pi L}\sum_{i=1}^{N}[q_r(i)\varphi_i] \tag{3-9}$$

设油水界面压力为 p_e，则可得到裸眼完井或割缝筛管完井水平井生产段沿程径向流量 q_r（i）与流压 p_{wf}（i）的渗流数学模型：

$$\begin{bmatrix} \varphi_{11} & \varphi_{12} & \varphi_{13} & \cdots & \varphi_{1N} \\ \varphi_{21} & \varphi_{22} & \varphi_{23} & \cdots & \varphi_{2N} \\ \varphi_{31} & \varphi_{32} & \varphi_{33} & \cdots & \varphi_{3N} \\ \vdots & \vdots & \vdots & \cdots & \vdots \\ \varphi_{N1} & \varphi_{N2} & \varphi_{N3} & \cdots & \varphi_{NN} \end{bmatrix} \begin{bmatrix} q_r(1) \\ q_r(2) \\ q_r(3) \\ \vdots \\ q_r(N) \end{bmatrix} = \frac{4\pi L\sqrt{K_h K_v}}{\mu_o N} \begin{bmatrix} p_e - p_{wf}(1) \\ p_e - p_{wf}(2) \\ p_e - p_{wf}(3) \\ \vdots \\ p_e - p_{wf}(N) \end{bmatrix} \tag{3-10}$$

式中各项符号意义同前。

③边水油藏中裸眼完井或割缝筛管完井水平井的渗流模型。

厚度为 h 的边水油藏中生产段长为 L 的水平井如图 3-15 所示，油藏顶部和底部均为封闭边界，生产段跟端距油水界面为 b，各向异性地层中单相不可压缩流体的流动同样遵循 Laplace 方程。

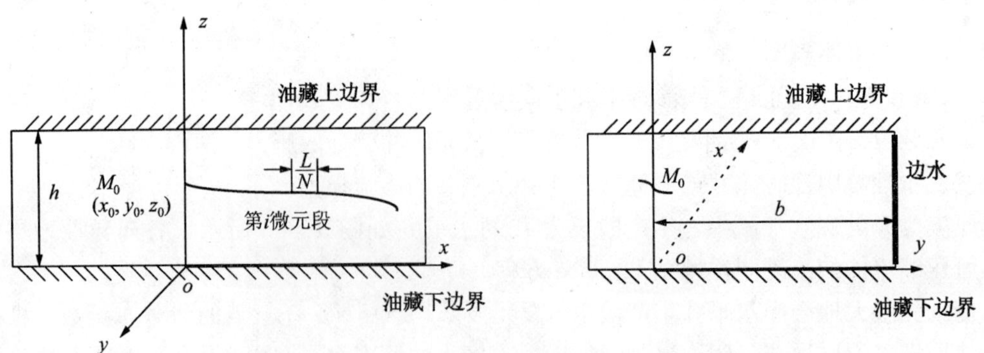

图 3-15　边水油藏中水平井生产段示意图

借助无限大地层中水平井生产段第 i 微元段（$1\leqslant i\leqslant N$）任意点的势分布函数，根据镜像反映原理，以油层顶部、底部封闭边界为镜像面可将边水油藏中水平井生产段第 i 微元段镜像为无限生产井排，而以油水界面定压边界为镜像面将边水油藏中水平井生产段第 i 微元段镜像为无限注水井排，注水井注入量为生产井的一半，根据势叠加原理，水平井生产段在边水油藏中任意点 M（x，y，z'）所产生的势为：

$$\Phi(x,y,z')=\sum_{i=1}^{N}\Phi_i(x,y,z')=-\frac{N}{4\pi L}\sum_{i=1}^{N}(q_{\mathrm{r}}(i)\varphi_i)+C' \tag{3-11}$$

由边界条件可知，油水界面处的势为 Φ_{e}，则由式（3－11）可得：

$$\Phi(x,y,z')=\Phi_{\mathrm{e}}-\frac{N}{4\pi L}\sum_{i=1}^{N}[q_{\mathrm{r}}(i)\varphi_i] \tag{3-12}$$

设油水界面压力为 p_{e}，则可得到裸眼完井或割缝筛管完井水平井生产段沿程径向流量 q_{r}（i）与流压 p_{wf}（i）的渗流数学模型：

$$\begin{bmatrix}\varphi_{11} & \varphi_{12} & \varphi_{13} & \cdots & \varphi_{1N}\\ \varphi_{21} & \varphi_{22} & \varphi_{23} & \cdots & \varphi_{2N}\\ \varphi_{31} & \varphi_{32} & \varphi_{33} & \cdots & \varphi_{3N}\\ \vdots & \vdots & \vdots & \cdots & \vdots\\ \varphi_{N1} & \varphi_{N2} & \varphi_{N3} & \cdots & \varphi_{NN}\end{bmatrix}\begin{bmatrix}q_{\mathrm{r}}(1)\\ q_{\mathrm{r}}(2)\\ q_{\mathrm{r}}(3)\\ \vdots\\ q_{\mathrm{r}}(N)\end{bmatrix}=\frac{4\pi L\sqrt{K_{\mathrm{h}}K_{\mathrm{v}}}}{\mu_{\mathrm{o}}N}\begin{bmatrix}p_{\mathrm{e}}-p_{\mathrm{wf}}(1)\\ p_{\mathrm{e}}-p_{\mathrm{wf}}(2)\\ p_{\mathrm{e}}-p_{\mathrm{wf}}(3)\\ \vdots\\ p_{\mathrm{e}}-p_{\mathrm{wf}}(N)\end{bmatrix} \tag{3-13}$$

式中各项符号意义同前。

（3）裸眼完井或割缝筛管完井方式下水平井生产段沿程压降计算模型。

①裸眼完井方式下水平井生产段沿程压降计算模型。

在距生产段跟端 s 处取微元段 ΔL，如图 3－16 所示。设油藏流向微元段的流速为 V_{r}（s），上游流动端面的平均流速为 V_1（$s+\Delta L$），流压为 p_{wf}（$s+\Delta L$），下游平均流速为 V_1（s），流压为 p_{wf}（s），该微元段壁面摩擦阻力为 τ_{w}（s），所受到的质量力为 G。

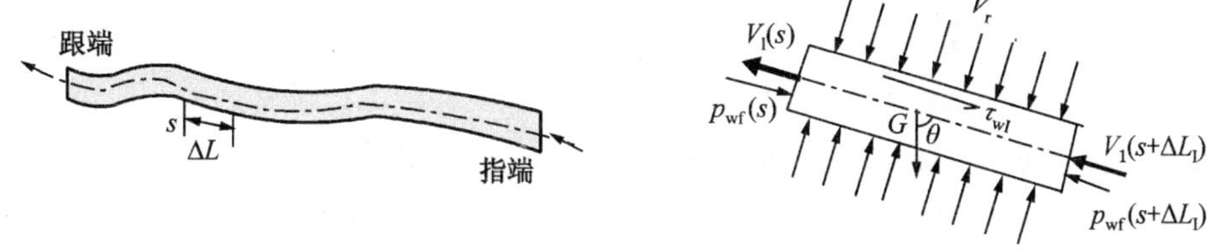

图 3－16　裸眼完井水平井生产段划分微元段示意图

对于裸眼完井的生产段而言，井筒直接与油藏接触，因此油藏流体径向流入生产段井筒内的渗流面积 A_{r} 应与地层的孔隙度 ϕ 有关，即遵循下面关系式：

$$A_{\mathrm{r}}=\phi\pi D\Delta L \tag{3-14}$$

整理上式可得：

$$\frac{\Delta V_1(s)}{\Delta L}=\frac{4\phi}{D}V_{\mathrm{r}}(s) \tag{3-15}$$

根据质量守恒原理，微元段 ΔL 控制体的质量守恒方程为：

$$\rho V_1(s+\Delta L)\frac{\pi D^2}{4}-\rho V_1(s)\frac{\pi D^2}{4}=-\rho V_{\mathrm{r}}(s)\phi\pi D\Delta L \tag{3-16}$$

微元段 ΔL 控制体中流体沿井筒长度方向上受到质量力、摩擦阻力、上下游端面压力以及径向入流流体的惯性力作用，根据动量守恒定理有：

$$p_{\mathrm{wf}}(s+\Delta L)\frac{\pi D^2}{4}-p_{\mathrm{wf}}(s)\frac{\pi D^2}{4}-[\tau_{\mathrm{w2}}(s)\phi+\tau_{\mathrm{w1}}(s)(1-\phi)]\pi D\Delta L-\rho g\cos\theta\Delta L\frac{\pi D^2}{4}$$

$$=\Delta(mV)=\rho\frac{\pi D^2}{4}(V_1^2(s)-V_1^2(s+\Delta L)) \quad (3-17)$$

式中 $\tau_{\mathrm{w1}}(s)$——裸眼完井的生产段井筒管壁摩擦阻力，$\tau_{\mathrm{w1}}(s)=\frac{f_1\rho V_{\mathrm{m}}^2(s)}{8}$；

f_1——裸眼完井的生产段井筒管壁摩擦系数；

$V_{\mathrm{m}}(s)$——该微元段流体的平均流速，$V_{\mathrm{m}}(s)=\frac{[V_1(s)+V_1(s+\Delta L_1)]}{2}$；

$\tau_{\mathrm{w1}}(s)$——径向流入生产段井筒的流体与轴向流体之间的摩擦阻力，$\tau_{\mathrm{w2}}(s)=\frac{f_2\rho V_{\mathrm{m}}^2(s)}{8}$；

f_2——由于径向流入生产段井筒的流体所造成的摩擦阻力系数。

设水平段等分为 N 段，每一微元段的长度 ΔL 等于 L/N，且式中各物理量采用实用单位，那么裸眼完井方式下水平井生产段压降损失计算模型为：

$$\Delta p_{\mathrm{wf}}(i)=\frac{\rho L}{N}\left\{\frac{2.7146\times10^{-14}}{D^5}[f_2\phi+f_1(1-\phi)]\cdot[2q_1(i)-q_{\mathrm{r}}(i)]^2+\right.$$

$$\left.\frac{g\cos\theta}{10^3}+\frac{2.1717\times10^{-13}}{D^4}\frac{Nq_{\mathrm{r}}(i)}{L}[2q_1(i)-q_{\mathrm{r}}(i)]\right\} \quad (1\leqslant i\leqslant N) \quad (3-18)$$

式中 Δp_{wf}（i）——水平井生产段第 i 段压降损失，MPa；

ρ——原油密度，$\times10^3\mathrm{kg/m^3}$；

L——生产段长度，m；

D——生产段井眼直径，m；

q_1（i）和 q_{r}（i）——分别为生产段第 i 段井眼轴向流量和径向流量，$\mathrm{m^3/d}$。

②割缝筛管完井方式下水平井水平段沿程压降计算模型。

对于中、粗砂粒的疏松砂岩储层，不用成本昂贵的砾石充填完井方式，而用割缝筛管，可以降低完井成本。割缝筛管可使储层砂在筛管外自然分选形成砂桥堆积层，起防砂滤器的作用。割缝筛管完井方式下油层流体流经砾石充填层后从各缝眼流入生产段井筒后与上游端（水平段指端）的流体会合后流向下游端（水平端跟端）。生产段井筒内的流体流动与油藏内流体经砾石充填层和割缝的渗流存在耦合的关系。

将水平段沿其长度方向分成若干连续微元段（每一微元段包含一定数量的割缝），由于每一微元段长度较短，可假设在同一微元段上流体从油层经砾石充填层沿割缝等质量均匀流入井筒，即该段线汇为均匀流量线汇，而每微元线汇的流量不相等。

设水平段筛管长度为 L，该段共分为 N 段微元段，则水平段微元段长度 $\Delta L=L/N$，假设筛管割缝为纵向均匀分布，割缝密度为 n_{gf}。第 i 微元段上从地层渗入砾石充填层流入井筒的流量为 q_{sj}（i），第 i 微元段上游压力为 p_1（i），上游流量为 q_1（$i-1$），下游压力为 p_2（i），上游流量为 q_1（i），该段上压降损失为 $\mathrm{d}p_{\mathrm{w}}$（i）（如图 3－17 所示），有以下关系式：

$$q_1(i)=q_1(i-1)+q_{\mathrm{sj}}(i),p_1(i)=p_2(i-1)+\mathrm{d}p_{\mathrm{w}}(i) \quad (3-19)$$

割缝筛管完井方式下水平井生产段损失包括摩擦损失、加速损失和重力损失，压降分析模型的建立思想就是将生产段划分成许多微元段，每一微元段包括若干排割缝，通过计算每一排割缝的摩擦损失、加速损失和重力损失，从而求出该微元段的压降损失。

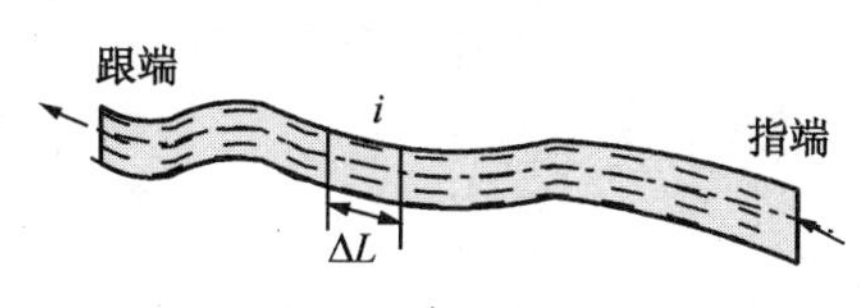

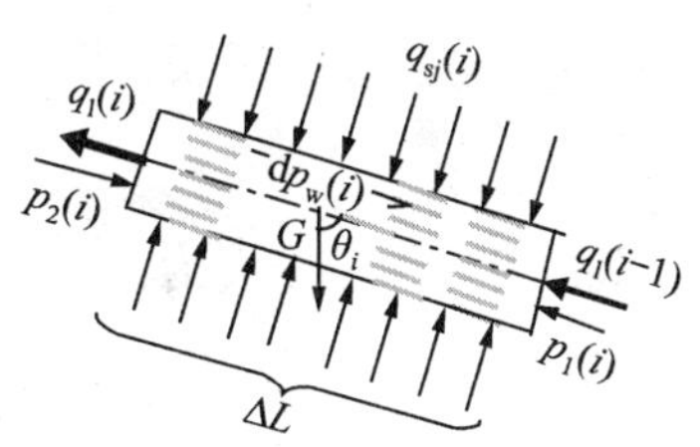

图 3－17　割缝筛管完井水平井生产段划分微元段示意图

第 i 微元段上割缝条数为 $\Delta L \times n_{gf}$，割缝长度为 L_{gf}，割缝宽度为 W_{gf}，取割缝间隔为0.7 倍割缝长度，因此长度为 ΔL 的筛管上割缝排数 p_{gf} 就为 $\Delta L/(1.7L_{gf})$。

第 j 排割缝与第 $j-1$ 排割缝之间的流量为：

$$q_l(i,j) = q_l(i,j-1) + \frac{1.7L_{gf}q_{sj}(i)}{\Delta L} \qquad j = 1,2,\cdots,p_{gf} \tag{3-20}$$

相应地，第 j 排割缝与第 $j-1$ 排割缝之间的平均流速与雷诺数为：

$$\bar{\nu}_s(i,j) = \frac{2[q_l(i,j) + q_l(i,j-1)]}{\pi D^2} \qquad Re(i,j) = \frac{\rho D\bar{\nu}_s(i,j)}{\mu} \tag{3-21}$$

生产段井筒内的临界流量（层流向紊流转变的临界值）为：

$$q_{critic} = 156.04\mu_o D/\rho$$

由于割缝筛管上的缝密度在 300 条/m 左右，因此可以忽略该完井方式下混合损失，水平井生产段第 i 微元段上压降损失 dp_w（i）包括摩擦损失、加速损失、混合损失以及重力损失，即：

$$dp_w(i) = dp_{fric}(i) + dp_{acc}(i) + dp_G(i) \tag{3-22}$$

式中各符号意义同前。

对于第 i 微元段的摩擦损失、加速损失、混合损失的计算分别采用以下模型：

(a) 摩擦损失 dp_{fric}（i）。

当水平井筒的流动为层流时（q_l（i，j）$<q_{critic}$），井筒摩擦系数为：

$$f_{fric}(i,j) = \frac{64}{Re(i,j)} \tag{3-23}$$

当水平井筒的流动为紊流时（q_l（i，j）$>q_{critic}$）井筒摩擦系数为：

$$f_{fric}(i,j) = \left\{-1.8\log\left[\frac{6.9}{Re(i,j)} + \left(\frac{\varepsilon}{3.7D}\right)^{1.11}\right]\right\}^{-2} \tag{3-24}$$

而第 j 排割缝与第 $j-1$ 排割缝的摩擦损失为：

$$\Delta p_{fric}(i,j) = 0.9231 \times 10^{-13} \times \frac{\rho L_{gf} f_{fric}(i,j)[q_l(i,j) + q_l(i,j-1)]^2}{D^5} \tag{3-25}$$

第 i 微元段的摩擦损失为：

$$dp_{fric}(i) = \sum_{j=1}^{p_{gf}} \Delta p_{fric}(i,j) = 0.9231 \times 10^{-13} \times \frac{\rho L_{gf}}{D^5} \times \sum_{j=1}^{p_{gf}} [q_l(i,j) + q_l(i,j-1)]^2 \tag{3-26}$$

(b) 加速损失 dp_{acc}（i）。

第 j 排割缝与第 $j+1$ 排割缝之间的加速损失为：

$$\Delta p_{\text{acc}}(i,j)=\rho[\bar{\nu}_s^2(i,j)-\bar{\nu}_s^2(i,j-1)]=3.5215\times10^{-13}\times\frac{\rho}{D^5}[q_1^2(i,j)-q_1^2(i,j-1)] \tag{3-27}$$

而第 i 微元段的加速损失为：

$$\mathrm{d}p_{\text{acc}}(i)=\sum_{j=1}^{p_{\text{gf}}}\Delta p_{\text{acc}}(i,j)=3.5215\times10^{-13}\times\frac{\rho}{D^5}\sum_{j=1}^{p_{\text{gf}}}[q_1^2(i,j)-q_1^2(i,j-1)] \tag{3-28}$$

整理即可得到割缝筛管完井水平井生产段压降分析模型：

$$\mathrm{d}p_{\text{w}}(i)=\frac{1.0\times10^{-13}\rho}{D^5}\cdot\Big\{0.9231L_{\text{gf}}\cdot\sum_{j=1}^{p_{\text{gf}}}\{f_{\text{fric}}(i,j)\cdot[q_1(i,j)+q_1(i,j-1)]\}+3.5215\times\sum_{j=1}^{p_{\text{gf}}}[q_1^2(i,j)-q_1^2(i,j-1)]\Big\}+\rho g\Delta L\cos\theta_i \tag{3-29}$$

（4）裸眼完井或割缝筛管完井方式下水平井的生产段耦合流动模型。

设长为 L 生产段划分为 N 个微元段，近井油藏向第 i 段生产段井筒的径向流入量为 $q_r(i)$，中点处流压为 $p_{\text{wf}}(i)$（$1\leqslant i\leqslant N$），水平井生产段跟端流压 p_{wf}赋为 $p_{\text{wf}}(0)$；生产段井筒内沿程流量为 $q_1(j)$（$1\leqslant j\leqslant N$），水平井产量为 $q_1(1)$。

那么在油藏参数、流体参数以及井眼数据已知的情况下，分别代表不同类型油藏水平井近井油藏渗流模型可表示为含有 $q_r(i)$、$p_{\text{wf}}(i)$（$1\leqslant i\leqslant N$）共 $2N$ 个未知量、N 个方程组成的方程组：

$$F_{\text{oh1}}[q_r(i),p_{\text{wf}}(i)]=0\qquad(1\leqslant i\leqslant N) \tag{3-30}$$

而裸眼完井水平井生产段井筒沿程流量符合以下关系式：

$$q_1(j)=\sum_{k=j}^{N}q_r(k)\qquad(1\leqslant j\leqslant N) \tag{3-31}$$

水平井生产段井筒沿程流压符合以下关系式：

$$p_{\text{wf}}(i)=p_{\text{wf}}(i-1)+0.5(\Delta p_{\text{wf}}(i-1)+\Delta p_{\text{wf}}(i))\qquad(2\leqslant i\leqslant N+1) \tag{3-32}$$

式中，$p_{\text{wf}}(1)=p_{\text{wf}}+0.5\Delta p_{\text{wf}}(1)$；$\Delta p_{\text{wf}}(N+1)=0$。

整理可以得到：

$$\Delta p_{\text{wf}}(i)=\frac{\rho L}{N}\Big\{\frac{2.7146\times10^{-14}}{D^5}[f_2\phi+f_1(1-\phi)]\cdot[2q_1(i)-q_r(i)]^2+\frac{g\cos\theta}{10^3}+\frac{2.1717\times10^{-13}}{D^4}\frac{Nq_r(i)}{L}[2q_1(i)-q_r(i)]\Big\}\qquad(1\leqslant i\leqslant N) \tag{3-33}$$

将式（3-33）代入式（3-32）可以得到未知量为 $q_r(i)$、$p_{\text{wf}}(i)$（$1\leqslant i\leqslant N$）、含有 N 个方程的方程组：

$$F_{\text{oh2}}[q_r(i),p_{\text{wf}}(i)]=0 \tag{3-34}$$

式（3-30）和式（3-34）共有 $2N$ 个方程，$2N$ 个未知量即为裸眼完井方式下水平井生产段耦合流动模型。

3）射孔完井水平井近井地带渗流机理及渗流模型

目前，射孔完井较为广泛地应用于包括水平井在内的油气井生产中，国内外众多学者针对该种完井方式下水平井的产能进行了不同程度的研究。对于常规射孔工艺（小孔径、小孔深）或油气田开发早期（泄油区域比较大）时假设射孔完井水平井近井地带流动与裸眼相似是合理的，但是随着油田开发进入中后期，井间距、泄油半径的缩小，而且旨在减小近井渗流阻力的新型完井工艺（大孔径、深穿透以及水射流射孔等）的不断涌现，忽略孔眼中流动以及孔眼向井筒汇流的影响就变得不切合实际。

射孔完井方式下水平井生产时，近井地带流动如图3-18所示。水平段井筒与油藏无法直接接触，只能靠射孔的孔眼相连，油藏流体渗流入孔眼后在向井筒内汇流。水平井筒内的流体流动与油藏内流体向孔眼的渗流存在耦合关系。

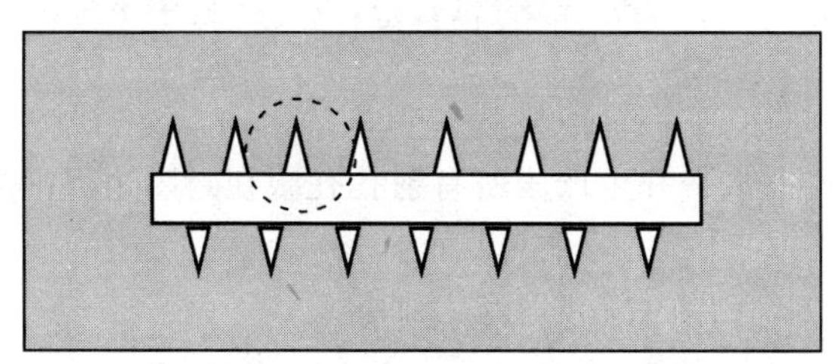

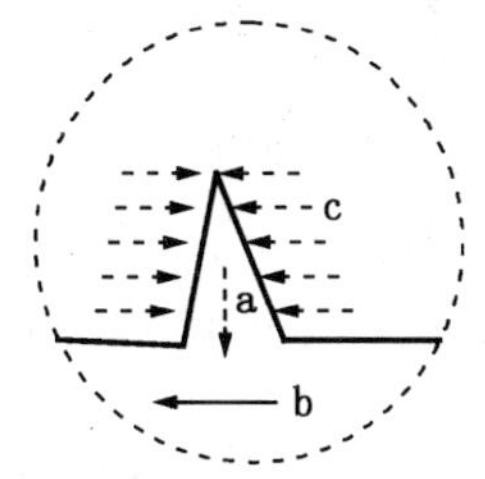

图3-18 射孔完井方式下水平井近井地带流动示意图

a—孔眼；b—井筒；c—油藏

（1）射孔完井水平井生产段在无限大油藏中势的分布。

将长 L 的生产段分成 N 段微元段，设油藏流体径向流入第 i 段微元段第 j 个孔眼的流量为 q_r（i，j），流压为 p_{wf}（i，j）（$1\leqslant i\leqslant N$，$1\leqslant j\leqslant \frac{L}{N}n_p$），并作以下假设：

①油藏为均质、等厚各向异性无限大地层，其中各向异性渗透率 $K_x=K_y=K_h$，$K_z=K_v$；

②单相不可压缩流体，油藏中渗流符合达西定律；

③完井方式为射孔完井，生产段为射孔孔眼；

④微元段上所有孔眼流向井筒的流量 q_r（i，j）相等，即 $q_r(i,j)=\dfrac{\bar{q}_r(i)}{\frac{L}{N}n_p}$（$1\leqslant i\leqslant N$，$1\leqslant j\leqslant \frac{L}{N}n_p$），其中 $\bar{q}_r$（i）为第 i 段微元段所有孔眼流入井筒流量；

⑤微元段上所有孔眼内流压 p_{wf}（i，j）相等，即 $p_{wf}(i,j)=\bar{p}_{wf}(i)$（$1\leqslant i\leqslant N$，$1\leqslant j\leqslant \frac{L}{N}n_p$），其中 $\bar{p}_{wf}$（i）为第 i 段微元段井壁处流压。

无限大油藏中流体流向水平井任意一个孔眼的稳定流动规律符合Laplace方程：

$$\frac{\partial^2 p}{\partial x^2}+\frac{\partial^2 p}{\partial y^2}+\frac{K_v}{K_h}\frac{\partial^2 p}{\partial z^2}=0 \tag{3-35}$$

外边界条件：

$$p(x,y,z)\big|_{x\to\infty,y\to\infty,z\to\infty}=p_e$$

内边界条件：

$$p(x,y,z)\big|_{(x-x_p(i,j,t))^2+(y-y_p(i,j,t))^2+(z-z_p(i,j,t))^2=r_p^2}=\bar{p}_{wf}(i) \qquad \left(1\leqslant i\leqslant N,1\leqslant j\leqslant \frac{L}{N}n_p\right)$$

根据势叠加原理，可以得到射孔完井水平井生产段所有孔眼在无穷大地层中任意点 M（x，y，z'）所产生的势为：

$$\Phi(x,y,z')=\frac{N}{4\pi n_p l_p L}\sum_{i=1}^{N}\left[\bar{q}_r(i)\sum_{j=1}^{\frac{L}{N}n_p}\ln\frac{r_{1ij}+r_{2ij}+l'_p}{r_{1ij}+r_{2ij}-l'_p}\right]+C \tag{3-36}$$

（2）不同类型油藏中射孔完井方式下水平井近井地带的渗流模型。

①封闭油藏中射孔完井水平井的渗流模型。

根据镜像反映原理，以油层顶部、底部封闭边界为镜像面，可以将封闭边界油藏中射孔完井水平井生产段第 i 段微元段上第 j 个射孔孔眼段镜像成为无限大地层中生产井排，其任意点 z' 坐标分别为 $2nh'+z's$（i，j，t）和 $2nh'-z's$（i，j，t）（其中 $n=0$，1，2，…；$1\leqslant i\leqslant N$；$1\leqslant j\leqslant \frac{L}{N}n_p$；$0\leqslant t\leqslant 1$）。

根据势叠加理论，射孔完井方式下水平井生产段所有射孔孔眼在封闭边界油藏中任意点 M（x，y，z'）所产生的势为：

$$\Phi(x,y,z')=\sum_{i=1}^{N}\sum_{j=1}^{n_p\cdot\frac{L}{N}}\left[\Phi_{ij}(x,y,z')\right]=-\frac{N}{4\pi n_p l_p L}\sum_{i=1}^{N}\sum_{j=1}^{n_p\cdot\frac{L}{N}}\left[\bar{q}_r(i)\varphi_{ij}(x,y,z')\right]+C' \tag{3-37}$$

设供给边界处压力为 p_e，则可得到射孔完井水平井生产段径向流量 $\bar{q}_r$（i）与流压 $\bar{p}_{wf}$（i）关系模型：

$$\boldsymbol{A}\begin{bmatrix}\bar{q}_r(1)\\ \bar{q}_r(2)\\ \vdots\\ \bar{q}_r(N)\end{bmatrix}=\frac{4\pi n_p l_p L\sqrt{K_h K_v}}{\mu_o N}\begin{bmatrix}p_e-\bar{p}_{wf}(1)\\ p_e-\bar{p}_{wf}(2)\\ \vdots\\ p_e-\bar{p}_{wf}(N)\end{bmatrix} \tag{3-38}$$

式中

$$\boldsymbol{A}=\begin{bmatrix}\varphi_{11,11}-\varphi_{e11} & \varphi_{11,21}-\varphi_{e21} & \cdots & \varphi_{11,N\frac{L}{N}n_p}-\varphi_{eN\frac{L}{N}n_p}\\ \varphi_{21,11}-\varphi_{e11} & \varphi_{21,21}-\varphi_{e21} & \cdots & \varphi_{21,N\frac{L}{N}n_p}-\varphi_{eN\frac{L}{N}n_p}\\ \vdots & \vdots & \cdots & \vdots\\ \varphi_{N\frac{L}{N}n_p,11}-\varphi_{e11} & \varphi_{N\frac{L}{N}n_p,21}-\varphi_{e21} & \cdots & \varphi_{N\frac{L}{N}n_p,N\frac{L}{N}n_p}-\varphi_{eN\frac{L}{N}n_p}\end{bmatrix}$$

②底水油藏中射孔完井水平井的渗流模型。

根据镜像反映原理，以油层顶部封闭边界为镜像面，可以将底水油藏中射孔完井水平井生产段第 i 段微元段上第 j 个射孔孔眼段镜像成为无限大地层中生产井排，其任意点 z' 坐标分别为 $4nh'+z's$（i，j，t）和 $4nh'+2h'-z's$（i，j，t）（其中 $n=0$，1，2，…；$1\leqslant i\leqslant N$；$1\leqslant j\leqslant \frac{L}{N}n_p$；$0\leqslant t\leqslant 1$）；以油层底部油水界面为镜像面，可以将底水油藏中射孔完井水平井生产段第 i 段微元段上第 j 个射孔孔眼段镜像成为无限大地层中注水井排，其任意点 z' 坐标分别为 $4nh'-z's$（i，j，t）和 $4nh'-2h'+z's$（i，j，t）（其中 $n=0$，1，2，…；$1\leqslant i\leqslant N$；$1\leqslant j\leqslant \frac{L}{N}n_p$；$0\leqslant t\leqslant 1$）。

根据势叠加原理，并设油水界面处的势为 Φ_e，水平井生产段所有孔眼在底水油藏中任意点 M（x，y，z'）所产生的势为：

$$\Phi(x,y,z)=\sum_{i=1}^{N}\sum_{j=1}^{n_p\cdot\frac{L}{N}}\Phi_{ij}(x,y,z)=\Phi_e-\frac{N}{4\pi n_p l_p L}\sum_{i=1}^{N}\left[\bar{q}_r(i)\sum_{j=1}^{n_p\cdot\frac{L}{N}}\varphi'_{ij}(x,y,z')\right] \tag{3-39}$$

设供给边界处压力为 p_e，则可得到射孔完井水平井生产段径向流量 $\bar{q}_r$（i）与流压 $\bar{p}_{wf}$（i）渗流模型：

$$\begin{bmatrix} \varphi'_{11,11} & \varphi'_{11,21} & \cdots & \varphi'_{11,N\frac{L}{N}n_p} \\ \varphi'_{21,11} & \varphi'_{21,21} & \cdots & \varphi'_{21,N\frac{L}{N}n_p} \\ \vdots & \vdots & \cdots & \vdots \\ \varphi'_{N\frac{L}{N}n_p,11} & \varphi'_{N\frac{L}{N}n_p,21} & \cdots & \varphi'_{N\frac{L}{N}n_p,N\frac{L}{N}n_p} \end{bmatrix} \begin{bmatrix} \bar{q}_r(1) \\ \bar{q}_r(2) \\ \vdots \\ \bar{q}_r(N) \end{bmatrix} = \frac{4\pi n_p l_p L\sqrt{K_h K_v}}{\mu_o N} \begin{bmatrix} p_e - \bar{p}_{wf}(1) \\ p_e - \bar{p}_{wf}(2) \\ \vdots \\ p_e - \bar{p}_{wf}(N) \end{bmatrix} \tag{3-40}$$

②边水油藏中射孔完井水平井的渗流模型。

根据镜像反映原理，以油层顶部、底部封闭边界为镜像面可将边水油藏中射孔完井水平井生产段第 i 段微元段上第 j 个射孔孔眼段镜像成为无限大地层中生产井排，其任意点 z' 坐标分别为 $2nh'+z's$（i，j，t）和 $2nh'-z's$（i，j，t）（其中 $n=0$，1，2，…；$1\leqslant i\leqslant N$；$1\leqslant j\leqslant\frac{L}{N}n_p$；$0\leqslant t\leqslant 1$）；而以油水界面定压边界为镜像面将边水油藏中射孔完井水平井生产段第 i 段微元段上第 j 个射孔孔眼段镜像成为无限大地层中注水井排，其任意点 z' 坐标分别为 $2nh'-z's$（i，j，t）和 $2nh'+z's$（i，j，t）（$n=0$，1，2，…；$1\leqslant i\leqslant N$；$1\leqslant j\leqslant\frac{L}{N}n_p$；$0\leqslant t\leqslant 1$），$y$ 坐标分别为 $-2b$ 和 $2b$，且注水井注入量为生产井的一半。

根据势叠加原理，设油水界面处的势为 Φ_e，则所有孔眼在底水油藏中任意点 M（x，y，z'）所产生的势为：

$$\Phi(x,y,z) = \sum_{i=1}^{N}\left[\sum_{j=1}^{n_p\cdot\frac{L}{N}}\Phi_{ij}(x,y,z)\right] = \Phi_e - \frac{N}{4\pi n_p l_p L}\sum_{i=1}^{N}\left[\bar{q}_r(i)\sum_{j=1}^{n_p\cdot\frac{L}{N}}\varphi'_{ij}(x,y,z')\right] \tag{3-41}$$

设供给边界处压力为 p_e，则可得到射孔完井水平井生产段径向流量 $\bar{q}_r$（i）与流压 $\bar{p}_{wf}$（i）渗流模型：

$$\begin{bmatrix} \varphi''_{11,11} & \varphi''_{11,21} & \cdots & \varphi''_{11,N\frac{L}{N}n_p} \\ \varphi''_{21,11} & \varphi''_{21,21} & \cdots & \varphi''_{21,N\frac{L}{N}n_p} \\ \vdots & \vdots & \cdots & \vdots \\ \varphi''_{N\frac{L}{N}n_p,11} & \varphi''_{N\frac{L}{N}n_p,21} & \cdots & \varphi''_{N\frac{L}{N}n_p,N\frac{L}{N}n_p} \end{bmatrix} \begin{bmatrix} \bar{q}_r(1) \\ \bar{q}_r(2) \\ \vdots \\ \bar{q}_r(N) \end{bmatrix} = \frac{4\pi n_p l_p L\sqrt{K_h K_v}}{\mu_o N} \begin{bmatrix} p_e - \bar{p}_{wf}(1) \\ p_e - \bar{p}_{wf}(2) \\ \vdots \\ p_e - \bar{p}_{wf}(N) \end{bmatrix} \tag{3-42}$$

（3）射孔完井方式下常规水平井生产段沿程压降计算模型。

射孔完井方式下油层流体经每一孔眼流入生产段井筒后与上游端（水平段指端）的流体会合后流向下游端（水平端跟端）。生产段井筒内的流体流动与油藏内流体向孔眼的渗流存在耦合关系。

生产段沿程压降损失模型建立的思想就是将射孔完井水平井生产段划分为 N 段微元段，并将微元段分为若干更小微元段，每一段包括一个射孔孔眼，计算每一小段的摩擦损失、加速损失、混合损失及重力损失，然后进行迭代计算，从而求出该微元段的压降损失。

射孔完井水平井生产段划分微元段如图 3－19 所示，取第 i 微元段 ΔL，从地层渗入井筒的流量为 q_{sj}（i），微元段上游压力为 p_1（i），上游流量为 q_1（$i-1$），下游压力为 p_2（i），上游流量为 q_1（i）。

设第 i 微元段上射孔孔眼数为 M_{per}，则有 $M_{per}=L\times n_p/N$。

则第 j 孔眼与第 $j-1$ 孔眼之间的流量为：

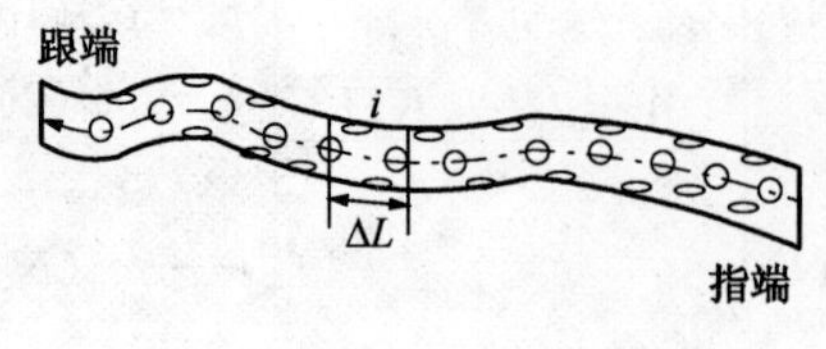

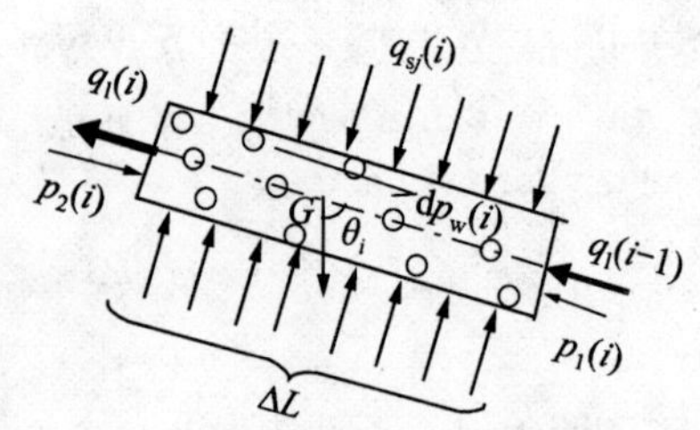

图 3-19 射孔完井水平井生产段划分微元段示意图

$$q_1(i,j)=q_1(i,j-1)+\frac{q_{sj}(i)}{\Delta L\cdot n_p}\qquad j=1,2,\cdots,M_{per}\tag{3-43}$$

相应地，第 j 孔眼与第 $j-1$ 孔眼之间的平均流速与雷诺数为：

$$\bar{\nu}_s(i,j)=\frac{2[q_1(i,j)+q_1(i,j-1)]}{\pi D^2}\qquad R_e(i,j)=\frac{\rho D\bar{\nu}_s(i,j)}{\mu}\tag{3-44}$$

生产段井筒内的临界流量（层流向紊流转变的临界值）为：

$$q_{critic}=156.04\mu_o D/\rho\tag{3-45}$$

射孔完井方式下水平段第 i 微元段上压降损失 dp_w（i）包括摩擦损失、加速损失、混合损失及重力损失，即：

$$dp_w(i)=dp_{fric}(i)+dp_{acc}(i)+dp_{mix}(i)+dp_G(i)\tag{3-46}$$

式中 dp_{fric}（i）——第 i 微元段上摩擦损失，MPa；

dp_{acc}（i）——第 i 微元段上加速损失，MPa；

dp_{mix}（i）——第 i 微元段上混合损失，MPa；

dp_G（i）——第 i 微元段上重力损失，MPa，$dp_G(i)=\rho g\Delta L\cos\theta_i$。

对于第 i 微元段的摩擦损失、加速损失、混合损失的计算分别采用以下模型。

①摩擦损失 dp_{fric}（i）。

当水平井筒的流动为层流时（$q_1(i,j)<q_{critic}$），井筒摩擦系数为：

$$f_{fric}(i,j)=\frac{64}{R_e(i,j)}\tag{3-47}$$

当水平井筒的流动为紊流时（$q_1(i,j)>q_{critic}$）井筒摩擦系数为：

$$f_{fric}(i,j)=\left\{-1.8\log\left[\frac{6.9}{R_e(i,j)}+\left(\frac{\varepsilon}{3.7D}\right)^{1.11}\right]\right\}^{-2}\tag{3-48}$$

相应地，第 j 孔眼与第 $j-1$ 孔眼之间的摩擦损失为：

$$\Delta p_{fric}(i,j)=1.34\times10^{-13}\times f_{fric}(i,j)\frac{\Delta l}{D}\frac{\rho\bar{\nu}_s^2(i,j)}{2}=0.543\times10^{-13}\times f_{fric}(i,j)\frac{\rho[q_1(i,j)+q_1(i,j-1)]^2}{D^5 n_p}\tag{3-49}$$

而第 i 微元段的摩擦损失为：

$$dp_{fric}(i)=\sum_{j=1}^{M_{per}}\Delta p_{fric}(i,j)=0.543\times10^{-13}\times\frac{\rho}{D^5 n_p}\times\sum_{j=1}^{M_{per}}[q_1(i,j)+q_1(i,j-1)]^2\tag{3-50}$$

②加速损失 dp_{acc}（i）。

第 j 孔眼与第 $j-1$ 孔眼之间的加速损失为：

$$\Delta p_{acc}(i,j)=\rho[\bar{v}_s^2(i,j)-\bar{v}_s^2(i,j-1)]=3.5215\times10^{-13}\times\frac{\rho}{D^5}[q_1^2(i,j)-q_1^2(i,j-1)] \tag{3-51}$$

而第 i 微元段的加速损失为：

$$\mathrm{d}p_{acc}(i)=\sum_{j=1}^{M_{per}}\Delta p_{acc}(i,j)=3.5215\times10^{-13}\times\frac{\rho}{D^5}\sum_{j=1}^{M_{per}}[q_1^2(i,j)-q_1^2(i,j-1)] \tag{3-52}$$

③混合损失 $\mathrm{d}p_{mix}$（i）。

当水平井筒的流动为层流（q_1（i，j）$<q_{critic}$）时第 j 孔眼处混合损失为：

$$\Delta p_{mix}(i,j)=\Delta p_{per}(i,j)-0.31\times10^{-7}\times R_e(i,j)\left[\frac{q_{sj}(i)}{\Delta L\cdot n_p\cdot q_1(i,j)}\right] \tag{3-53}$$

当水平井筒的流动为紊流时（q_1（i，j）$>q_{critic}$）第 j 孔眼处混合损失为：

$$\Delta p_{mix}(i,j)=0.76\times10^{-3}\times R_e(i,j)\left[\frac{q_{sj}(i)}{\Delta L\cdot n_p\cdot q_1(i,j)}\right] \tag{3-54}$$

而第 i 微元段的混合损失为：

$$\mathrm{d}p_{mix}(i)=\sum_{i=1}^{M_{per}}\Delta p_{mix}(i,j) \tag{3-55}$$

射孔后所产生的摩擦损失 Δp_{per}（i，j）为：

$$\Delta p_{per}(i,j)=1.0862\times10^{-13}\times\frac{\rho}{D^5n_p}\times\sum_{j=1}^{M_{per}}[f_{pera}(i,j)q_1^2(i,j)] \tag{3-56}$$

式中，第 i 微元段第 j 孔眼射孔后的摩擦系数 f_{pera}（i，j）与射孔前的摩擦系数 f_{perb}（i，j）存在以下关系：

$$\sqrt{\frac{8}{f_{pera}(i,j)}}=2.5\ln\sqrt{\frac{f_{pera}(i,j)}{f_{perb}(i,j)}}+\sqrt{\frac{8}{f_{perb}(i,j)}}-\frac{\Delta u}{u^*} \tag{3-57}$$

而射孔前的摩擦系数 f_{perb}（i，j）为：

$$f_{perb}(i,j)=\left\{1.14-2\lg\left[\frac{\varepsilon}{D}+21.25R_e^{-0.9}(i,j)\right]\right\}^{-2} \tag{3-58}$$

粗糙度函数为：

$$\frac{\Delta u}{u^*}=7.0\times\frac{d_p}{D}\times\frac{D_{en}}{39.37} \tag{3-59}$$

整理即可得到射孔完井水平井生产段压降分析模型：

$$\mathrm{d}p_w(i)=\frac{1.0\times10^{-13}\rho}{D^5}\times\left\{\frac{0.543}{n_p}\cdot\sum_{j=1}^{M_{per}}\{f_{fric}(i,j)\cdot[q_1(i,j)+q_1(i,j-1)]\}+3.5215\right.$$
$$\left.\times\sum_{j=1}^{M_{per}}[q_1^2(i,j)-q_1^2(i,j-1)]\right\}+\rho g\Delta L\cos\theta_i+\sum_{j=1}^{M_{per}}[\Delta p_{mix}(i,j)] \tag{3-60}$$

（4）射孔完井方式下水平井生产段耦合流动模型。

将长 L 的生产段分成 N 段微元段，设微元段上所有孔眼流向井筒的流量均相等，第 i 段微元段所有孔眼流入井筒流量为 $\bar{q}_r$（i）（$1\leqslant i\leqslant N$），$\bar{p}_{wf}$（i）为第 i 段微元段井壁处流压，水平井生产段跟端流压 p_{wf} 赋为 $\bar{p}_{wf}$（0）；生产段井筒内沿程流量为 q_1（j）（$1\leqslant j\leqslant\frac{L}{N}n_p$），水平井产量为 q_1（1）。

那么在油藏参数、流体参数以及井眼数据已知的情况下，代表不同类型油藏水平井近井油藏渗流的模型可表示为含有 $\bar{q}_r$（i）、（1⩽i⩽N）共 2N 个未知量、N 个方程组成的方程组：

$$F_{ph1}[\bar{q}_r(i),\bar{p}_{wf}(i)]=0 \qquad (1\leqslant i\leqslant N) \tag{3-61}$$

射孔完井水平井生产段井筒沿程流量符合以下关系式：

$$q_1(j)=\sum_{k=j}^{N}\bar{q}_r(k) \qquad (1\leqslant j\leqslant N) \tag{3-62}$$

射孔完井水平井生产段井筒沿程流压符合以下关系式：

$$\bar{p}_{wf}(i)=\bar{p}_{wf}(i-1)+0.5(\Delta\bar{p}_{wf}(i-1)+\Delta\bar{p}_{wf}(i)) \qquad (2\leqslant i\leqslant N+1) \tag{3-63}$$

其中，$\bar{p}_{wf}$（1）= $p_{wf}+0.5\Delta\bar{p}_{wf}$（1）；$\Delta\bar{p}_{wf}$（$N+1$）= 0。

整理可得：

$$\Delta\bar{p}_{wf}(i)=\frac{3.5215\times10^{-13}\rho\bar{q}_r(i)}{D^5\Delta Ln_p}\sum_{j=1}^{M_{per}}\left[2\sum_{k=i}^{N}\bar{q}_r(k)+\frac{\bar{q}_r(i)}{\Delta Ln_p}(2j-1)\right]+\rho g\Delta L\cos\theta_i$$
$$+\sum_{j=1}^{M_{per}}[\Delta p_{mix}(i,j)]+\frac{0.543\times10^{-13}\rho}{n_pD^5}\cdot\sum_{j=1}^{M_{per}}\left\{f_{fric}(i,j)\cdot\left[2\sum_{k=i}^{N}\bar{q}_r(k)+\frac{\bar{q}_r(i)}{\Delta Ln_p}(2j-1)\right]\right\} \tag{3-64}$$

可以得到未知量为 $\bar{q}_r$（i）、$\bar{p}_{wf}$（i）（1⩽i⩽N）、含有 N 个方程的方程组：

$$F_{ph2}[\bar{q}_r(i),\bar{p}_{wf}(i)]=0 \tag{3-65}$$

式（3-61）和式（3-65）共有 2N 个方程，2N 个未知量即为射孔完井方式下水平井生产段耦合流动模型。

2. 鱼骨井产能评价模型

鱼骨井作为多分支井的一种特殊井型，日益在国内外油田尤其是海上油田得到广泛应用，而鱼骨井井身结构的复杂性增加了该种井型产能评价的难度，但目前鱼骨井产能的研究还很少。因此，在对鱼骨井生产段井身结构进行数学描述的基础上，按照鱼骨井的分支井眼在主井眼两侧分布情形，可以将鱼骨井井型分为对称鱼骨井和非对称鱼骨井，并利用势叠加原理和微元线汇理论，考虑了各分支之间以及分支井眼与主井眼之间的干扰，建立了不同类型油藏中鱼骨井的生产段近井地带三维空间渗流模型。

1）鱼骨井生产段的三维空间特征描述

空间三维分布的鱼骨井生产段通常包括主井眼（motherbore）和分支井眼（rib）。以鱼骨井井口在 xoy 平面的投影点为坐标原点，并设 z 坐标零点为井眼最大垂直井深，建立如图 3-20 所示的 xyz 坐标系。

引入鱼骨井生产段起始坐标 M_0（x_{m0}，y_{m0}，z_{m0}），根据完钻测量数据或设计数据将主井眼和分支井眼沿井眼长度方向划分为若干微元线汇。

按照钻完井工艺标准，三维空间中表征某一井点的相对坐标数学描述包括垂深、井斜角 θ 以及方位角 α，裸眼完井或割缝筛管完井时井筒与油藏直接接触，生产段为井筒，而射孔完井时井筒与油藏通过射孔孔眼接触，生产段为所有孔眼。

裸眼完井（或割缝筛管完井）鱼骨井生产段主井眼的第 i 微元段（i = 1，2，…，M）上任意点坐标 M_i（x_{mi}，y_{mi}，z_{mi}）满足下列关系式：

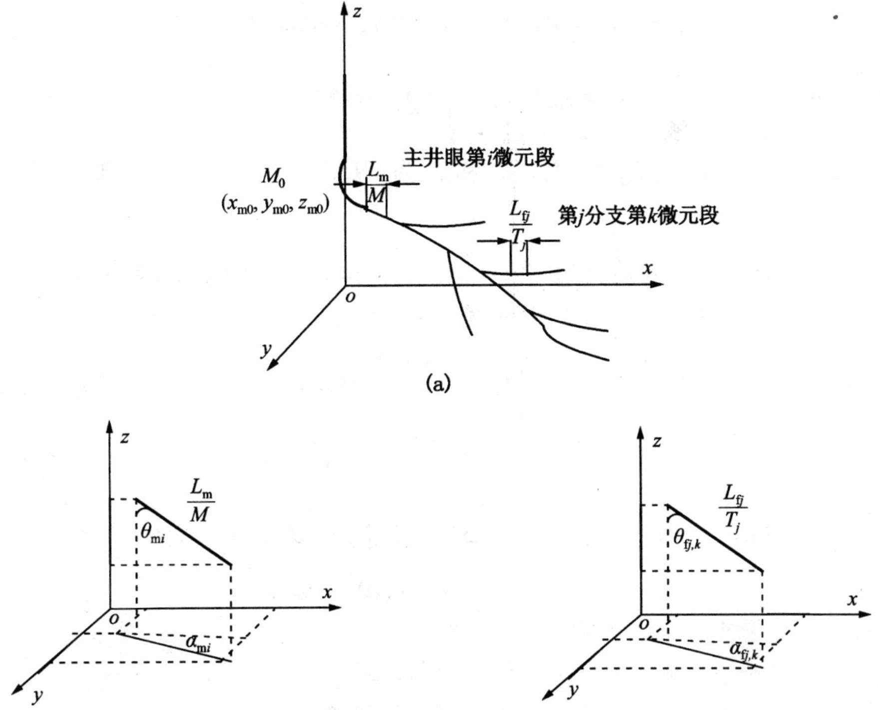

图 3-20 鱼骨井空间特征示意图

(a) 鱼骨井三维分布；(b) 主井眼第 i 微元段；(c) 第 j 分支第 k 微元段

$$x_{mi} = x_{m0} + \Delta L_m \cdot \left[\sum_{k=1}^{i-1} (\sin\theta_{mk} \cdot \cos\alpha_{mk}) + t\sin\theta_{mi} \cdot \cos\alpha_{mi} \right]$$

$$y_{mi} = y_{m0} + \Delta L_m \cdot \left[\sum_{k=1}^{i-1} (\sin\theta_{mk} \cdot \sin\alpha_{mk}) + t\sin\theta_{mi} \cdot \sin\alpha_{mi} \right]$$

$$z_{mi} = z_{m0} + \Delta L_m \cdot \left[\sum_{k=1}^{i-1} \cos\theta_{mk} + t \cdot \cos\theta_{mi} \right] \quad (0 \leqslant i \leqslant N, 0 \leqslant t \leqslant 1) \qquad (3-66)$$

式中 θ_{mi} 和 α_{mi}——主井眼第 i 微元段的井斜角和方位角。

射孔完井鱼骨井生产段主井眼的第 i 微元段（$i=1$，2，…，M）第 s 个孔眼上任意点坐标 $M_{i,s}$（$x_{mi,s}$，$y_{mi,s}$，$z_{mi,s}$）满足下列关系式：

$$x_{mi,s} = x_{m0} + \Delta L_m \sum_{v=0}^{i-1} \cos\theta_{mv}\cos\alpha_{mv} + \frac{s}{n_p}\cos\theta_{mi}\cos\alpha_{mi} + t \cdot l_p \sin\gamma_{i,s}\cos\chi_{i,s}$$

$$y_{mi,s} = y_{m0} + \Delta L_m \sum_{v=0}^{i-1} \cos\theta_{mv}\sin\alpha_{mv} + \frac{s}{n_p}\cos\theta_{mi}\sin\alpha_{mi} + t \cdot l_p \sin\gamma_{i,s}\sin\chi_{i,s}$$

$$z_{mi,s} = z_{m0} + \Delta L_m \sum_{v=0}^{i-1} \sin\theta_{mv} + \frac{s}{n_p}\sin\theta_{mi} + t \cdot l_p \cos\gamma_{i,s}$$

$$(0 \leqslant i \leqslant M, 0 \leqslant s \leqslant \Delta L_m n_p, 0 \leqslant t \leqslant 1) \qquad (3-67)$$

设第 j 分支井眼与主井眼的交汇处距鱼骨井生产段起始点的距离为 L_{mfj}，相应地第 j 分支井眼的起始坐标 R_{j0}（x_{fj0}，y_{fj0}，z_{fj0}）满足下列关系式：

$$x_{fj0} = x_{m0} + \Delta L_m \times \sum_{k=1}^{t} (\sin\theta_{mk} \times \cos\alpha_{mk}) + \delta_{xj}$$

$$y_{fj0}=y_{m0}+\Delta L_m\times\sum_{k=1}^{t}(\sin\theta_{mk}\times\sin\alpha_{mk})+\delta_{yj}$$

$$z_{fj0}=z_{m0}+\Delta L_m\times\sum_{k=1}^{t}\cos\theta_{mk}+\delta_{zj}\tag{3-68}$$

式中，t 取$\left(\frac{L_{mfj}}{\Delta L_m}\right)$的整数部分，$\delta_x$，$\delta_y$ 和δ_z 为（$L_{mfj}-t\cdot\Delta L_m$）在 x 轴、y 轴及 z 轴上的投影。

可以得到鱼骨井生产段起始坐标 M_0（x_{m0}，y_{m0}，z_{m0}）为参照点的第 j 分支井眼第 k 微元段（$k=1$，2，…，N）上任意一点坐标 $R_{j,k}$（$x_{fj,k}$，$y_{fj,k}$，$z_{fj,k}$）：

$$x_{fj,k}=x_{m0}+\Delta L_m\cdot\sum_{k=1}^{t}(\sin\theta_{mk}\cdot\cos\alpha_{mk})+\Delta L_{fj}\cdot\left[\sum_{v=1}^{k-1}(\sin\theta_{fj,v}\cdot\cos\alpha_{fj,v})+t\cdot\sin\theta_{fj,k}\cdot\cos\alpha_{fj,k}\right]+\delta_{xj}$$

$$y_{fj,k}=y_{m0}+\Delta L_m\cdot\sum_{k=1}^{t}(\sin\theta_{mk}\cdot\sin\alpha_{mk})+\Delta L_{fj}\cdot\left[\sum_{v=1}^{k-1}(\sin\theta_{fj,v}\cdot\sin\alpha_{fj,v})+t\cdot\sin\theta_{fj,k}\cdot\sin\alpha_{fj,k}\right]+\delta_{yj}$$

$$z_{fj,k}=z_{m0}+\Delta L_m\cdot\sum_{k=1}^{t}\cos\theta_{mk}+\Delta L_{fj}\cdot\left(\sum_{v=1}^{k-1}\cos\theta_{fj,v}+t\cdot\cos\theta_{fj,v}\right)+\delta_{zj}$$

$$(0\leqslant j\leqslant N,0\leqslant k\leqslant T_i,0\leqslant t\leqslant 1)\tag{3-69}$$

式中 $\theta_{fj,k}$——第 j 分支井眼第 k 微元段的井斜角，°；

$\alpha_{fj,k}$——第 j 分支井眼第 k 微元段的方位角，°。

2）不同类型油藏中鱼骨井近井油藏渗流机理及渗流模型

由于鱼骨井井身结构较直井和常规水平井复杂，而且鱼骨井分支井眼的长度往往不会太长（300m 以内），因此针对鱼骨井进行了以下基本假设：

（1）生产段主井眼完井方式可以采用裸眼、射孔及割缝筛管中的任何一种；

（2）分支井眼与主井眼具有一定的夹角，且完井方式仅采用裸眼完井；

（3）主井眼与分支井眼处于一套油气压力系统，即二者存在势的干扰；

（4）主井眼井筒内及分支井眼井筒流动为变质量管流，且近井油藏渗流与主井眼与分支井眼内流动存在耦合作用。

（1）鱼骨井在无限大油藏中势的分布。

鱼骨井生产时，主井筒与分支井眼同时对油井产能有贡献，因此针对该种井型的主井眼和分支井眼分别建立无限大油藏中势分布函数，再利用势叠加原理进行主井筒与分支井眼同时生产时整个生产段在无限大油藏中势的分布。

单独对于第 j 分支井眼而言，均质、各向异性无限大油藏内单相不可压缩流体流向生产段的流动规律符合的达西定律。可以得到第 j 分支井眼在无限大地层中任意点 M（x，y，z'）所产生的势为：

$$\Phi_j(x,y,z')=\frac{1}{4\pi\Delta L_{fj}}\sum_{k=1}^{T_j}\left[q_{fr}(j,k)\ln\frac{r_{1fj,k}+r_{2fj,k}+\Delta L'_{fj,k}}{r_{1fj,k}+r_{2fj,k}-\Delta L'_{fj,k}}\right]+C$$

式中 q_{fr}（j，k）——第 j 分支第 k 微元段径向流量，m^3/d。

对于主井眼而言，分别考虑裸眼完井、射孔完井以及割缝筛管完井 3 种完井方式。可以得到主井眼单独生产时在无限大地层中任意点 M（x，y，z'）所产生的势为：

①裸眼完井（或割缝筛管完井）：

$$\Phi_m(x,y,z')=\frac{1}{4\pi\Delta L_m}\sum_{i=1}^{M}\left[q_{mr}(i)\ln\frac{r_{1mi}+r_{2mi}+\Delta L'_{mi}}{r_{1mi}+r_{2mi}-\Delta L'_{mi}}\right]+C\tag{3-70}$$

式中　$q_{mr}(i)$——裸眼完井主井眼第 i 微元段径向流量，m^3/d。

②射孔完井。

$$\Phi_m(x,y,z')=\frac{1}{4\pi n_p l_p \Delta L_m}\sum_{i=1}^{M}\left[q_{mr}(i)\sum_{s=1}^{\Delta L_m n_p}\ln\frac{r_{1m,is}+r_{2m,is}+l'_{mp,is}}{r_{1m,is}+r_{2m,is}-l'_{mp,is}}\right]+C \tag{3-71}$$

式中，$l'_{mp,is}=l_p\sqrt{\beta^2\cos\gamma_{mi,s}^2+\frac{1}{\beta^2}\sin\gamma_{mi,s}^2}$，$\gamma_{mi,j}$ 为射孔完井主井眼第 i 微元段第 s 个孔眼与 z 轴的夹角以及在 xoy 平面上投影线与 x 轴的夹角。

根据势叠加原理，鱼骨井主井筒与分支井眼同时生产时整个生产段在无限大油藏中势的分布为：

$$\Phi(x,y,z')=\Phi_m(x,y,z')+\sum_{j=1}^{N}\Phi_{f,j}(x,y,z')$$

$$=\begin{cases}\dfrac{1}{4\pi}\left\{\begin{aligned}&\sum_{j=1}^{N}\left[\frac{1}{\Delta L_{fj}}\sum_{k=1}^{T_j}\left[q_{fr}(j,k)\ln\left(\frac{r_{1fj,k}+r_{2fj,k}+\Delta L'_{fj,k}}{r_{1fj,k}+r_{2fj,k}-\Delta L'_{fj,k}}\right)\right]\right]\\&+\frac{1}{\Delta L_m}\sum_{i=1}^{M}\left[q_{mr}(i)\ln\left(\frac{r_{1mi}+r_{2mi}+\Delta L'_{mi}}{r_{1mi}+r_{2mi}-\Delta L'_{mi}}\right)\right]\end{aligned}\right\}+C(\text{裸眼完井})\\[2ex]\dfrac{1}{4\pi}\left\{\begin{aligned}&\sum_{j=1}^{N}\left[\frac{1}{\Delta L_{fj}}\sum_{k=1}^{T_j}\left[q_{fr}(j,k)\ln\left(\frac{r_{1fj,k}+r_{2fj,k}+\Delta L'_{fj,k}}{r_{1fj,k}+r_{2fj,k}-\Delta L'_{fj,k}}\right)\right]\right]\\&+\frac{1}{n_p l_p\Delta L_m}\sum_{i=1}^{M}\left[q_{mr}(i)\sum_{s=1}^{\Delta L_m n_p}\ln\left(\frac{r_{1mi,s}+r_{2mi,s}+l'_{mp,is}}{r_{1mi,s}+r_{2mi,s}-l'_{mp,is}}\right)\right]\end{aligned}\right\}+C(\text{射孔完井})\end{cases} \tag{3-72}$$

当鱼骨井主井筒不生产，只有分支井眼生产时，鱼骨井生产段在无限大油藏中势的分布为：

$$\Phi(x,y,z')=\sum_{j=1}^{N}\Phi_{f,j}(x,y,z')=\frac{1}{4\pi}\sum_{j=1}^{N}\left\{\frac{1}{\Delta L_{fj}}\sum_{k=1}^{T_j}\left[q_{fr}(j,k)\ln\frac{r_{1fj,k}+r_{2fj,k}+\Delta L'_{fj,k}}{r_{1fj,k}+r_{2fj,k}-\Delta L'_{fj,k}}\right]\right\}+C$$

(2) 不同类型油藏中鱼骨井生产段近井地带渗流模型。

①封闭油藏中鱼骨井的渗流模型。

根据镜像反映原理，以油层顶部、底部封闭边界为镜像面，可以将封闭边界油藏中鱼骨井分支井眼微元段和主井筒微元段镜像成为无限大地层中若干个生产井排，根据鱼骨井分支井眼和主井眼生产段在无限大地层中任意点 $M(x, y, z')$ 的势分布函数，由势叠加原理可得到封闭边界油藏中鱼骨井生产段在 $M(x, y, z')$ 点所产生的势为：

$$\Phi(x,y,z')=\begin{cases}\dfrac{-1}{4\pi}\left\{\begin{aligned}&\sum_{j=1}^{N}\left[\frac{1}{\Delta L_{fj}}\sum_{k=1}^{T_j}\left[q_{fr}(j,k)\varphi_{fj,k}(x,y,z')\right]\right]\\&+\frac{1}{\Delta L_m}\sum_{i=1}^{M}\left[q_{mr}(i)\varphi_{mi}(x,y,z')\right]\end{aligned}\right\}+C(\text{裸眼或割缝筛管完井})\\[2ex]\dfrac{-1}{4\pi}\left\{\begin{aligned}&\sum_{j=1}^{N}\left[\frac{1}{\Delta L_{fj}}\sum_{k=1}^{T_j}\left[q_{fr}(j,k)\varphi_{fj,k}(x,y,z')\right]\right]\\&+\frac{1}{n_p l_p\Delta L_m}\sum_{i=1}^{M}\left[q_{mr}(i)\sum_{s=1}^{\Delta L_m n_p}\varphi_{mi,s}(x,y,z')\right]\end{aligned}\right\}+C'(\text{射孔完井})\end{cases}$$

式中，$\varphi_{fj,k}(x, y, z')$、$\varphi_{mi}(x, y, z')$、$\varphi_{mi,s}(x, y, z')$ 分别为与封闭边界油藏中鱼骨井分支井眼微元段、裸眼或割缝筛管完井主井眼微元段以及射孔完井主井眼上孔眼有关的函数。

设供给边界处势为 Φ_e，供给边界处压力为 p_e，则可得到裸眼完井鱼骨井生产段沿程径向流量 $q_{mr}(i)$、$q_{fr}(j, k)$ 与流压 $p_{wf,m}(i)$、$p_{wf,f}(j, k)$（$1 \leqslant i \leqslant M$，$1 \leqslant j \leqslant N$，$1 \leqslant k \leqslant T_j$）的渗流模型：

$$\begin{bmatrix} \boldsymbol{A}_{\sum\limits_{j=1}^{N} T_j \times \sum\limits_{j=1}^{N} T_j} & \boldsymbol{B}_{\sum\limits_{j=1}^{N} T_j \times M} \\ \boldsymbol{C}_{M \times \sum\limits_{j=1}^{N} T_j} & \boldsymbol{D}_{M \times M} \end{bmatrix} \begin{bmatrix} \dfrac{q_{fr}(1,1)}{\Delta L_{f1}} \\ \dfrac{q_{fr}(1,2)}{\Delta L_{f1}} \\ \vdots \\ \dfrac{q_{fr}(1,T_1)}{\Delta L_{f1}} \\ \vdots \\ \dfrac{q_{fr}(N,T_N)}{\Delta L_{fN}} \\ \dfrac{q_{mr}(1)}{\Delta L_m} \\ \dfrac{q_{mr}(2)}{\Delta L_m} \\ \vdots \\ \dfrac{q_{mr}(M)}{\Delta L_m} \end{bmatrix} = \frac{4\pi\sqrt{K_h K_v}}{\mu_o} \begin{bmatrix} p_e - p_{wf,f}(1,1) \\ p_e - p_{wf,f}(1,2) \\ \vdots \\ p_e - p_{wf,f}(1,T_1) \\ \vdots \\ p_e - p_{wf,f}(N,T_N) \\ p_e - p_{wf,m}(1) \\ p_e - p_{wf,m}(2) \\ \vdots \\ p_e - p_{wf,m}(M) \end{bmatrix} \tag{3-73}$$

同理可得到射孔完井鱼骨井生产段沿程径向流量 $q_{mr}(i)$、$q_{fr}(j, k)$ 与流压 $p_{wf,m}(i)$、$p_{wf,f}(j, k)$（$1 \leqslant i \leqslant M$，$1 \leqslant j \leqslant N$，$1 \leqslant k \leqslant T_j$）的渗流模型：

$$\begin{bmatrix} \boldsymbol{A}_{\sum\limits_{j=1}^{N} T_j \times \sum\limits_{j=1}^{N} T_j} & \boldsymbol{B}'_{\sum\limits_{j=1}^{N} T_j \times M} \\ \boldsymbol{C}'_{M \times \sum\limits_{j=1}^{N} T_j} & \boldsymbol{D}'_{M \times M} \end{bmatrix} \begin{bmatrix} \dfrac{q_{fr}(1,1)}{\Delta L_{f1}} \\ \dfrac{q_{fr}(1,2)}{\Delta L_{f1}} \\ \vdots \\ \dfrac{q_{fr}(1,T_1)}{\Delta L_{f1}} \\ \vdots \\ \dfrac{q_{fr}(N,T_N)}{\Delta L_{fN}} \\ \dfrac{q_{mr}(1)}{n_p l_p \Delta L_m} \\ \dfrac{q_{mr}(2)}{n_p l_p \Delta L_m} \\ \vdots \\ \dfrac{q_{mr}(M)}{n_p l_p \Delta L_m} \end{bmatrix} = \frac{4\pi\sqrt{K_h K_v}}{\mu_o} \begin{bmatrix} p_e - p_{wf,f}(1,1) \\ p_e - p_{wf,f}(1,2) \\ \vdots \\ p_e - p_{wf,f}(1,T_1) \\ \vdots \\ p_e - p_{wf,f}(N,T_N) \\ p_e - p_{wf,m}(1) \\ p_e - p_{wf,m}(2) \\ \vdots \\ p_e - p_{wf,m}(M) \end{bmatrix} \tag{3-74}$$

式中，各符号意义及量纲同前；矩阵 **A** 与裸眼完井相似。

②底水油藏中鱼骨井的渗流模型。

根据镜像反映原理，以油层顶部封闭边界为镜像面，可以将底水油藏中鱼骨井分支井眼微元段和主井筒微元段镜像成为无限大地层中若干个生产井排。根据鱼骨井分支井眼和主井眼生产段在无限大地层中任意点 M（x，y，z'）的势分布函数，由势叠加原理可得到底水油藏中鱼骨井生产段在 M（x，y，z'）点所产生的势为：

$$\Phi(x,y,z')=\begin{cases}\dfrac{-1}{4\pi}\left\{\begin{aligned}&\sum_{j=1}^{N}\left[\dfrac{1}{\Delta L_{\mathrm{f}j}}\sum_{k=1}^{T_j}\left[q_{\mathrm{fr}}(j,k)\varphi'_{\mathrm{f}j,k}(x,y,z')\right]\right]\\&+\dfrac{1}{\Delta L_{\mathrm{m}}}\sum_{i=1}^{M}\left[q_{\mathrm{mr}}(i)\varphi'_{\mathrm{m}i}(x,y,z')\right]\end{aligned}\right\}+C(\text{裸眼或割缝筛管完井})\\ \dfrac{-1}{4\pi}\left\{\begin{aligned}&\sum_{j=1}^{N}\left[\dfrac{1}{\Delta L_{\mathrm{f}j}}\sum_{k=1}^{T_j}\left[q_{\mathrm{fr}}(j,k)\varphi'_{\mathrm{f}j,k}(x,y,z')\right]\right]\\&+\dfrac{1}{n_{\mathrm{p}}l_{\mathrm{p}}\Delta L_{\mathrm{m}}}\sum_{i=1}^{M}\left[q_{\mathrm{mr}}(i)\sum_{s=1}^{\Delta L_{\mathrm{m}}n_{\mathrm{p}}}\varphi'_{\mathrm{m}i,s}(x,y,z')\right]\end{aligned}\right\}+C'(\text{射孔完井})\end{cases}\tag{3-75}$$

式（3－75）中，$\varphi'_{\mathrm{f}j,k}$（x，y，z'）、$\varphi'_{\mathrm{m}i}$（x，y，z'）、$\varphi'_{\mathrm{m}i,s}$（x，y，z'）分别为与底水油藏中鱼骨井分支井眼微元段、裸眼或割缝筛管完井主井眼微元段以及射孔完井主井眼上孔眼有关的函数。

则可得到底水油藏中裸眼完井鱼骨井生产段沿程径向流量 q_{mr}（i）、q_{fr}（j，k）与流压 $p_{\mathrm{wf,m}}$（i）、$p_{\mathrm{wf,f}}$（j，k）（$1\leqslant i\leqslant M$，$1\leqslant j\leqslant N$，$1\leqslant k\leqslant T_j$）的渗流模型：

$$\begin{bmatrix}\boldsymbol{A'}_{\sum\limits_{j=1}^{N}T_j\times\sum\limits_{j=1}^{N}T_j} & \boldsymbol{B''}_{\sum\limits_{j=1}^{N}T_j\times M}\\ \boldsymbol{C''}_{M\times\sum\limits_{j=1}^{N}T_j} & \boldsymbol{D''}_{M\times M}\end{bmatrix}\begin{bmatrix}\dfrac{q_{\mathrm{fr}}(1,1)}{\Delta L_{\mathrm{f1}}}\\ \dfrac{q_{\mathrm{fr}}(1,2)}{\Delta L_{\mathrm{f1}}}\\ \vdots\\ \dfrac{q_{\mathrm{fr}}(1,T_1)}{\Delta L_{\mathrm{f1}}}\\ \vdots\\ \dfrac{q_{\mathrm{fr}}(N,T_N)}{\Delta L_{\mathrm{f}N}}\\ \dfrac{q_{\mathrm{mr}}(1)}{\Delta L_{\mathrm{m}}}\\ \dfrac{q_{\mathrm{mr}}(2)}{\Delta L_{\mathrm{m}}}\\ \vdots\\ \dfrac{q_{\mathrm{mr}}(M)}{\Delta L_{\mathrm{m}}}\end{bmatrix}=\dfrac{4\pi\sqrt{K_{\mathrm{h}}K_{\mathrm{v}}}}{\mu_{\mathrm{o}}}\begin{bmatrix}p_{\mathrm{e}}-p_{\mathrm{wf,f}}(1,1)\\ p_{\mathrm{e}}-p_{\mathrm{wf,f}}(1,2)\\ \vdots\\ p_{\mathrm{e}}-p_{\mathrm{wf,f}}(1,T_1)\\ \vdots\\ p_{\mathrm{e}}-p_{\mathrm{wf,f}}(N,T_N)\\ p_{\mathrm{e}}-p_{\mathrm{wf,m}}(1)\\ p_{\mathrm{e}}-p_{\mathrm{wf,m}}(2)\\ \vdots\\ p_{\mathrm{e}}-p_{\mathrm{wf,m}}(M)\end{bmatrix}\tag{3-76}$$

式（3－76）中，各符号意义及量纲同前。

同理可得到底水油藏中射孔完井鱼骨井生产段沿程径向流量 q_{mr}（i）、q_{fr}（j，k）与流压 $p_{\mathrm{wf,m}}$（i）、$p_{\mathrm{wf,f}}$（j，k）（$1\leqslant i\leqslant M$，$1\leqslant j\leqslant N$，$1\leqslant k\leqslant T_j$）的渗流模型：

$$
\begin{bmatrix} \boldsymbol{A}'_{\sum_{j=1}^{N}T_j\times\sum_{j=1}^{N}T_j} & \boldsymbol{B}^{(3)}_{\sum_{j=1}^{N}T_j\times M} \\ \boldsymbol{C}^{(3)}_{M\times\sum_{j=1}^{N}T_j} & \boldsymbol{D}^{(3)}_{M\times M} \end{bmatrix}
\begin{bmatrix} \dfrac{q_{\mathrm{fr}}(1,1)}{\Delta L_{\mathrm{f1}}} \\ \dfrac{q_{\mathrm{fr}}(1,2)}{\Delta L_{\mathrm{f1}}} \\ \vdots \\ \dfrac{q_{\mathrm{fr}}(1,T_1)}{\Delta L_{\mathrm{f1}}} \\ \vdots \\ \dfrac{q_{\mathrm{fr}}(N,T_N)}{\Delta L_{\mathrm{f}N}} \\ \dfrac{q_{\mathrm{mr}}(1)}{n_{\mathrm{p}}l_{\mathrm{p}}\Delta L_{\mathrm{m}}} \\ \dfrac{q_{\mathrm{mr}}(2)}{n_{\mathrm{p}}l_{\mathrm{p}}\Delta L_{\mathrm{m}}} \\ \vdots \\ \dfrac{q_{\mathrm{mr}}(M)}{n_{\mathrm{p}}l_{\mathrm{p}}\Delta L_{\mathrm{m}}} \end{bmatrix}
= \frac{4\pi\sqrt{K_{\mathrm{h}}K_{\mathrm{v}}}}{\mu_{\mathrm{o}}}
\begin{bmatrix} p_{\mathrm{e}}-p_{\mathrm{wf,f}}(1,1) \\ p_{\mathrm{e}}-p_{\mathrm{wf,f}}(1,2) \\ \vdots \\ p_{\mathrm{e}}-p_{\mathrm{wf,f}}(1,T_1) \\ \vdots \\ p_{\mathrm{e}}-p_{\mathrm{wf,f}}(N,T_N) \\ p_{\mathrm{e}}-p_{\mathrm{wf,m}}(1) \\ p_{\mathrm{e}}-p_{\mathrm{wf,m}}(2) \\ \vdots \\ p_{\mathrm{e}}-p_{\mathrm{wf,m}}(M) \end{bmatrix}
$$

③边水油藏中鱼骨井的渗流模型。

根据镜像反映原理，以油层顶部、底部封闭边界为镜像面将边水油藏中鱼骨井分支井眼微元段和主井筒微元段镜像成为无限大地层中生产井排。以油水界面定压边界为镜像面将边水油藏中鱼骨井分支井眼微元段和主井筒微元段镜像成为无限大地层中注水井排。

根据鱼骨井分支井眼和主井眼生产段在无限大地层中任意点的势分布函数，由势叠加原理可得边水油藏中鱼骨井生产段在 M（x，y，z'）点所产生的势为：

$$
\Phi(x,y,z') = \begin{cases} \dfrac{-1}{4\pi}\left\{ \begin{aligned} & \sum_{j=1}^{N}\left[\frac{1}{\Delta L_{\mathrm{f}j}}\sum_{k=1}^{T_j}\left[q_{\mathrm{fr}}(j,k)\varphi''_{\mathrm{f}j,k}(x,y,z')\right]\right] \\ & + \frac{1}{\Delta L_{\mathrm{m}}}\sum_{i=1}^{M}\left[q_{\mathrm{mr}}(i)\varphi''_{\mathrm{m}i}(x,y,z')\right] \end{aligned} \right\} + C\text{（裸眼或割缝筛管完井）} \\[2ex] \dfrac{-1}{4\pi}\left\{ \begin{aligned} & \sum_{j=1}^{N}\left[\frac{1}{\Delta L_{\mathrm{f}j}}\sum_{k=1}^{T_j}\left[q_{\mathrm{fr}}(j,k)\varphi''_{\mathrm{f}j,k}(x,y,z')\right]\right] \\ & + \frac{1}{n_{\mathrm{p}}l_{\mathrm{p}}\Delta L_{\mathrm{m}}}\sum_{i=1}^{M}\left[q_{\mathrm{mr}}(i)\sum_{j=1}^{\Delta L_{\mathrm{m}}n_{\mathrm{p}}}\varphi''_{\mathrm{m}i,s}(x,y,z')\right] \end{aligned} \right\} + C'\text{（射孔完井）} \end{cases}
\tag{3-77}
$$

式（3－77）中，$\varphi''_{\mathrm{f}j,k}$（$x$，$y$，$z'$）、$\varphi''_{\mathrm{m}i}$（$x$，$y$，$z'$）、$\varphi''_{\mathrm{m}i,s}$（$x$，$y$，$z'$）分别为与边水油藏中鱼骨井分支井眼微元段、裸眼或割缝筛管完井主井眼微元段以及射孔完井主井眼上孔眼有关的函数。

则可得到边水油藏中裸眼完井鱼骨井生产段沿程径向流量 q_{mr}（i）、q_{fr}（j，k）与流压 $p_{\mathrm{wf,m}}$（i）、$p_{\mathrm{wf,f}}$（j，k）（$1\leqslant i\leqslant M$，$1\leqslant j\leqslant N$，$1\leqslant k\leqslant T_j$）的渗流模型：

$$
\begin{bmatrix}
\boldsymbol{A}^{(4)}_{\sum_{j=1}^{N}T_j\times\sum_{j=1}^{N}T_j} & \boldsymbol{B}^{(4)}_{\sum_{j=1}^{N}T_j\times M} \\
\boldsymbol{C}^{(4)}_{M\times\sum_{j=1}^{N}T_j} & \boldsymbol{D}^{(4)}_{M\times M}
\end{bmatrix}
\begin{bmatrix}
\frac{q_{\mathrm{fr}}(1,1)}{\Delta L_{\mathrm{f1}}} \\
\frac{q_{\mathrm{fr}}(1,2)}{\Delta L_{\mathrm{f1}}} \\
\vdots \\
\frac{q_{\mathrm{fr}}(1,T_1)}{\Delta L_{\mathrm{f1}}} \\
\vdots \\
\frac{q_{\mathrm{fr}}(N,T_N)}{\Delta L_{\mathrm{f}N}} \\
\frac{q_{\mathrm{mr}}(1)}{\Delta L_{\mathrm{m}}} \\
\frac{q_{\mathrm{mr}}(2)}{\Delta L_{\mathrm{m}}} \\
\vdots \\
\frac{q_{\mathrm{mr}}(M)}{\Delta L_{\mathrm{m}}}
\end{bmatrix}
= \frac{4\pi\sqrt{K_{\mathrm{h}}K_{\mathrm{v}}}}{\mu_{\mathrm{o}}}
\begin{bmatrix}
p_{\mathrm{e}}-p_{\mathrm{wf,f}}(1,1) \\
p_{\mathrm{e}}-p_{\mathrm{wf,f}}(1,2) \\
\vdots \\
p_{\mathrm{e}}-p_{\mathrm{wf,f}}(1,T_1) \\
\vdots \\
p_{\mathrm{e}}-p_{\mathrm{wf,f}}(N,T_N) \\
p_{\mathrm{e}}-p_{\mathrm{wf,m}}(1) \\
p_{\mathrm{e}}-p_{\mathrm{wf,m}}(2) \\
\vdots \\
p_{\mathrm{e}}-p_{\mathrm{wf,m}}(M)
\end{bmatrix}
\tag{3-78}
$$

式（3－78）中，各符号意义及量纲同前。

同理可得到边水油藏中射孔完井鱼骨井生产段沿程径向流量 q_{mr}（i）、q_{fr}（j，k）与流压 $p_{\mathrm{wf,m}}$（i）、$p_{\mathrm{wf,f}}$（j，k）（$1\leqslant i\leqslant M$，$1\leqslant j\leqslant N$，$1\leqslant k\leqslant T_j$）的渗流模型：

$$
\begin{bmatrix}
\boldsymbol{A}^{(4)}_{\sum_{j=1}^{N}T_j\times\sum_{j=1}^{N}T_j} & \boldsymbol{B}^{(5)}_{\sum_{j=1}^{N}T_j\times M} \\
\boldsymbol{C}^{(5)}_{M\times\sum_{j=1}^{N}T_j} & \boldsymbol{D}^{(5)}_{M\times M}
\end{bmatrix}
\begin{bmatrix}
\frac{q_{\mathrm{fr}}(1,1)}{\Delta L_{\mathrm{f1}}} \\
\frac{q_{\mathrm{fr}}(1,2)}{\Delta L_{\mathrm{f1}}} \\
\vdots \\
\frac{q_{\mathrm{fr}}(1,T_1)}{\Delta L_{\mathrm{f1}}} \\
\vdots \\
\frac{q_{\mathrm{fr}}(N,T_N)}{\Delta L_{\mathrm{f}N}} \\
\frac{q_{\mathrm{mr}}(1)}{n_{\mathrm{p}}l_{\mathrm{p}}\Delta L_{\mathrm{m}}} \\
\frac{q_{\mathrm{mr}}(2)}{n_{\mathrm{p}}l_{\mathrm{p}}\Delta L_{\mathrm{m}}} \\
\vdots \\
\frac{q_{\mathrm{mr}}(M)}{n_{\mathrm{p}}l_{\mathrm{p}}\Delta L_{\mathrm{m}}}
\end{bmatrix}
= \frac{4\pi\sqrt{K_{\mathrm{h}}K_{\mathrm{v}}}}{\mu_{\mathrm{o}}}
\begin{bmatrix}
p_{\mathrm{e}}-p_{\mathrm{wf,f}}(1,1) \\
p_{\mathrm{e}}-p_{\mathrm{wf,f}}(1,2) \\
\vdots \\
p_{\mathrm{e}}-p_{\mathrm{wf,f}}(1,T_1) \\
\vdots \\
p_{\mathrm{e}}-p_{\mathrm{wf,f}}(N,T_N) \\
p_{\mathrm{e}}-p_{\mathrm{wf,m}}(1) \\
p_{\mathrm{e}}-p_{\mathrm{wf,m}}(2) \\
\vdots \\
p_{\mathrm{e}}-p_{\mathrm{wf,m}}(M)
\end{bmatrix}
\tag{3-79}
$$

式（3－79）中，各符号意义及量纲同前；矩阵 $\boldsymbol{A}^{(4)}$ 与裸眼完井相似。

3）鱼骨井生产段流动分析模型

所考虑的裸眼、射孔以及割缝筛管完井方式仅针对于鱼骨井主井眼而言，分支井眼全部采用裸眼完井，在常规水平井生产段沿程压降分析模型的基础上，分别就分支井眼相对于主井筒对称和非对称两种井身结构进行研究，建立鱼骨井生产段流动分析模型：

对于 N 分支鱼骨井，将分支井眼生产段划分为 T_j 个微元段（$1\leqslant j\leqslant N$），设分支井眼跟端（即分支井眼与主井眼生产段井筒交汇点）的流压为 $p_{wf,f}$（j，0），由裸眼完井常规水平井生产段井筒沿程压力降分析模型，可以得到第 j 分支（$1\leqslant j\leqslant N$）生产段沿程压降分析模型：

$$\Delta p_{wf,f}(j,k)=\frac{\rho L_j}{N_j}\left\{\frac{2.7146\times10^{-14}}{D_j^5}\left[f_{2j,k}\phi+f_{1j,k}(1-\phi)\right]\left[2q_{lf}(j,k)-q_{rf}(j,k)\frac{L_j}{N_j}\right]^2+\frac{g\cos\theta_{j,k}}{10^3}\right.$$
$$\left.+\frac{2.1717\times10^{-13}}{D_j^4}q_{rf}(j,k)\left[2q_{lf}(j,k)-q_{rf}(j,k)\frac{L_j}{N_j}\right]\right\}\qquad(1\leqslant k\leqslant T_j,1\leqslant j\leqslant N)$$

式中 $\Delta p_{wf,f}$（j，k）——第 j 分支（$1\leqslant j\leqslant N$）生产段第 k 微元段的压降损失，MPa；

$f_{2j,k}$，$f_{1j,k}$——裸眼完井的鱼骨井生产段第 j 分支（$1\leqslant j\leqslant N$）第 k 微元段井筒管壁摩擦系数和由于径向流入生产段井筒的流体所造成的微元段摩擦阻力系数；

D_j——第 j 分支井筒直径，m；

q_{rf}（j，k），q_{lf}（j，k）——分别为第 j 分支（$1\leqslant j\leqslant N$）生产段第 k 微元段径向流入量和井筒内轴向流量，m^3/d，二者关系符合关系式 $q_{lf}(j,k)=q_{rf}(j,k)+q_{lf}(j,k-1)$。

而对于主井眼生产段则分别就裸眼、射孔以及割缝筛管三种完井方式建立沿程压降分析模型。

（1）裸眼完井方式下鱼骨井生产段沿程压力降分析。

在主井眼生产段划分 M 个微元段的基础上，增加分支井眼向主井眼生产段井筒汇流的节点数 W（对于对称鱼骨井而言，$W=N/2$；对于非对称鱼骨井，$W=N$），那么鱼骨井生产段沿程压力降分析的段数为 $M+W$。并假设分支井眼向主井眼井筒汇流的节点没有流动长度。

①非对称鱼骨井主井眼生产段沿程压降分析模型。

在非对称鱼骨井主井眼生产段上取第 i 微元段和第 j 汇流点（$1\leqslant i\leqslant M$，$1\leqslant j\leqslant W$），如

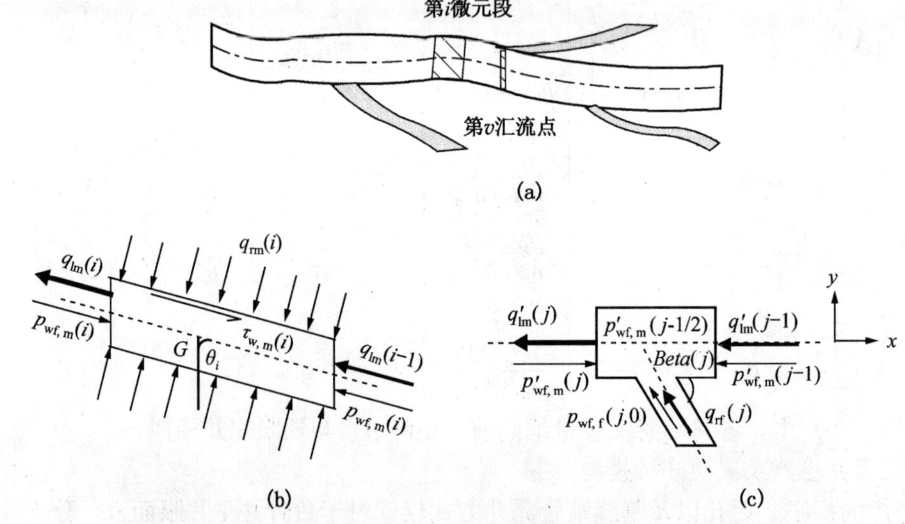

图 3-21 非对称鱼骨井生产段微元段压降分析示意图

(a) 鱼骨井生产段微元段和汇流点划分；(b) 鱼骨井生产段微元段压降分析；(c) 鱼骨井生产段汇流点示意图

图3－21所示。设油藏流向主井眼第 i 微元段的径向流量为 q_{rm}（i），上游流动端面的流量为 q_{lm}（$i-1$），流压为 $p_{wf,m}$（$i-1$），下游流动端面的流量为 q_{lm}（i），流压为 $p_{wf,m}$（i），该微元段壁面摩擦阻力为 $\tau_{w,m}$（i）；第 j 汇流点上从分支井眼井筒流向主井眼井筒的流量为 q_{rf}（j），流压为 $p_{wf,f}$（j，0），上游流动端面的流量为 q'_{lm}（$j-1$），流压为 $p'_{wf,m}$（$j-1$），下游流动端面的流量为 q'_{lm}（j），流压为 $p'_{wf,m}$（j）。

对于不存在分支汇流的微元段，由裸眼完井常规水平井生产段井筒沿程压力降分析模型，可以得到裸眼完井非对称鱼骨井主井眼生产段第 i 微元段（$1 \leqslant i \leqslant M$）沿程压降分析模型：

$$\Delta p_{wf,m}(i) = \frac{\rho L_m}{M}\left\{\frac{2.7146\times10^{-14}}{D_m^5}[f_{2m,i}\phi + f_{1m,i}(1-\phi)][2q_{lm}(i) - q_{rm}(i)]^2 + \frac{g\cos\theta_{mi}}{10^3} + \frac{2.1717\times10^{-13}}{D_m^4}\frac{Mq_{rm}(i)}{L_{rm}}[2q_{lm}(i) - q_{rm}(i)]\right\} \quad (1\leqslant i\leqslant M)$$

式中 $\Delta p_{wf,m}$（i）——第 j 分支（$1\leqslant j\leqslant N$）主井眼生产段第 i 微元段的压降损失，MPa；

$f_{2m,i}$，$f_{1m,i}$——鱼骨井主井眼生产段第 i 微元段井筒管壁摩擦系数和由于径向流入生产段井筒的流体所造成的微元段摩擦阻力系数；

q_{rm}（i），q_{lm}（i）——分别为主井眼生产段第 i 微元段的径向流入量和井筒内轴向流量，m^3/d，二者关系符合关系式 q_{lm}（i）$=q_{rm}$（i）$+q_{lm}$（$i-1$）；

D_m——主井眼井筒直径，m。

对于第 j 汇流点，由于没有流动长度，可以认为汇流前后压力达到瞬时平衡。由动量守恒原理和质量守恒原理可知：

x 方向

$$[p'_{wf,m}(j) - p'_{wf,m}(j-1)]\cdot\frac{\pi D_m^2}{4} = \rho\left\{\frac{4\cdot q_{rf}(j)[q'_{lm}(j-1)+q'_{lm}(j)]}{\pi D_m^2} - \frac{4\cdot q_{rf}^2(j)}{\pi D_{f,j}^2}\cos(Beta(j))\right\} \quad (1\leqslant j\leqslant N)$$

式中，$D_{f,j}$ 为第 j 分支井眼直径，m；$Beta$（j）为第 j 分支与主井眼夹角，（°）。

y 方向

$$p_{wf,f}(j,0)\cdot\sin(Beta(j))\cdot\frac{\pi D_{f,j}^2}{4} - p'_{wf,m}\left(j-\frac{1}{2}\right)\cdot\frac{\pi D_m^2}{4} = \frac{4\cdot\rho\cdot q_{rf}^2(j)}{\pi D_{f,j}^2}\sin(Beta(j)) \quad (1\leqslant j\leqslant N) \tag{3-80}$$

式（3－80）变形并整理可得：

$$-\Delta p'_{wf,m}(j) = \frac{16\rho\cdot q_{rf}(j)}{\pi^2 D_m^4}\left\{[q'_{lm}(j-1)+q'_{lm}(j)] - q_{rf}(j)\cdot\frac{D_m^2}{D_{f,j}^2}\cos(Beta(j))\right\} \quad (1\leqslant j\leqslant N) \tag{3-81}$$

由于第 j 汇流点没有流动长度，可以认为 $p'_{wf,m}\left(j-\frac{1}{2}\right) = \frac{p'_{wf,m}(j) + p'_{wf,m}(j-1)}{2}$。故式（3－80）变形并整理可得：

$$p_{wf,f}(j,0) = \left[p'_{wf,m}(j) + \frac{\Delta p'_{wf,m}(j)}{2}\right]\cdot\frac{D_m^2}{\sin(Beta(j))D_{j,j}^2} + \frac{2.1717\times10^{-13}\rho\cdot q_{rf}^2(j)}{D_{f,j}^4} \quad (1\leqslant j\leqslant N) \tag{3-82}$$

式（3－80）、式（3－81）和式（3－82）即为裸眼完井方式下非对称鱼骨井主井眼生产段沿程压力降计算模型。

②对称鱼骨井主井眼生产段沿程压降分析模型。

对称鱼骨井与非对称鱼骨井主井眼生产段沿程压力降的不同之处在于汇流点处，对称鱼骨井汇流点处存在两个方向的入流，而非对称鱼骨井仅存在一个方向的入流。不存在分支井眼汇流点的微元段上的压力降分析与非对称鱼骨井类似。

在对称鱼骨井主井眼生产段上第 j 汇流点（$1\leqslant j\leqslant W$）。设汇流点上第 $2j-1$ 分支井眼井筒流向主井眼井筒的流量为 q_{rf}（$2j-1$），流压为 $p_{\mathrm{wf,f}}$（$2j-1$，0）；第 $2j$ 分支井眼井筒流向主井眼井筒的流量为 q_{rf}（$2j$），流压为 $p_{\mathrm{wf,f}}$（$2j$，0）；汇流点上游流动端面的流量为 q'_{lm}（$j-1$），流压为 $p'_{\mathrm{wf,m}}$（$j-1$），下游流动端面的流量为 q'_{lm}（j），流压为 $p'_{\mathrm{wf,m}}$（j）。

对于第 j 汇流点，由于没有流动长度，可以认为汇流前后压力达到瞬时平衡。由动量守恒原理和质量守恒原理可知：

x 方向

$$\left[p'_{\mathrm{wf,m}}(j)-p'_{\mathrm{wf,m}}(j-1)\right]\cdot\frac{\pi D_{\mathrm{m}}^{2}}{4}=\rho\left\{\frac{4\cdot\left[q_{\mathrm{rf}}(2j)+q_{\mathrm{rf}}(2j-1)\right]\left[q'_{\mathrm{lm}}(j-1)+q'_{\mathrm{lm}}(j)\right]}{\pi D_{\mathrm{m}}^{2}}\right.$$
$$\left.-\frac{4q_{\mathrm{rf}}^{2}(2j)}{\pi D_{\mathrm{f},j}^{2}}\cos(Beta(2j))-\frac{4\cdot q_{\mathrm{rf}}^{2}(2j-1)}{\pi D_{\mathrm{f},j}^{2}}\cos(Beta(2j-1))\right\}\quad(1\leqslant j\leqslant N/2)\tag{3-83}$$

y 方向上第 $2j-1$ 分支向主井筒的汇流：

$$p_{\mathrm{wf,f}}(2j-1,0)\cdot\sin(Beta(2j-1))\cdot\frac{\pi D_{j,2j-1}^{2}}{4}-p'_{\mathrm{wf,m}}\left(j-\frac{1}{2}\right)\cdot$$
$$\frac{\pi D_{\mathrm{m}}^{2}}{4}=\frac{4\cdot\rho\cdot q_{\mathrm{rf}}^{2}(2j-1)}{\pi D_{\mathrm{f},2j-1}^{2}}\sin(Beta(2j-1))\quad(1\leqslant j\leqslant N/2)\tag{3-84}$$

y 方向上第 $2j$ 分支向主井筒的汇流：

$$p_{\mathrm{wf,f}}(2j,0)\cdot\sin(Beta(2j))\cdot\frac{\pi D_{j,2j}^{2}}{4}-p'_{\mathrm{wf,m}}\left(j-\frac{1}{2}\right)\cdot$$
$$\frac{\pi D_{\mathrm{m}}^{2}}{4}=\frac{4\cdot\rho\cdot q_{\mathrm{rf}}^{2}(2j)}{\pi D_{\mathrm{f},2j}^{2}}\sin(Beta(2j))\quad(1\leqslant j\leqslant N/2)\tag{3-85}$$

式（3－85）变形并整理可得：

$$-\Delta p'_{\mathrm{wf,m}}(j)=\frac{16\rho}{\pi^{2}D_{\mathrm{m}}^{4}}\left\{\left[q_{\mathrm{rf}}(2j)+q_{\mathrm{rf}}(2j-1)\right]\left[q'_{\mathrm{lm}}(j-1)+q'_{\mathrm{lm}}(j)\right]-q_{\mathrm{rf}}^{2}(2j)\cdot\frac{D_{\mathrm{m}}^{2}}{D_{\mathrm{f},2j}^{2}}\cos(Beta(2j))\right.$$
$$\left.-q_{\mathrm{rf}}^{2}(2j-1)\cdot\frac{D_{\mathrm{m}}^{2}}{D_{\mathrm{f},2j-1}^{2}}\cos(Beta(2j-1))\right\}\quad(1\leqslant j\leqslant N/2)\tag{3-86}$$

由于第 j 汇流点由于没有流动长度，可以认为 $p'_{\mathrm{wf,m}}\left(j-\frac{1}{2}\right)=\frac{p'_{\mathrm{wf,m}}(j)+p'_{\mathrm{wf,m}}(j-1)}{2}$。故式（3－84）和式（3－85）分别变形并整理可得：

$$p_{\mathrm{wf,f}}(2j-1,0)=\left[p'_{\mathrm{wf,m}}(j)+\frac{\Delta p'_{\mathrm{wf,m}}(j)}{2}\right]\cdot\frac{D_{\mathrm{m}}^{2}}{\sin(Beta(2j-1))D_{j,2j-1}^{2}}+\frac{2.1717\times10^{-13}\rho\cdot q_{\mathrm{rf}}^{2}(2j-1)}{D_{\mathrm{f},2j-1}^{4}}$$
$$p_{\mathrm{wf,f}}(2j,0)=\left[p'_{\mathrm{wf,m}}(j)+\frac{\Delta p'_{\mathrm{wf,m}}(j)}{2}\right]\cdot\frac{D_{\mathrm{m}}^{2}}{\sin(Beta(2j))D_{j,2j}^{2}}+\frac{2.1717\times10^{-13}\rho\cdot q_{\mathrm{rf}}^{2}(2j)}{D_{\mathrm{f},2j}^{4}}$$
$$(1\leqslant j\leqslant N/2)\tag{3-87}$$

即为裸眼完井方式下对称鱼骨井主井眼生产段沿程压力降计算模型。

（2）射孔和割缝筛管完井方式下鱼骨井生产段沿程压力降分析。

射孔和割缝筛管完井方式下，无论是非对称鱼骨井还是对称鱼骨井分支井眼井筒流体汇流入主井眼井筒的汇流点压降计算与裸眼完井一样，可以参考裸眼完井方式下相同井型鱼骨井汇流点压降分析模型。而主井眼生产段沿程压力降分析模型分别借鉴射孔完井和割缝筛管完井常规水平井生产段压降分析模型。

4）不同完井方式下鱼骨井的流动耦合模型

（1）裸眼完井方式下鱼骨井的生产段耦合流动模型。

设长为 L_m 的主井眼生产段划分为 M 个微元段，近井油藏向主井眼第 i 段微元段井筒的径向流入量为 q_{mr}（i），中点处流压为 $p_{wf,m}$（i）（$1 \leqslant i \leqslant M$），鱼骨井主井眼生产段跟端流压 p_{wf} 赋为 $p_{wf,m}$（0）；鱼骨井主井眼生产段井筒内沿程流量为 q_{ml}（j）（$1 \leqslant j \leqslant N$），主井眼产量贡献为 q_{ml}（1）。

设长为 L_{fj} 的第 j 分支井眼生产段划分为 T_j 个微元段，近井油藏向第 j 分支井眼第 k 段微元段井筒的径向流入量为 q_{fr}（j，k），中点处流压为 $p_{wf,f}$（j，k）（$1 \leqslant j \leqslant N$，$1 \leqslant k \leqslant T_j$），鱼骨井分支井眼生产段跟端流压 $p_{wf,f}$（j，0）赋为 $p_{wf,m}$（j）；鱼骨井分支井眼生产段井筒内沿程流量为 q_{fl}（j，k），特别地，分支井眼产量贡献为 q_{fl}（j，1）。

在主井眼生产段划分 M 个微元段的基础上，增加分支井眼向主井眼生产段井筒汇流的节点数 W（对于对称鱼骨井，$W=N/2$；对于非对称鱼骨井，$W=N$），那么鱼骨井生产段沿程压力降分析的段数为 $M+W$。

在油藏参数、流体参数以及井眼数据已知的情况下，分别代表不同类型油藏中鱼骨井生产段渗流的模型可表示为含有流量 q_{mr}（i）、q_{fr}（j，k）与流压 $p_{wf,m}$（i）、$p_{wf,f}$（j，k）（$1 \leqslant i \leqslant M$，$1 \leqslant j \leqslant N$，$1 \leqslant k \leqslant T_j$）共 2（$M+N \times T_j$）个未知量、（$M+N \times T_j$）个方程组成的方程组：

$$F_{of1}[q_{mr}(i), q_{fr}(j,k), p_{wf,m}(i), p_{wf,f}(j,k)] = 0 \qquad (1 \leqslant i \leqslant M, 1 \leqslant j \leqslant N, 1 \leqslant k \leqslant T_j) \tag{3-88}$$

生产段生产时，主井筒内除了沿井筒流动长度方向有流动（一般称为主流或轴向流）外，油藏流体还沿生产段主井筒长度方向各处径向流入井筒，同时油藏流向分支井眼的流体汇流入主井筒。

鱼骨井生产段主井筒沿程流量符合以下关系式：

$$q_{lm}(i) = \sum_{s=i}^{M} q_{mr}(s) + \sum_{j=v}^{N} \sum_{k=1}^{T_j} q_{fr}(j,k) \qquad (1 \leqslant i \leqslant M) \tag{3-89}$$

式中，i 和 v 符合关系式 $i = \sum_{s=v}^{W+1} m_s$，其中 m_s 为主井筒生产段被分支井眼汇流点间隔开的部分所划分的微元段数，有 $M = \sum_{e=1}^{W+1} m_s$。

鱼骨井生产段主井筒沿程流压符合以下关系式：

$$p_{wf,m}(i) = p_{wf,m}(i-1) + 0.5(\Delta p_{wf,m}(i-1) + \Delta p_{wf,m}(i)) \qquad (2 \leqslant i \leqslant M+1) \tag{3-90}$$

式（3-90）中，$p_{wf,m}$（1）$= p_{wf} + 0.5\Delta p_{wf,m}$（1），$p_{wf}$ 为主井眼生产段跟端流压，MPa；$\Delta p_{wf,m}$（i）为主井眼生产段第 i 段微元段的压降损失，MPa；$\Delta p_{wf,m}$（$M+1$）$=0$。

鱼骨井生产段分支井眼跟端流压符合以下关系式：

$$p_{wf,f}(j,k) = p_{wf,f}(j,k-1) + 0.5[\Delta p_{wf,f}(j,k-1) + \Delta p_{wf,f}(j,k)] \qquad (1 \leqslant j \leqslant N, 2 \leqslant k \leqslant T_j + 1) \tag{3-91}$$

式中，$p_{wf,f}(j,1)=p_{wf,f}(j,0)+0.5\Delta p_{wf,f}(j,1)$，$p_{wf,f}(j,0)$为分支井眼与主井眼的汇流点流压，MPa；$\Delta p_{wf,f}(j,k)$为第 j 分支井眼生产段第 k 段微元段的压降损失，MPa；$\Delta p_{wf,f}(j,T_j+1)=0$。

可以得到未知量为 $q_{mr}(i)$、$q_{fr}(j,k)$、$p_{wf,m}(i)$以及 $p_{wf,f}(j,k)$（$1\leqslant i\leqslant M$，$1\leqslant j\leqslant N$，$1\leqslant k\leqslant T_j$）共 2（$M+N\times T_j$）个未知量、（$M+N\times T_j$）个方程组成的方程组：

$$F_{of2}[q_{mr}(i),q_{fr}(j,k),p_{wf,m}(i),p_{wf,f}(j,k)]=0 \qquad (1\leqslant i\leqslant M,1\leqslant j\leqslant N,1\leqslant k\leqslant T_j) \tag{3-92}$$

式（3-88）和式（3-92）共有 2（$M+N\times T_j$）个方程、2（$M+N\times T_j$）个未知量即为裸眼完井方式下鱼骨井生产段耦合流动模型。

(2) 射孔完井方式下鱼骨井生产段的耦合流动模型。

生产段生产时，主井筒内除了沿井筒流动长度方向有流动（一般称为主流或轴向流）外，油藏流体还流入生产段主井筒的射孔孔眼并汇流入主井筒，同时油藏流向分支井眼的流体汇流入主井筒，射孔孔眼与分支井眼在油藏中的势相互干扰，而分支井眼井筒内流体和孔眼内流体在流向主井筒时也存在干扰现象，这样射孔孔眼、分支井眼以及主井筒内的流动与近井油藏渗流形成多元耦合流动。

与建立裸眼完井方式下鱼骨井生产段耦合流动模型原理类似，在油藏参数、流体参数以及井眼数据已知的情况下，分别代表不同类型油藏中鱼骨井生产段渗流的模型可表示为含有流量 $q_{mr}(i)$、$q_{fr}(j,k)$与流压 $p_{wf,m}(i)$、$p_{wf,f}(j,k)$（$1\leqslant i\leqslant M$，$1\leqslant j\leqslant N$，$1\leqslant k\leqslant T_j$）共 2（$M+N\times T_j$）个未知量、（$M+N\times T_j$）个方程组成的方程组：

$$F_{pf1}[q_{mr}(i),q_{fr}(j,k),p_{wf,m}(i),p_{wf,f}(j,k)]=0 \qquad (1\leqslant i\leqslant M,1\leqslant j\leqslant N,1\leqslant k\leqslant T_j) \tag{3-93}$$

可以得到未知量为 $q_{mr}(i)$、$q_{fr}(j,k)$、$p_{wf,m}(i)$以及 $p_{wf,f}(j,k)$（$1\leqslant i\leqslant M$，$1\leqslant j\leqslant N$，$1\leqslant k\leqslant T_j$）共 2（$M+N\times T_j$）个未知量、（$M+N\times T_j$）个方程组成的方程组：

$$F_{pf2}[q_{mr}(i),q_{fr}(j,k),p_{wf,m}(i),p_{wf,f}(j,k)]=0 \qquad (1\leqslant i\leqslant M,1\leqslant j\leqslant N,1\leqslant k\leqslant T_j) \tag{3-94}$$

式（3-93）和式（3-94）共有 2（$M+N\times T_j$）个方程、2（$M+N\times T_j$）个未知量即为射孔完井方式下鱼骨井生产段耦合流动模型。

(3) 割缝筛管完井方式下鱼骨井生产段耦合流动模型。

由于割缝筛管完井方式下缝的密度比较大而且分布均匀，生产段主井筒与地层接触的面积较均匀，因此可以认为割缝筛管完井方式下鱼骨井生产段的近井油藏渗流模型与裸眼完井方式下鱼骨井生产段的近井油藏渗流模型相同。

在油藏参数、流体参数以及井眼数据已知的情况下，流量 $q_{mr}(i)$、$q_{fr}(j,k)$与流压 $p_{wf,m}(i)$、$p_{wf,f}(j,k)$（$1\leqslant i\leqslant M$，$1\leqslant j\leqslant N$，$1\leqslant k\leqslant T_j$）共 2（$M+N\times T_j$）个未知量、（$M+N\times T_j$）个方程组成的方程组：

$$F_{sf1}[q_{mr}(i),q_{fr}(j,k),p_{wf,m}(i),p_{wf,f}(j,k)]=0 \qquad (1\leqslant i\leqslant M,1\leqslant j\leqslant N,1\leqslant k\leqslant T_j) \tag{3-95}$$

可以得到未知量为 $q_{mr}(i)$、$q_{fr}(j,k)$、$p_{wf,m}(i)$以及 $p_{wf,f}(j,k)$（$1\leqslant i\leqslant M$，$1\leqslant j\leqslant N$，$1\leqslant k\leqslant T_j$）共 2（$M+N\times T_j$）个未知量、（$M+N\times T_j$）个方程组成的方程组：

$$F_{sf2}[q_{mr}(i),q_{fr}(j,k),p_{wf,m}(i),p_{wf,f}(j,k)]=0 \qquad (1\leqslant i\leqslant M,1\leqslant j\leqslant N,1\leqslant k\leqslant T_j) \tag{3-96}$$

式（3-95）和式（3-96）共有 2（$M+N\times T_j$）个方程、2（$M+N\times T_j$）个未知量即为割缝筛管完井方式下鱼骨井生产段耦合流动模型。

3. 平面多分支井产能评价模型

平面多分支井的解析产能研究仅限于分支均匀分布同一水平面，分支长度必须相等，且分支井眼为无限导流能力裂缝。因此基于前面所建立的水平井实际井眼在各种类型油藏中三维渗流模型的基础上，通过建立平面多分支井生产段三维空间特征数学描述模型，利用势叠加原理和微元线汇理论，考虑了各分支之间的干扰，建立平面多分支井近井地带渗流模型。

1）平面多分支井生产段的三维空间特征描述

平面多分支井的空间三维分布如图 3-22 所示，以主井眼井底在 xoy 平面的投影点为坐标原点，主井眼长度方向为 z 坐标轴，建立如图 3-22（a）的 xyz 坐标系，这里认为分支以 x 坐标轴为起始方向绕 z 坐标轴逆时针分布。

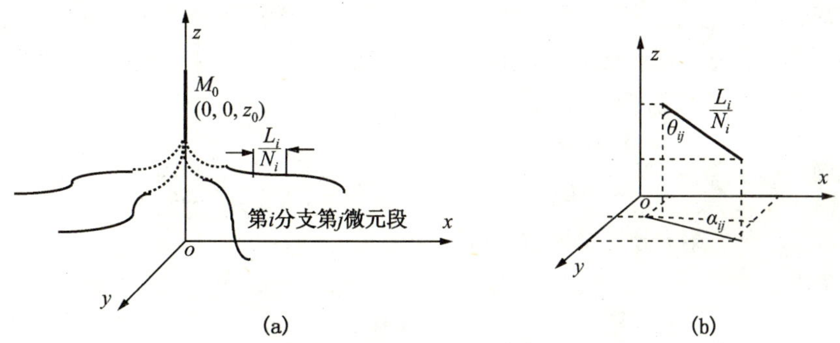

图 3-22　平面多分支井空间分布示意图

引入主井眼井底坐标 M_0（0，0，z_0），分支数为 M，第 i 分支井眼生产段起始坐标 M_i（x_{li}，0，y_{li}，0，z_{li}，0），长度为 L_i（$1\leqslant i\leqslant M$），根据完钻测量数据或设计数据将分支井眼沿井眼长度方向划分微元线汇段数为 N_j（$1\leqslant i\leqslant M$），则第 i 分支微元段长度 ΔL_{li} 为：

$$\Delta L_{li}=\frac{L_i}{N_i} \tag{3-97}$$

裸眼完井（或割缝筛管完井）平面多分支井第 i 分支生产段的第 j 微元段上任意点坐标 M_i（x_{li}，j，y_{li}，z_{li}）满足下列关系式：

$$\begin{aligned}
x_{li,j}&=x_{li,0}+\Delta L_{li}\cdot\left[\sum_{k=1}^{j-1}(\sin\theta_{li,k}\cdot\cos\alpha_{li,k})+t\sin\theta_{li,j}\cdot\cos\alpha_{li,j}\right]\\
y_{li,j}&=y_{li,0}+\Delta L_{li}\cdot\left[\sum_{k=1}^{j-1}(\sin\theta_{li,k}\cdot\sin\alpha_{li,k})+t\sin\theta_{li,j}\cdot\sin\alpha_{li,j}\right]\\
z_{li,j}&=z_{li,0}+\Delta L_{li}\cdot\left[\sum_{k=1}^{j-1}\cos\theta_{li,k}+t\cdot\cos\theta_{li,j}\right]\quad(1\leqslant i\leqslant M,0\leqslant j\leqslant N_i,0\leqslant t\leqslant 1)
\end{aligned} \tag{3-98}$$

式中　$\theta_{li,j}$ 和 $\alpha_{li,j}$——分别为第 i 分支生产段的第 j 微元段的井斜角和方位角，(°)。

射孔完井平面多分支井第 i 分支生产段的第 j 微元段第 s 个孔眼上任意点坐标 $M_{i,j,s}$（$x_{li,j,s}$，$y_{li,j,s}$，$z_{li,j,s}$）上满足下列关系式：

$$x_{li,j,s}=x_{li,0}+\Delta L_i\sum_{v=0}^{i-1}\sin\theta_{li,v}\cos\alpha_{li,v}+\frac{s}{n_p}\sin\theta_{li,j}\cos\alpha_{li,j}+t\cdot l_{pi}\sin\gamma_{li,j,s}\cos\chi_{li,j,s}$$

$$y_{\mathrm{m}i,s}=y_{\mathrm{m}0}+\Delta L_i\sum_{v=0}^{i-1}\sin\theta_{\mathrm{l}i,\mathrm{v}}\sin\alpha_{\mathrm{l}i,\mathrm{v}}+\frac{s}{n_{\mathrm{p}}}\sin\theta_{\mathrm{l}i,j}\sin\alpha_{\mathrm{l}i,j}+t\cdot l_{\mathrm{p}i}\sin\gamma_{\mathrm{l}i,j,s}\sin\chi_{\mathrm{l}i,j,s}$$

$$z_{\mathrm{l}i,j,s}=z_{\mathrm{l}i,0}+\Delta L_i\sum_{v=0}^{i-1}\cos\theta_{\mathrm{l}i,j}+\frac{s}{n_{\mathrm{p}i}}\cos\theta_{\mathrm{l}i,j}+t\cdot l_{\mathrm{p}i}\cos\gamma_{\mathrm{l}i,j,s}\qquad(0\leqslant i\leqslant M,0\leqslant s\leqslant\Delta L_{\mathrm{m}}n_{\mathrm{p}},0\leqslant t\leqslant 1)$$

(3-99)

2）不同类型油藏中平面多分支井近井油藏渗流机理及渗流模型

（1）平面多分支井在无限大油藏中势的分布。

平面多分支井生产时，由于所有分支井眼位于同一套油水压力系统，即在同一层油藏，分支间存在势的干扰，因此针对该种井型的每一分支井眼分别建立无限大油藏中势分布函数，再利用势叠加原理进行分支井眼同时生产时整个生产段在无限大油藏中势的分布。

单独对于第 i 分支井眼而言，均质、各向异性无限大油藏内单相不可压缩流体流向生产段的流动规律符合的达西定律。根据对裸眼完井水平井生产段在无限大油藏中势分布的研究，可以得到第 i 分支井眼在无限大地层中任意点 M（x，y，z'）所产生的势为：

①裸眼完井（或割缝筛管完井）。

$$\Phi_{\mathrm{l}i}(x,y,z')=\frac{1}{4\pi\Delta L_i}\sum_{j=1}^{N_j}\left[q_{\mathrm{lr}}(i,j)\ln\left(\frac{r_{1\mathrm{l}i,j}+r_{2\mathrm{l}i,j}+\Delta L'_{\mathrm{l}i,j}}{r_{1\mathrm{l}i,j}+r_{2\mathrm{l}i,j}-\Delta L'_{\mathrm{l}i,j}}\right)\right]+C\qquad(3-100)$$

式中　q_{lr}（i，j）——第 i 分支第 j 微元段径向流量，$\mathrm{m^3/d}$。

②射孔完井。

$$\Phi_{\mathrm{l}i}(x,y,z')=\frac{1}{4\pi n_{\mathrm{p}i}l_{\mathrm{p}i}\Delta L_i}\sum_{j=1}^{N_i}\left[q_{\mathrm{lr}}(j)\sum_{k=1}^{\Delta L_i n_{\mathrm{p}i}}\ln\left(\frac{r_{1\mathrm{l}i,j,k}+r_{2\mathrm{l}i,j,k}+l'_{\mathrm{p}i,j,k}}{r_{1\mathrm{l}i,j,k}+r_{2\mathrm{l}i,j,k}-l'_{\mathrm{p}i,j,k}}\right)\right]+C\quad(3-101)$$

式中，$l'_{\mathrm{p}i,j,k}=l_{\mathrm{p}i}\sqrt{\beta^2\cos\gamma^2_{\mathrm{l}i,j,k}+\frac{1}{\beta^2}\sin\gamma^2_{\mathrm{l}i,j,k}}$，$\gamma_{\mathrm{l}i,j,k}$为射孔完井主井眼第 i 微元段第 j 个孔眼与 z 轴的夹角以及在 xoy 平面上投影线与 x 轴的夹角。

根据势叠加原理，平面多分支井整个生产段在无限大油藏中势的分布为：

$$\Phi(x,y,z')=\sum_{i=1}^{M}\Phi_i(x,y,z')$$

$$=\begin{cases}\dfrac{1}{4\pi}\displaystyle\sum_{i=1}^{M}\left\{\dfrac{1}{\Delta L_i}\sum_{j=1}^{N_j}\left[q_{\mathrm{lr}}(i,j)\ln\left(\dfrac{r_{1\mathrm{l}i,j}+r_{2\mathrm{l}i,j}+\Delta L'_{\mathrm{l}i,j}}{r_{1\mathrm{l}i,j}+r_{2\mathrm{l}i,j}-\Delta L'_{\mathrm{l}i,j}}\right)\right]\right\}+C(\text{裸眼完井})\\ \dfrac{1}{4\pi}\displaystyle\sum_{i=1}^{M}\left\{\dfrac{1}{n_{\mathrm{p}i}l_{\mathrm{p}i}\Delta L_i}\sum_{j=1}^{N_i}\left[q_{\mathrm{lr}}(j)\sum_{k=1}^{\Delta L_i n_{\mathrm{p}i}}\ln\left(\dfrac{r_{1\mathrm{l}i,j,k}+r_{2\mathrm{l}i,j,k}+l'_{\mathrm{p}i,j,k}}{r_{1\mathrm{l}i,j,k}+r_{2\mathrm{l}i,j,k}-l'_{\mathrm{p}i,j,k}}\right)\right]\right\}+C(\text{射孔完井})\end{cases}$$

(3-102)

（2）不同类型油藏中平面多分支井生产段近井地带渗流模型。

①封闭油藏中平面多分支井的渗流模型。

根据镜像反映原理，以油层顶部、底部封闭边界为镜像面，可以将封闭边界油藏中平面多分支井生产段微元段镜像成为无限大地层中若干个生产井排，根据平面多分支井生产段在无限大地层中任意点 M（x，y，z'）的势分布函数，由势叠加原理可得到封闭边界油藏中平面多分支井生产段在 M（x，y，z'）点所产生的势为：

$$\Phi(x,y,z')=\sum_{i=1}^{M}\Phi_i(x,y,z')$$

$$
=\begin{cases}\dfrac{1}{4\pi}\sum\limits_{i=1}^{M}\left\{\dfrac{1}{\Delta L_i}\sum\limits_{j=1}^{N_j}\left[q_{\mathrm{lr}}(i,j)\varphi_{\mathrm{li},j}(x,y,z')\right]\right\}+C(\text{裸眼或割缝筛管完井})\\ \dfrac{1}{4\pi}\sum\limits_{i=1}^{M}\left\{\dfrac{1}{n_{\mathrm{p}i}l_{\mathrm{p}i}\Delta L_i}\sum\limits_{j=1}^{N_i}\left[q_{\mathrm{lr}}(j)\sum\limits_{k=1}^{\Delta L_i n_{\mathrm{p}i}}\varphi_{\mathrm{li},j,k}(x,y,z')\right]\right\}+C(\text{射孔完井})\end{cases} \tag{3-103}
$$

式中，$\varphi_{\mathrm{li},j}$（x，y，z'）、$\varphi_{\mathrm{li},j,k}$（$x$，$y$，$z'$）分别为与封闭边界油藏中平面多分支井裸眼或割缝筛管完井分支井眼微元段以及射孔完井分支井眼孔眼有关的函数。

则可得到封闭边界油藏中裸眼完井平面多分支井生产段沿程径向流量 q_{lr}（i，j）与流压 $p_{\mathrm{wf,1}}$（i，j）（$1\leqslant i\leqslant M$，$1\leqslant j\leqslant N_i$）的渗流模型：

$$
\boldsymbol{A}\begin{bmatrix}\dfrac{q_{\mathrm{lr}}(1,1)}{\Delta L_1}\\ \dfrac{q_{\mathrm{lr}}(1,2)}{\Delta L_1}\\ \vdots\\ \dfrac{q_{\mathrm{lr}}(1,N_1)}{\Delta L_1}\\ \vdots\\ \dfrac{q_{\mathrm{lr}}(M,N_M)}{\Delta L_M}\end{bmatrix}=\frac{4\pi\sqrt{K_{\mathrm{h}}K_{\mathrm{v}}}}{\mu_{\mathrm{o}}}\begin{bmatrix}p_{\mathrm{e}}-p_{\mathrm{wf,1}}(1,1)\\ p_{\mathrm{e}}-p_{\mathrm{wf,1}}(1,2)\\ \vdots\\ p_{\mathrm{e}}-p_{\mathrm{wf,1}}(1,N_1)\\ \vdots\\ p_{\mathrm{e}}-p_{\mathrm{wf,1}}(M,N_M)\end{bmatrix} \tag{3-104}
$$

同理可得到射孔完井平面多分支井生产段沿程径向流量 q_{lr}（i，j）与流压 $p_{\mathrm{wf,1}}$（i，j）（$1\leqslant i\leqslant M$，$1\leqslant j\leqslant N_i$）的渗流模型：

$$
\boldsymbol{A}\begin{bmatrix}\dfrac{q_{\mathrm{lr}}(1,1)}{n_{\mathrm{p1}}l_{\mathrm{p1}}\Delta L_1}\\ \dfrac{q_{\mathrm{lr}}(1,2)}{n_{\mathrm{p1}}l_{\mathrm{p1}}\Delta L_1}\\ \vdots\\ \dfrac{q_{\mathrm{lr}}(1,N_1)}{n_{\mathrm{p1}}l_{\mathrm{p1}}\Delta L_1}\\ \vdots\\ \dfrac{q_{\mathrm{lr}}(M,N_M)}{n_{\mathrm{p}M}l_{\mathrm{p}M}\Delta L_M}\end{bmatrix}=\frac{4\pi\sqrt{K_{\mathrm{h}}K_{\mathrm{v}}}}{\mu_{\mathrm{o}}}\begin{bmatrix}p_{\mathrm{e}}-p_{\mathrm{wf,1}}(1,1)\\ p_{\mathrm{e}}-p_{\mathrm{wf,1}}(1,2)\\ \vdots\\ p_{\mathrm{e}}-p_{\mathrm{wf,1}}(1,N_1)\\ \vdots\\ p_{\mathrm{e}}-p_{\mathrm{wf,1}}(M,N_M)\end{bmatrix} \tag{3-105}
$$

②底水油藏中平面多分支井的渗流模型。

根据镜像反映原理，以油层顶部封闭边界为镜像面，可以将底水油藏中平面多分支井生产段微元段镜像成为无限大地层中若干个生产井排。

根据平面多分支井生产段在无限大地层中任意点 M（x，y，z'）的势分布函数，由势叠加原理可得到底水油藏中平面多分支井生产段在 M（x，y，z'）点所产生的势为：

$$
\Phi(x,y,z')=\sum_{i=1}^{M}\Phi_i(x,y,z')
$$

$$
=\begin{cases}\dfrac{1}{4\pi}\sum\limits_{i=1}^{M}\left\{\dfrac{1}{\Delta L_i}\sum\limits_{j=1}^{N_j}\left[q_{\mathrm{lr}}(i,j)\varphi'_{\mathrm{li},j}(x,y,z')\right]\right\}+C(\text{裸眼或割缝筛管完井})\\ \dfrac{1}{4\pi}\sum\limits_{i=1}^{M}\left\{\dfrac{1}{n_{\mathrm{p}i}l_{\mathrm{p}i}\Delta L_i}\sum\limits_{j=1}^{N_i}\left[q_{\mathrm{lr}}(j)\sum\limits_{k=1}^{\Delta L_i n_{\mathrm{p}i}}\varphi'_{\mathrm{li},j,k}(x,y,z')\right]\right\}+C(\text{射孔完井})\end{cases} \tag{3-106}
$$

式中，$\varphi'_{\mathrm{li},j}$（x，y，z'）、$\varphi'_{\mathrm{li},j,k}$（$x$，$y$，$z'$）分别为与底水油藏中平面多分支井裸眼或割缝筛管完井分支井眼微元段以及射孔完井分支井眼孔眼有关的函数。

则可得到底水油藏中裸眼完井平面多分支井生产段沿程径向流量 q_{lr}（i，j）与流压 $p_{\mathrm{wf,1}}$（i，j）（$1 \leqslant i \leqslant M$，$1 \leqslant j \leqslant N_i$）的渗流模型：

$$\boldsymbol{A}^{(1)}\begin{bmatrix}\dfrac{q_{\mathrm{lr}}(1,1)}{\Delta L_1}\\ \dfrac{q_{\mathrm{lr}}(1,2)}{\Delta L_1}\\ \vdots\\ \dfrac{q_{\mathrm{lr}}(1,N_1)}{\Delta L_1}\\ \vdots\\ \dfrac{q_{\mathrm{lr}}(M,N_M)}{\Delta L_M}\end{bmatrix}=\frac{4\pi\sqrt{K_{\mathrm{h}}K_{\mathrm{v}}}}{\mu_{\mathrm{o}}}\begin{bmatrix}p_{\mathrm{e}}-p_{\mathrm{wf,1}}(1,1)\\ p_{\mathrm{e}}-p_{\mathrm{wf,1}}(1,2)\\ \vdots\\ p_{\mathrm{e}}-p_{\mathrm{wf,1}}(1,N_1)\\ \vdots\\ p_{\mathrm{e}}-p_{\mathrm{wf,1}}(M,N_M)\end{bmatrix} \tag{3-107}$$

同理可得到底水油藏中射孔完井平面多分支井生产段沿程径向流量 q_{lr}（i，j）与流压 $p_{\mathrm{wf,1}}$（i，j）（$1 \leqslant i \leqslant M$，$1 \leqslant j \leqslant N_i$）的渗流模型：

$$\boldsymbol{A}^{(2)}\begin{bmatrix}\dfrac{q_{\mathrm{lr}}(1,1)}{n_{\mathrm{p1}}l_{\mathrm{p1}}\Delta L_1}\\ \dfrac{q_{\mathrm{lr}}(1,2)}{n_{\mathrm{p1}}l_{\mathrm{p1}}\Delta L_1}\\ \vdots\\ \dfrac{q_{\mathrm{lr}}(1,N_1)}{n_{\mathrm{p1}}l_{\mathrm{p1}}\Delta L_1}\\ \vdots\\ \dfrac{q_{\mathrm{lr}}(M,N_M)}{n_{\mathrm{pM}}l_{\mathrm{pM}}\Delta L_M}\end{bmatrix}=\frac{4\pi\sqrt{K_{\mathrm{h}}K_{\mathrm{v}}}}{\mu_{\mathrm{o}}}\begin{bmatrix}p_{\mathrm{e}}-p_{\mathrm{wf,1}}(1,1)\\ p_{\mathrm{e}}-p_{\mathrm{wf,1}}(1,2)\\ \vdots\\ p_{\mathrm{e}}-p_{\mathrm{wf,1}}(1,N_1)\\ \vdots\\ p_{\mathrm{e}}-p_{\mathrm{wf,1}}(M,N_M)\end{bmatrix} \tag{3-108}$$

③边水油藏中平面多分支井的渗流模型。

根据镜像反映原理，以油层顶部、底部封闭边界为镜像面将平面多分支井生产段微元段镜像成为无限大地层中若干个生产井排。

根据平面多分支井生产段在无限大地层中任意点 M（x，y，z'）的势分布函数，由势叠加原理可得到边水油藏中平面多分支井生产段在 M（x，y，z'）点所产生的势为：

$$\Phi(x,y,z')=\sum_{i=1}^{M}\Phi_i(x,y,z')$$

$$=\begin{cases}\dfrac{1}{4\pi}\displaystyle\sum_{i=1}^{M}\left\{\frac{1}{\Delta L_i}\sum_{j=1}^{N_j}\left[q_{\mathrm{lr}}(i,j)\varphi''_{\mathrm{li},j}(x,y,z')\right]\right\}+C(\text{裸眼或割缝筛管完井})\\ \dfrac{1}{4\pi}\displaystyle\sum_{i=1}^{M}\left\{\frac{1}{n_{\mathrm{p}i}l_{\mathrm{p}i}\Delta L_i}\sum_{j=1}^{N_i}\left[q_{\mathrm{lr}}(j)\sum_{k=1}^{\Delta L_i n_{\mathrm{p}i}}\varphi''_{\mathrm{li},j,k}(x,y,z')\right]\right\}+C(\text{射孔完井})\end{cases} \tag{3-109}$$

式中，$\varphi''_{\mathrm{li},j}$（$x$，$y$，$z'$）、$\varphi''_{\mathrm{li},j,k}$（$x$，$y$，$z'$）分别为与边水油藏中平面多分支井裸眼或割缝筛管完井分支井眼微元段以及射孔完井分支井眼孔眼有关的函数。

则可得到边水油藏中裸眼完井平面多分支井生产段沿程径向流量 q_{lr}（i，j）与流压 $p_{\mathrm{wf,1}}$（i，j）（$1 \leqslant i \leqslant M$，$1 \leqslant j \leqslant N_i$）的渗流模型：

$$
\boldsymbol{A}^{(3)}\begin{bmatrix}\dfrac{q_{\mathrm{lr}}(1,1)}{\Delta L_1}\\ \dfrac{q_{\mathrm{lr}}(1,2)}{\Delta L_1}\\ \vdots\\ \dfrac{q_{\mathrm{lr}}(1,N_1)}{\Delta L_1}\\ \vdots\\ \dfrac{q_{\mathrm{lr}}(M,N_M)}{\Delta L_M}\end{bmatrix}=\frac{4\pi\sqrt{K_{\mathrm{h}}K_{\mathrm{v}}}}{\mu_{\mathrm{o}}}\begin{bmatrix}p_{\mathrm{e}}-p_{\mathrm{wf},1}(1,1)\\ p_{\mathrm{e}}-p_{\mathrm{wf},1}(1,2)\\ \vdots\\ p_{\mathrm{e}}-p_{\mathrm{wf},1}(1,N_1)\\ \vdots\\ p_{\mathrm{e}}-p_{\mathrm{wf},1}(M,N_M)\end{bmatrix} \tag{3-110}
$$

同理可得到边水油藏中射孔完井平面多分支井生产段沿程径向流量 q_{lr}（i，j）与流压 $p_{\mathrm{wf},1}$（i，j）（$1\leqslant i\leqslant M$，$1\leqslant j\leqslant N_i$）的渗流模型：

$$
\boldsymbol{A}^{(4)}\begin{bmatrix}\dfrac{q_{\mathrm{lr}}(1,1)}{n_{\mathrm{p1}}l_{\mathrm{p1}}\Delta L_1}\\ \dfrac{q_{\mathrm{lr}}(1,2)}{n_{\mathrm{p1}}l_{\mathrm{p1}}\Delta L_1}\\ \vdots\\ \dfrac{q_{\mathrm{lr}}(1,N_1)}{n_{\mathrm{p1}}l_{\mathrm{p1}}\Delta L_1}\\ \vdots\\ \dfrac{q_{\mathrm{lr}}(M,N_M)}{n_{\mathrm{p}M}l_{\mathrm{p}M}\Delta L_M}\end{bmatrix}=\frac{4\pi\sqrt{K_{\mathrm{h}}K_{\mathrm{v}}}}{\mu_{\mathrm{o}}}\begin{bmatrix}p_{\mathrm{e}}-p_{\mathrm{wf},1}(1,1)\\ p_{\mathrm{e}}-p_{\mathrm{wf},1}(1,2)\\ \vdots\\ p_{\mathrm{e}}-p_{\mathrm{wf},1}(1,N_1)\\ \vdots\\ p_{\mathrm{e}}-p_{\mathrm{wf},1}(M,N_M)\end{bmatrix} \tag{3-111}
$$

3）平面多分支井多段流动耦合一体化模型

平面多分支井生产时（如图 3－23 所示），各分支井眼生产段近井油藏地带渗流与井筒内变质量管流存在耦合作用，而且各分支井眼生产段位于同一层油藏，在近井油藏地带存在势的干扰；平面多分支井各分支非生产段多相管流之间还在汇流点处存在流动干扰。也就是说平面多分支井不仅存在分支间生产段的流动干扰，还存在分支非生产段间的汇流干扰，因此流动耦合模型应该考虑近井油藏渗流、分支井眼生产段变质量管流以及非生产段多相管流的相互影响。

（1）不同完井方式下平面多分支井多段耦合流动模型。

平面多分支井分支井眼内流体在流向主井眼井底的过程中进行了汇流，由于所有分支处于同一层油藏，因此这里认为分支井眼汇流时流体性质一样。另外，在建立分支井眼汇流模型时进行了以下的基本假设：

①分支汇流为两分支的汇流，即具有 M 分支的平面多分支井需要经过 $M-1$ 次汇流；

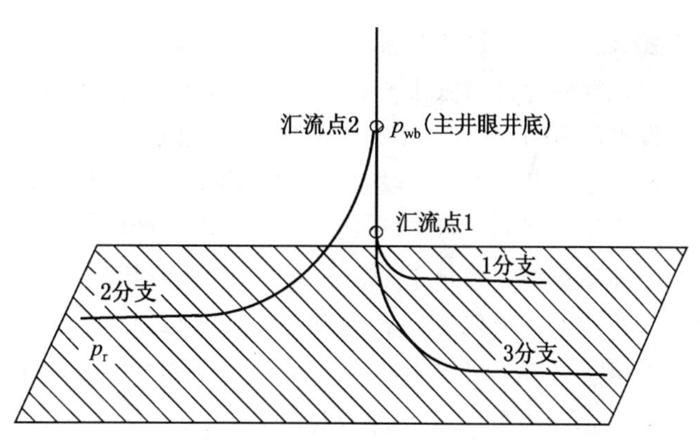

图 3－23　平面多分支井耦合流动系统示意图

②汇流点处分支井眼多相流处理为均相流，即不考虑混相损失；

③假设分支井眼流体汇流前后的温度变化为瞬态变化（即温度变化瞬间完成，与汇流的过程无关），即分支井眼汇流为等温流动；

④假设分支井眼的汇流为点汇流，即忽略汇流前后流动长度上的压差损失。

设分支井眼直径为 d_{b1} 和 d_{b2}，汇流前流量分别为 q_{b1} 和 q_{b2}，端面压力为 p_{b1} 和 p_{b2}，汇流后流量为 q_a，主井眼直径为 d_a，端面压力为 p_a（如图 3－24 所示）。

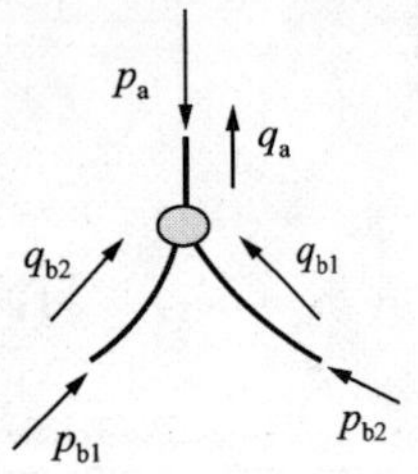

由工程流体力学可知，圆管汇流时分支管流向主圆管的能量公式为：

$$\frac{p_{b1}}{\rho}+\frac{8q_{b1}^2}{\pi^2 d_{b1}^4}=\frac{p_a}{\rho}+\frac{8q_a^2}{\pi^2 d_a^4}+\lambda_{b1}\frac{l_{b1}}{d_{b1}}\frac{8q_{b1}^2}{\pi^2 d_{b1}^4}+\lambda_a\frac{l_a}{d_a}\frac{8q_a^2}{\pi^2 d_a^4}+h_{vb1a}$$
$$\frac{p_{b2}}{\rho}+\frac{8q_{b2}^2}{\pi^2 d_{b2}^4}=\frac{p_a}{\rho}+\frac{8q_a^2}{\pi^2 d_a^4}+\lambda_{b2}\frac{l_{b2}}{d_{b2}}\frac{8q_{b2}^2}{\pi^2 d_{b2}^4}+\lambda_a\frac{l_a}{d_a}\frac{8q_a^2}{\pi^2 d_a^4}+h_{vb2a} \tag{3-112}$$

图 3－24　分支汇流示意图

式中，h_{vb1a} 和 h_{vb2a} 分别为由分支井眼汇流时所产生的合流损失，可表示为：

$$h_{vb1a}=\xi_{b1a}\frac{8q_a^2}{\pi^2 d_a^4},\quad h_{vb2a}=\xi_{b2a}\frac{8q_a^2}{\pi^2 d_a^4} \tag{3-113}$$

式中　ξ_{b1a}，ξ_{b2a}——进口损失系数，无因次。

$$\xi_{b1a}=\left(1-\frac{d_{b1}^2}{d_a^2}\right)^2,\quad \xi_{b2a}=\left(1-\frac{d_{b2}^2}{d_a^2}\right)^2$$

由于忽略汇流前后流动长度上的压差损失，即

$$\lambda_a\frac{l_a}{d_a}\frac{8q_a^2}{\pi^2 d_a^4}\approx 0,\quad \lambda_{b1}\frac{l_{b1}}{d_{b1}}\frac{8q_{b1}^2}{\pi^2 d_{b1}^4}\approx 0,\quad \lambda_{b1}\frac{l_{b1}}{d_{b1}}\frac{8q_{b1}^2}{\pi^2 d_{b1}^4}\approx 0$$

又 $q_a=q_{b1}+q_{b2}$

故式（3－112）变形并整理可得

$$\Delta p_{b1a}=p_{b1}-p_a=1.0858\times 10^{-14}\rho\left\{\left[1+\left(1-\frac{d_{b1}^2}{d_a^2}\right)^2\right]\frac{(q_{b1}+q_{b2})^2}{d_a^4}-\frac{q_{b1}^2}{d_{b1}^4}\right\}$$
$$\Delta p_{b2a}=p_{b2}-p_a=1.0858\times 10^{-14}\rho\left\{\left[1+\left(1-\frac{d_{b2}^2}{d_a^2}\right)^2\right]\frac{(q_{b1}+q_{b2})^2}{d_a^4}-\frac{q_{b2}^2}{d_{b2}^4}\right\} \tag{3-114}$$

式（3－114）即为平面多分支井分支井眼汇流模型。

(2) 裸眼完井方式下平面多分支井多段耦合流动模型。

设平面 M 分支井的第 i 分支井眼生产段长为 L_i，相应划分为 N_i 个微元段，近井油藏向第 i 分支井眼生产段第 j 段微元段井筒的径向流入量为 q_{lr}（i，j）（$1\leqslant i\leqslant M$，$1\leqslant j\leqslant N_i$），中点处流压为 $p_{wf,1}$（i，j）；第 i 分支井眼生产段第 j 段微元段井筒内沿程流量为 q_{ll}（i，j）。

在油藏参数、流体参数以及井眼数据已知的情况下，分别代表不同类型油藏中平面多分支井生产段的渗流模型可表示为含有流量 q_{lr}（i，j）与流压 $p_{wf,1}$（i，j）（$1\leqslant i\leqslant M$，$1\leqslant j\leqslant N_i$）共 2（$M\times N_i$）个未知量、（$M\times N_i$）个方程组成的方程组：

$$F_{ol1}[q_{lr}(i,j),p_{wf,1}(i,j)]=0\qquad(1\leqslant i\leqslant M,1\leqslant j\leqslant N_i) \tag{3-115}$$

平面多分支井分支井眼生产段井筒沿程流量符合以下关系式：

$$q_{ll}(i,j)=\sum_{k=j}^{N_i}q_{lr}(i,k) \tag{3-116}$$

平面多分支井分支井眼流量之和即为全井产量 Q_l：

$$Q_l=\sum_{i=1}^{M}\sum_{k=1}^{N_i}q_{lr}(i,k) \tag{3-117}$$

平面多分支井分支井眼生产段井筒沿程流压符合以下关系式：

$$p_{wf,1}(i,j)=p_{wf,1}(i,j-1)+0.5(\Delta p_{wf,1}(i,j-1)+\Delta p_{wf,1}(i,j)) \quad (1\leqslant i\leqslant M,2\leqslant j\leqslant N_i+1) \tag{3-118}$$

式中，$p_{wf,1}$（i，1）= p_{wf}（i）+0.5$\Delta p_{wf,1}$（i，1），其中 p_{wf}（i）为第 i 分支井眼生产段跟端流压，MPa；$\Delta p_{wf,1}$（i，j）为第 i 分支井眼生产段第 j 段微元段的压降损失，MPa，$\Delta p_{wf,1}$（i，$N+1$）= 0。

将式（3-116）代入式（3-118）整理可以得到第 i 分支井眼生产段第 j 段微元段的压降损失分析模型：

$$\Delta p_{wf,1}(i,j)=\frac{\rho L_i}{N_i}\left\{\frac{2.7146\times10^{-14}}{D_i^5}\left[f_{2i,j}\phi+f_{i,j1}(1-\phi)\right]\cdot\left[2\sum_{k=j}^{N_i}q_r(i,k)-q_r(i,j)\right]^2+\frac{g\cos\theta_i}{10^3}\right.$$
$$\left.+\frac{2.1717\times10^{-13}}{D^4}q_r(i,j)\left[2\sum_{k=i}^{N}q_r(i,k)-q_r(i,j)\right]\right\} \quad (1\leqslant i\leqslant M,1\leqslant j\leqslant N_i) \tag{3-119}$$

第 i 分支井眼生产段跟端流压 p_{wf}（i）则需通过各分支井眼垂直段压降分析模型、弯曲段压降分析模型以及分支井眼汇流模型联立求解：

$$p_{wf}(i)=p_{wb}-\Delta p_{vi}-\sum_{k=i+1}^{M-1}\Delta p_{ba}(k)-\Delta p_{bi} \quad (1\leqslant i\leqslant M) \tag{3-120}$$

式中 p_{wb}——平面多分支井主井眼井底流压，MPa；

Δp_{vi}——第 i 分支井眼垂直段压降损失，MPa；

$\sum_{k=i+1}^{M-1}\Delta p_{ba}$（$k$）——第 i 分支井眼井筒内流体经过 $M-i-1$ 次汇流后产生的压降损失，MPa；

Δp_{bi}——第 i 分支井眼弯曲段压降损失，不同曲率半径具有相应的计算模型，MPa。

可以得到未知量为 q_{lr}（i，j）流压 $p_{wf,1}$（i，j）（$1\leqslant i\leqslant M$，$1\leqslant j\leqslant N_i$）共 2（$M\times N_i$）个未知量、（$M\times N_i$）个方程组成的方程组：

$$F_{ol2}\left[q_{lr}(i,j),p_{wf,1}(i,j)\right]=0 \quad (1\leqslant i\leqslant M,1\leqslant j\leqslant N_i) \tag{3-121}$$

式（3-115）和式（3-121）共有 2（$M\times N_i$）个方程、2（$M\times N_i$）个未知量即为裸眼完井方式下平面多分支井多段流动耦合的一体化模型。

（3）射孔完井方式下平面多分支井多段耦合流动模型。

平面多分支井生产时，分支井眼生产段与油藏通过孔眼接触，油藏流体流入生产段上的射孔孔眼并汇流入分支井筒，同时井筒内还存在沿井筒流动长度方向的流动（一般称为主流或轴向流），各分支井眼上的射孔孔眼在油藏中相互干扰，而分支井眼井筒内流体和孔眼内流体同样存在干扰现象，分支井眼非生产段——弯曲段和垂直段的多相管流之间通过汇流也存在相互影响，因此射孔孔眼、分支井眼井筒内的流动、弯曲段和垂直段的多相管流与近井油藏渗流形成多元耦合流动。

与裸眼完井方式下平面多分支井多段耦合流动模型建立思想类似，在油藏参数、流体参数以及井眼数据已知的情况下，分别代表封闭边界油藏、底水油藏以及边水油藏平面多分支井生产段的渗流模型可表示为含有流量 q_{lr}（i，j）与流压 $p_{wf,1}$（i，j）（$1\leqslant i\leqslant M$，$1\leqslant j\leqslant N_i$）共 2（$M\times N_i$）个未知量、（$M\times N_i$）个方程组成的方程组：

$$F_{pl1}[q_{lr}(i,j),p_{wf,1}(i,j)]=0 \qquad (1\leqslant i\leqslant M,1\leqslant j\leqslant N_i) \tag{3-122}$$

整理可以得到第 i 分支井眼生产段第 j 段微元段的压降损失分析模型：

$$\Delta p_{wf,1}(i,j)=\frac{3.5215\times 10^{-13}\rho q_{lr}(i,j)}{D_i^5\Delta L_i n_{pi}}\sum_{j=1}^{M_{per}}\left[2\sum_{k=i}^{N_i}q_{lr}(i,k)+\frac{q_{lr}(i)}{\Delta L_i n_{pi}}(2j-1)\right]+\frac{\rho g\Delta L_i\cos\theta_{i,j}}{10^3}$$

$$+\sum_{j=1}^{M_{per}}[\Delta p_{mix}(i,j)]+\frac{0.543\times 10^{-13}\rho}{n_{pi}D_i^5}\cdot\sum_{j=1}^{M_{per}}\left[f_{fric}(i,j)\cdot\left[2\sum_{k=i}^{N_i}q_{lr}(i,k)+\frac{q_{lr}(i,j)}{\Delta L_i n_{pi}}(2j-1)\right]\right]$$

$$(1\leqslant i\leqslant M,1\leqslant j\leqslant N_i) \tag{3-123}$$

则可以得到未知量为 q_{lr}（i，j）流压 $p_{wf,1}$（i，j）（$1\leqslant i\leqslant M$，$1\leqslant j\leqslant N_i$）共 2（$M\times N_i$）个未知量、（$M\times N_i$）个方程组成的方程组：

$$F_{pl2}[q_{lr}(i,j),p_{wf,1}(i,j)]=0 \qquad (1\leqslant i\leqslant M,1\leqslant j\leqslant N_i) \tag{3-124}$$

式（3-122）和式（3-124）共有 2（$M\times N_i$）个方程、2（$M\times N_i$）个未知量即为射孔完井方式下平面多分支井多段流动耦合的一体化模型。

(4) 割缝筛管完井方式下平面多分支井多段耦合流动模型。

割缝筛管完井方式下平面多分支井生产段的近井油藏渗流模型与裸眼完井方式下平面多分支井生产段的近井油藏渗流模型相同。

与裸眼完井方式下平面多分支井多段耦合流动模型建立思想类似，在油藏参数、流体参数以及井眼数据已知的情况下，平面多分支井生产段渗流模型可表示为含有流量 q_{lr}（i，j）与流压 $p_{wf,1}$（i，j）（$1\leqslant i\leqslant M$，$1\leqslant j\leqslant N_i$）共 2（$M\times N_i$）个未知量、（$M\times N_i$）个方程组成的方程组：

$$F_{sl1}[q_{lr}(i,j),p_{wf,1}(i,j)]=0 \qquad (1\leqslant i\leqslant M,1\leqslant j\leqslant N_i) \tag{3-125}$$

整理可以得到第 i 分支井眼生产段第 j 段微元段的压降损失分析模型：

$$\Delta p_{wf,1}(i,j)=\frac{5.9866\times 10^{-13}\rho L_{gfi}q_{lr}(i,j)}{D_i^5\Delta L_i}\sum_{j=1}^{p_{gf}}\left[2\sum_{k=i}^{N_i}q_{lr}(i,k)+\frac{1.7L_{gfi}q_{lr}(i,j)}{\Delta L_i}(2j-1)\right]$$

$$+\frac{\rho g\Delta L_i\cos\theta_{i,j}}{10^3}+\frac{0.9231\times 10^{-13}L_{gfi}\rho}{\Delta L_i D^5}\cdot\sum_{j=1}^{p_{gf}}\left\{f_{fric}(i,j)\cdot\right.$$

$$\left.\left[2\sum_{k=i}^{N_i}q_{lr}(i,k)+\frac{1.7L_{gfi}q_{lr}(i,j)}{\Delta L_1}(2j-1)\right]\right\} \qquad (1\leqslant i\leqslant M,1\leqslant j\leqslant N_i) \tag{3-126}$$

可以得到未知量为 q_{lr}（i，j）流压 $p_{wf,1}$（i，j）（$1\leqslant i\leqslant M$，$1\leqslant j\leqslant N_i$）共 2（$M\times N_i$）个未知量、（$M\times N_i$）个方程组成的方程组：

$$F_{sl2}[q_{lr}(i,j),p_{wf,1}(i,j)]=0 \qquad (1\leqslant i\leqslant M,1\leqslant j\leqslant N_i) \tag{3-127}$$

式（3-126）和式（3-127）共有 2（$M\times N_i$）个方程、2（$M\times N_i$）个未知量即为割缝筛管完井方式下平面多分支井多段流动耦合的一体化模型。

4. 空间多分支井多段流动耦合一体化模型

空间多分支井的流动系统与平面多分支井流动系统的最大不同之处就在于空间多分支井的各分支井眼生产段接触不同性质的油藏（图 3-26），分支井眼内流体在流向主井眼井底的过程中进行了汇流，汇流时各分支井眼相互干扰（延伸到油层即是所谓的层间干扰）。

1) 空间多分支井分支井眼汇流模型

由于各分支井眼中流体的性质存在差异，因此汇流后流体性质很难通过理论解决，因此主井眼的流体性质参数还需通过现场试井得到。在处理各分支井眼的汇流时，对主井眼流体参数进行了简化处理。

另外，在建立各分支井眼汇流模型时进行了以下的基本假设：

分支井眼的汇流为两分支汇流，则对于具有 M 分支的空间多分支井而言，最下部分支井眼流体流入主井眼井底时需要进行 $M-1$ 次汇流（图 3－25）。

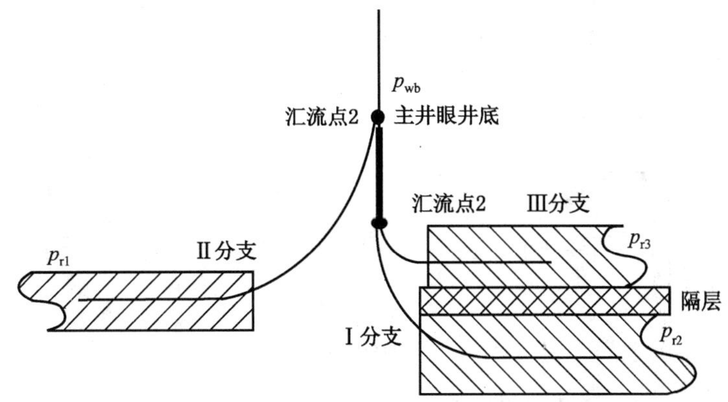

图 3－25　空间多分支井多段流动耦合示意图

求解节点处各分支井眼多相流处理为均相流，即不考虑混相损失。

假设各分支井眼流体汇流前后的温度变化为瞬态变化（即温度变化瞬间完成，与汇流的过程无关），汇流点处的各分支井眼的汇流近视为等温下的流动。

假设各分支井眼在求解节点处的汇流为点汇流，即忽略求解节点处汇流前后流动长度上的压差损失。

（1）分支井眼汇流处的混相问题（简化为均相模型处理）。

假定分支井眼流体从汇流前的温度 T_{bi} 达到同一温度 T_a，相应地各流体参数（密度、黏度等）从 T_{bi} 向 T_a 进行调整。

均相模型就是将两相混合物看成均匀介质，其流动参数取两相相应参数的体积或重量平均值。各分支井眼的混合瞬间完成，即不存在混相损失。因此，分支井眼流体汇流后主井眼流体的密度和黏度等流体参数按体积加权处理。

$$\rho_a = \frac{\rho_{b1} Q_{b1} + \rho_{b2} Q_{b2}}{Q_{b1} + Q_{b2}}, \quad \mu_a = \frac{\mu_{b1} Q_{b1} + \mu_{b2} Q_{b2}}{Q_{b1} + Q_{b2}} \tag{3-128}$$

式中　μ_{b1} 和 μ_{b2}——分支井眼汇流前黏度，mPa·s；

μ_a——分支井眼汇流后黏度，mPa·s；

ρ_{b1} 和 ρ_{b2}——分支井眼汇流前密度，$10^3 kg/m^3$；

ρ_a——分支井眼汇流后密度，$10^3 kg/m^3$。

（2）分支井眼汇流模型。

与平面多分支井分支井眼汇流模型建立相似，只是各分支井眼内流体性质不完全一样。空间多分支井分支井眼汇流时的能量公式为：

$$\begin{aligned} \frac{p_{b1}}{\rho_{b1}} + \frac{v_{b1}^2}{2} &= \frac{p_a}{\rho_a} + \frac{v_a^2}{2} + \lambda_{b1} \frac{l_{b1}}{d_{b1}} \frac{v_{b1}^2}{2} + \lambda_a \frac{l_a}{d_a} \frac{v_a^2}{2} + h_{vb1a} \\ \frac{p_{b2}}{\rho_{b2}} + \frac{v_{b2}^2}{2} &= \frac{p_a}{\rho_a} + \frac{v_a^2}{2} + \lambda_{b2} \frac{l_{b2}}{d_{b2}} \frac{v_{b2}^2}{2} + \lambda_a \frac{l_a}{d_a} \frac{v_a^2}{2} + h_{vb2a} \end{aligned} \tag{3-129}$$

式中，h_{vb1a}和h_{vb2a}为由分支井眼汇流时所产生的合流损失，可表示为：

$$h_{vb1a}=\left(1-\frac{d_{b1}^2}{d_a^2}\right)^2\frac{v_a^2}{2},\quad h_{vb2a}=\left(1-\frac{d_{b2}^2}{d_a^2}\right)^2\frac{v_a^2}{2} \tag{3-130}$$

由于忽略求解节点处汇流前后流动长度上的压差损失，即

$$\lambda_a\frac{l_a}{d_a}\frac{8q_a^2}{\pi^2 d_a^4}\approx 0,\quad \lambda_{b1}\frac{l_{b1}}{d_{b1}}\frac{8q_{b1}^2}{\pi^2 d_{b1}^4}\approx 0,\quad \lambda_{b1}\frac{l_{b1}}{d_{b1}}\frac{8q_{b1}^2}{\pi^2 d_{b1}^4}\approx 0$$

又 $v^2=\dfrac{16q^2}{\pi^2 d^4}$，$q_a=q_{b1}+q_{b2}$以及 $\rho_{ai}=\dfrac{\rho_i Q_i+\rho_{i+1}Q_{i+1}}{Q_i+Q_{i+1}}$

故式（3－128）变形为：

$$p_{b1}=\rho_{b1}\left\{\frac{p_a(q_{b1}+q_{b2})}{\rho_{b1}q_{b1}+\rho_{b2}q_{b2}}+1.0858\times10^{-13}\left\{\frac{(q_{b1}+q_{b2})^2}{d_a^4}\left[1+\left(1-\frac{d_{b1}^2}{d_a^2}\right)^2\right]-\frac{q_{b1}^2}{d_{b1}^4}\right\}\right\}$$

$$p_{b2}=\rho_{b2}\left\{\frac{p_a(q_{b1}+q_{b2})}{\rho_{b1}q_{b1}+\rho_{b2}q_{b2}}+1.0858\times10^{-13}\left\{\frac{(q_{b1}+q_{b2})^2}{d_a^4}\left[1+\left(1-\frac{d_{b2}^2}{d_a^2}\right)^2\right]-\frac{q_{b2}^2}{d_{b2}^4}\right\}\right\}$$

$$(1\leqslant i\leqslant M) \tag{3-131}$$

式（3－131）即为空间多分支井分支井眼汇流模型。

2）空间多分支井多段耦合流动一体化模型

（1）裸眼完井方式下空间多分支井多段耦合流动一体化模型。

设空间M分支井的第i分支井眼生产段长为L_i，相应划分为N_i个微元段，近井油藏向第i分支井眼生产段第j段微元段井筒的径向流入量为q_{br}（i，j）（$1\leqslant i\leqslant M$，$1\leqslant j\leqslant N_i$），中点处流压为$p_{wf,b}$（$i$，$j$）；第$i$分支井眼生产段第$j$段微元段井筒内沿程流量为$q_{bl}$（$i$，$j$）。

由于空间多分支井各分支生产段井眼单独与油藏接触，因此可以借鉴常规水平井生产段耦合流动模型，在油藏参数、流体参数和井眼数据已知的情况下，空间多分支井第i分支井眼生产段的渗流模型为：

$$F_{ob1,i}[q_{lr}(i,j),p_{wf,1}(i,j)]=0\qquad(1\leqslant i\leqslant M,1\leqslant j\leqslant N_i) \tag{3-132}$$

空间多分支井第i分支井眼生产段井筒内沿程流压模型为：

$$F_{ob2,i}[q_{lr}(i,j),p_{wf,1}(i,j)]=0\qquad(1\leqslant i\leqslant M,1\leqslant j\leqslant N_i) \tag{3-133}$$

空间多分支井分支井眼各微元段流量之和即为全井产量Q_b：

$$Q_b=\sum_{i=1}^{M}\sum_{k=1}^{N_i}q_{br}(i,k) \tag{3-134}$$

第i分支井眼生产段跟端流压p_{wf}（i）则需通过各分支井眼垂直段压降分析模型式、弯曲段压降分析模型、中曲率为式和分支井眼汇流模型联立求解：

$$p_{wf}(i)=p_{wb}-\Delta p_{vi}-\sum_{k=i+1}^{M-1}\Delta p_{ba}(k)-\Delta p_{bi}\qquad(1\leqslant i\leqslant M) \tag{3-135}$$

式中　p_{wb}——主井眼井底流压，MPa；

Δp_{vi}——第i分支井眼垂直段压降损失，MPa；

$\sum\limits_{k=i+1}^{M-1}\Delta p_{ba}$（$k$）——第$i$分支井眼井筒内流体经过$M-i-1$次汇流后产生的压降损失，MPa；

Δp_{bi}——第i分支井眼弯曲段压降损失，不同曲率半径具有相应的计算模型，MPa。

式（3－132）、式（3－133）和式（3－135）即为裸眼完井方式下空间多分支井多段流

动耦合的一体化模型。

(2) 射孔完井方式下空间多分支井多段耦合流动一体化模型。

借鉴射孔完井方式下常规水平井生产段耦合流动模型，在油藏参数、流体参数和井眼数据已知的情况下，射孔完井空间多分支井第 i 分支井眼生产段的渗流模型为：

$$F_{\mathrm{pb1},i}[q_{\mathrm{lr}}(i,j), p_{\mathrm{wf,1}}(i,j)] = 0 \qquad (1 \leqslant i \leqslant M, 1 \leqslant j \leqslant N_i) \tag{3-136}$$

射孔完井空间多分支井第 i 分支井眼生产段井筒内沿程流压模型为：

$$F_{\mathrm{pb2},i}[q_{\mathrm{lr}}(i,j), p_{\mathrm{wf,1}}(i,j)] = 0 \qquad (1 \leqslant i \leqslant M, 1 \leqslant j \leqslant N_i) \tag{3-137}$$

第 i 分支井眼生产段跟端流压 p_{wf} (i) 同裸眼完井相同。

式 (3－135)、式 (3－136) 和式 (3－137) 即为射孔完井方式下空间多分支井多段流动耦合的一体化模型。

(3) 割缝筛管完井方式下空间多分支井多段耦合流动一体化模型。

借鉴割缝筛管完井方式下常规水平井生产段耦合流动模型，在油藏参数、流体参数和井眼数据已知的情况下，割缝筛管完井空间多分支井第 i 分支井眼生产段的渗流模型为：

$$F_{\mathrm{sb1},i}[q_{\mathrm{lr}}(i,j), p_{\mathrm{wf,1}}(i,j)] = 0 \qquad (1 \leqslant i \leqslant M, 1 \leqslant j \leqslant N_i) \tag{3-138}$$

割缝筛管完井空间多分支井第 i 分支井眼生产段井筒内沿程流压模型为：

$$F_{\mathrm{sb2},i}[q_{\mathrm{lr}}(i,j), p_{\mathrm{wf,1}}(i,j)] = 0 \qquad (1 \leqslant i \leqslant M, 1 \leqslant j \leqslant N_i) \tag{3-139}$$

第 i 分支井眼生产段跟端流压 p_{wf} (i) 同裸眼完井相同。

式 (3－135)、式 (3－138) 和式 (3－139) 即为割缝筛管完井方式下空间多分支井多段流动耦合的一体化模型。

5. 不同井网方式下复杂结构井产能评价方法

随着复杂结构井开发技术的日益发展，该项技术呈现出采用整体水平井井组或开发井网进行油气藏整体开发的重要特点和发展趋势，因此复杂结构井开发井网模式的研究就显得相对突出和迫切。

基于辽河油区目前应用较为广泛的井网形式，进行直井＋水平井和多分支井组合的井网流动特征研究，并建立典型井网方式下复杂结构井的流动模型。

1) 不同直井＋水平井组合的井网产能评价公式

(1) 五点井网产能评价公式。

中国石油大学（北京）曲德斌（采油井为水平井，注水井为直井），坐标变换为（图 3－26）：

$$x = Lch\xi\cos\eta, \quad y = Lch\xi\sin\eta$$

根据复位势及势叠加原理可以得到带状排液坑道中的势函数分布为：

$$\begin{aligned}\varphi(\xi,\eta) = {} & \frac{q_0}{2}\ln\frac{[\mathrm{ch}(\xi+\xi_0)-\cos(\eta-\eta_0)][\mathrm{ch}(\xi+\xi_0)-\cos(\eta+\eta_0)]}{[\mathrm{ch}(\xi-\xi_0)-\cos(\eta-\eta_0)][\mathrm{ch}(\xi-\xi_0)-\cos(\eta+\eta_0)]} \\ & + \frac{q_1}{2}\ln\frac{[\mathrm{ch}(\xi+\xi_1)-\cos(\eta-\eta_1)][\mathrm{ch}(\xi+\xi_1)-\cos(\eta+\eta_1)]}{[\mathrm{ch}(\xi-\xi_1)-\cos(\eta-\eta_1)][\mathrm{ch}(\xi-\xi_1)-\cos(\eta+\eta_1)]} + C\end{aligned} \tag{3-140}$$

其中 $q_i = Q_i/4\pi$ ($i=0$, 1)，Q_0 和 Q_1 分别为每口井流向排液坑道的流量，则水平井产量 $Q_h = 2$ ($Q_0 + Q_1$)。假设两口注水井井底压力相等，则可以由 (3－140) 式确定 Q_0/Q_1 的值。则考虑水平井局部渗流阻力时：

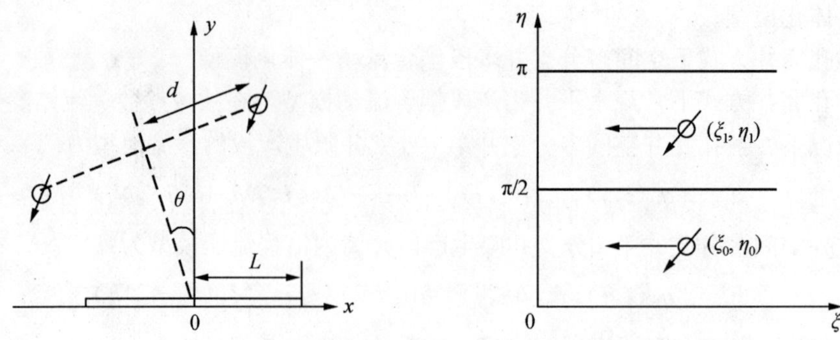

图 3-26　五点井网示意图

$$Q_h = \frac{2\pi K h \Delta p}{\mu\left[\dfrac{\ln D_0 + \dfrac{Q_1}{Q_0}\ln D_1}{4\left(1+\dfrac{Q_1}{Q_0}\right)} + \dfrac{h}{2L}\ln\left(\dfrac{h}{2\pi r_w}\right)\right]} \tag{3-141}$$

其中

$$D_0 = \frac{\mathrm{sh}^2\xi_0(\mathrm{sh}^2\xi_0 + \sin^2\eta_0)}{\mathrm{sh}^2\dfrac{\rho_w}{2}(\mathrm{sh}^2\dfrac{\rho_w}{2} + \sin^2\eta_0)}$$

$$D_1 = \frac{[\mathrm{ch}(\xi_0+\xi_1)-\cos(\eta_0-\eta_1)][\mathrm{ch}(\xi_0+\xi_1)-\cos(\eta_0+\eta_1)]}{[\mathrm{ch}(\xi_0-\xi_1)-\cos(\eta_0-\eta_1)][\mathrm{ch}(\xi_0-\xi_1)-\cos(\eta_0+\eta_1)]}$$

当 $\theta=0$ 时，即水平井平行于直井连线（交错排状注水方式），产量最大，而当 $\theta=\pi/4$ 时，即某一直井位于水平井延长线上（五点法面积注水井网），产量最小。

$$Q = \frac{2\pi K h \Delta p}{\mu\left(\dfrac{1}{4}\ln\dfrac{\sqrt{2}d}{r_w} + \ln\dfrac{2d}{L} + \dfrac{h}{2L}\ln\dfrac{h}{2\pi r_w}\right)} \tag{3-142}$$

大庆石油学院的贾振歧用应用保角变换法、势叠加原理等方法推出了五点井网的产能公式，假设有五点面积井网，4 口直井注水井呈正方形排列，井距为 $2d$，中央有 1 口长度为 $2l$ 的水平井采油井，井径均为 r_w：

$$Q_h = \frac{2\pi K h \Delta p}{\mu\left[\dfrac{1}{4}\ln\dfrac{\sqrt{2}d}{r_w} + \ln\dfrac{2d}{l} + \dfrac{h}{2l}\ln\dfrac{h}{2\pi r_w}\right]} \tag{3-143}$$

式中　Q_h——水平井的产量；

r_w——井筒的半径。

中国石油大学（北京）郎兆新教授等运用保角变换、镜像反映和势叠加原理等渗流理论，推导出稳定流状态下不同直井水平井联合井网的产量计算公式为：

$$Q = \frac{2\pi K h \Delta p}{\mu\left(\dfrac{1}{4}\ln\dfrac{\sqrt{2}d}{r_w} + \ln\dfrac{2d}{L} + \dfrac{h}{L}\ln\dfrac{h}{2\pi r_w}\right)} \tag{3-144}$$

曲德斌推导一般的正五点法直井水平井联合井网的产能公式：

$$Q=\frac{2\pi Kh\Delta p}{\mu\left(\frac{1}{4}\ln\frac{\sqrt{2}d}{r_w}+\ln\frac{2d}{L}+\frac{h}{2L}\ln\frac{h}{2\pi r_w}\right)} \tag{3-145}$$

姚约东分析了在面积注水单元（中心 1 口采油井、周围 4 口注水井）系统内，水平井的水平段长度为 $2L$，井距为 d。将其渗流区域分成两个不同的渗流阻力区，从注水井底到“供液坑道”的内部阻力区的渗流阻力可表示为：

$$R_1=\frac{\mu}{2\pi Kh}\ln\frac{\sqrt{2}d}{4r_w} \tag{3-146}$$

从“供液坑道”到水平采油井外部阻力区的渗流阻力表示为：

$$R_2=\frac{\mu}{2\pi Kh}\left(\frac{h}{2L}\ln\frac{h}{2\pi r_w}+\ln\frac{2\sqrt{2}d}{L}\right) \tag{3-147}$$

根据水电相似原理及欧姆定律，则可以得到产量公式：

$$Q=\frac{2\pi Kh\Delta p}{\mu\left[\ln\frac{\sqrt{2}d}{4r_w}+\frac{h}{2L}\ln\frac{h}{2\pi r_w}+\ln\frac{2\sqrt{2}d}{L}\right]} \tag{3-148}$$

大庆石油学院宋文玲、中国石化油田事业部周德华分别基于水电相似原理，运用等值渗流阻力法研究了不同井网条件下直井水平井联合开采问题，并推导出产能公式（见图 3－27）。

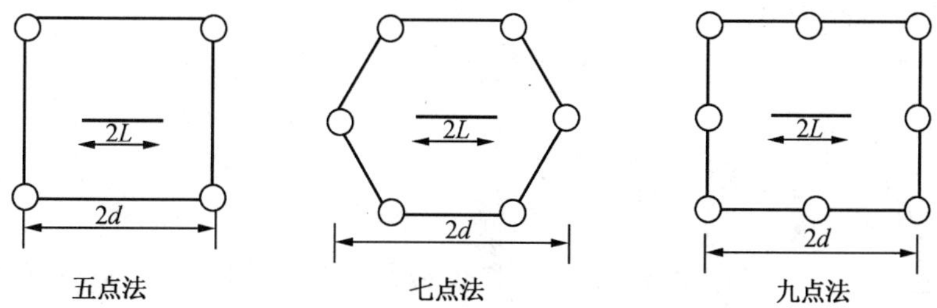

图 3－27　不同井网形式的示意图

宋文玲研究直井水平井联合井网的产能公式为：

$$Q=\frac{2\pi Kh\Delta p}{\mu\left[\frac{1}{m}\ln\frac{R_e}{jr_w}+\ln\frac{a+\sqrt{a^2-L^2}}{L}+\frac{h}{2L}\ln\frac{h}{2\pi r_w}\right]} \tag{3-149}$$

中国石化油田事业部周德华研究的五点井网产能公式为（见图 3－28）：

$$Q=\frac{2\pi Kh\Delta p}{\mu\left\{\ln\frac{\sqrt{2}d}{r_w}+\frac{1}{4}\left[\ln\left(\frac{a+\sqrt{a^2-L^2}}{L}\right)+\frac{h}{2L}\ln\left(\frac{h}{2\pi r_w}\right)\right]\right\}} \tag{3-150}$$

式中　a——椭圆渗流区的长半轴，m；

r_w——井筒半径，m；

L——水平井半长。

不同井网 m 和 j 取值有所不同：五点法，$m=1.0$，$j=4$；七点法，$m=2.0$，$j=6$；九点法，$m=3.0$，$j=8$。

（2）九点井网产能评价公式。

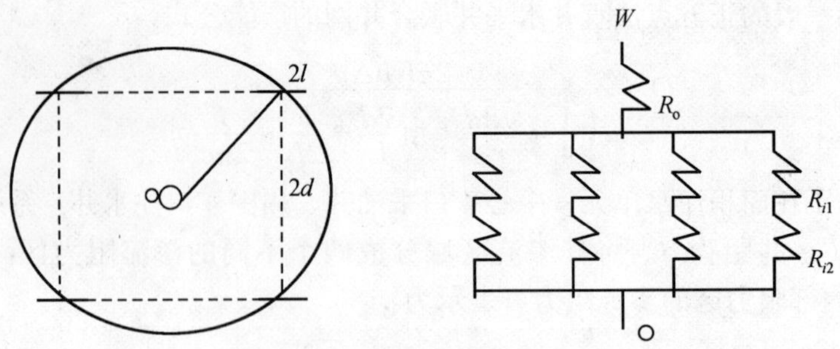

图 3-28　五点井网示意图

中国石化油田事业部周德华考虑面积井网条件下水平井和直井联合开采的情形，假定中心一口直井作为注入井，而周围部署 8 口水平井作为采油井。流体流动为单相稳定流，满足达西定律，孔隙介质为均匀介质。由等值渗流阻力法，得到了九点井网的产能公式：

$$Q_h = \frac{2\pi Kh\Delta p}{\mu\left[\ln\frac{4d_2}{\pi r_w} + \frac{1}{8}\left(\ln\left(\frac{8d^2}{l\pi}\right) + \frac{h}{2l}\ln\left(\frac{h}{2\pi r_w}\right)\right)\right]} \tag{3-151}$$

式中　Q_h——开发单元水平井的产量；

Δp——生产压差；

h——油层的厚度；

K——油层的有效渗透率；

l——水平井的半长；

r_w——油井的半径；

d_2——水平井间的井距；

μ——流体的黏度。

从基本的渗流理论（保角变换、镜像反映、势叠加原理等理论）出发，推导了 3 种水平井九点井网的产能计算公式（图 3-29）。

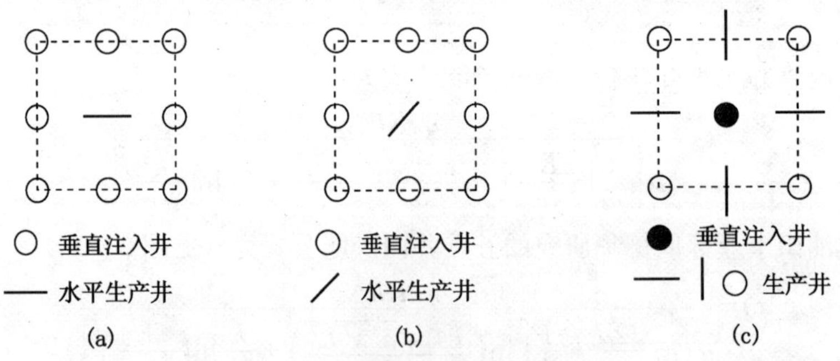

图 3-29　3 种水平井九点法井网示意图

(a) 水平井正对式九点井网；(b) 水平井斜对式九点井网；

(c) 水平井斜对式反九点井网

井网的保角变换示意图如图 3-30 所示：

水平井的产量计算公式为：

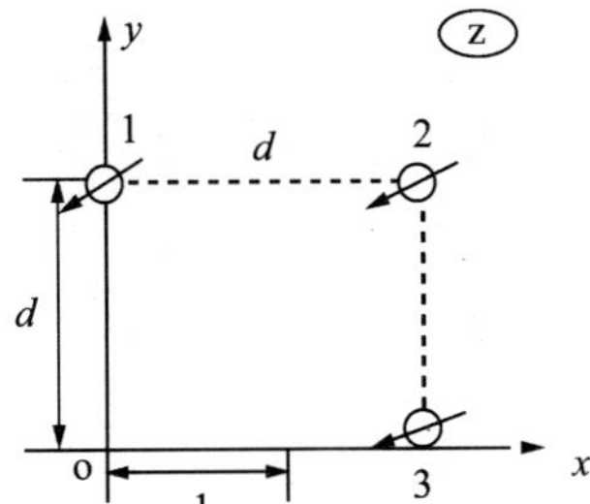

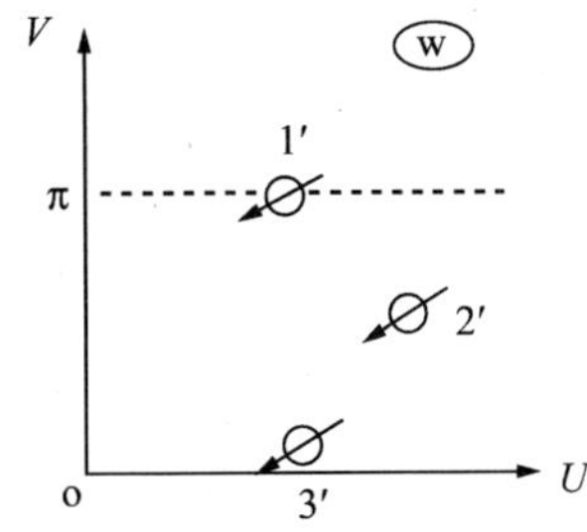

图 3-30　保角变换示意图

$$Q_z = \frac{4\pi Kh\Delta p/\mu}{\dfrac{c^2 - ab}{a + 2b - 3c} + \dfrac{h}{4l}\ln\left(\dfrac{h}{2\pi R_w}\right)} \tag{3-152}$$

其中，

$$a = \ln\left[\frac{R_w}{\lambda l(\lambda^4 - 1)}\right]$$

$$b = \ln\left[\frac{\sqrt{2}R_w}{2\lambda l(4\lambda^4 + 1)}\right]$$

$$c = \ln\left(\frac{8\lambda^4 - 3 - 8\lambda^2\sqrt{\lambda^4 - 1}}{5}\right)$$

λ 为穿透比，$\lambda = d/l$。

利用相同的方法，推导出的图（3-29）(b）的水平井井网产能公式为：

$$Q_x = \frac{4\pi Kh\Delta p/\mu}{\dfrac{c^2 - ab}{a + 2b - 3c} + \dfrac{h}{4l}\ln\left(\dfrac{h}{2\pi R_w}\right)} \tag{3-153}$$

其中，

$$a = \ln\left[\frac{\pi R_w}{2\lambda l(4\lambda^4 - 1)}\right]$$

$$b = \ln\left[\frac{R_w}{\lambda l(4\lambda^4 + 1)}\right]$$

$$c = \ln\left(\frac{8\lambda^4 - 3 - 8\lambda^2\sqrt{\lambda^4 - 1}}{5}\right)$$

推导出的图（3-29）(c）的水平井井网产能公式为：

$$Q = \frac{4\pi Kh\Delta p/\mu}{\dfrac{c^2 - ab}{a - c} + \dfrac{h}{2l}\ln\left(\dfrac{h}{2\pi R_w}\right)} \tag{3-154}$$

其中，

$$a = \ln\left[\frac{R_w}{2\lambda l(4\lambda^4 - 1)}\right]$$

$$b = \ln\left[\frac{R_w}{2\lambda l(\lambda^2 + 1)}\right]$$

$$c = \ln(\lambda^2 - \sqrt{\lambda^4 - 1})$$

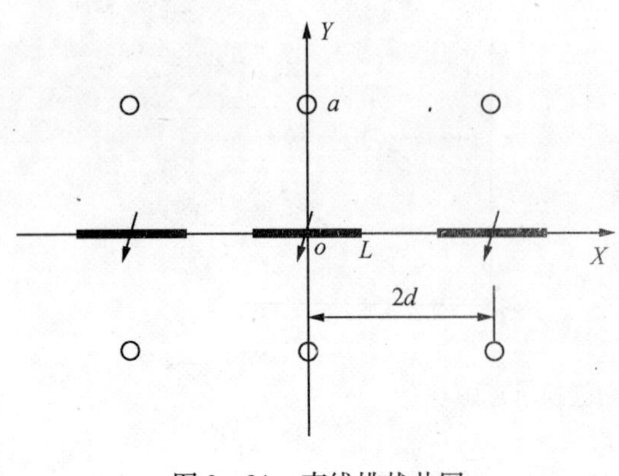

图 3-31 直线排状井网

(3) 直线排状联合井网产能公式。

利用无限井排势理论推导直线排状井网产能公式。如图 3-31 所示，从井网系统中任意选取一排水平注水井，与其相距 a 处各有一排垂直采油井排，每个井排均有 $2n+1$ 口井。

利用势的叠加原理可推得直线排状井网平均单井产能公式：

$$Q_o = \frac{4\pi K h \Delta p}{\mu B_o\left(R + \frac{h}{2l}\ln\frac{h}{2\pi r_w}\right)} \tag{3-155}$$

其中，

$$R = \left\{\ln\left(\frac{\mathrm{ch}\frac{\pi a}{d} - 1}{1-\cos\frac{\pi R_w}{d}}\right) + 2\mathrm{arch}\left[1+\frac{a^2}{l^2}\right]^{\frac{1}{2}}\right.$$

$$+2\sum_{i=1}^{n}\left\{\mathrm{arch}\frac{1}{\sqrt{2}}\left[1+\frac{(2id)^2}{l^2}+\frac{a^2}{l^2}+\sqrt{\left(1+\frac{(2id)^2}{l^2}+\frac{a^2}{l^2}\right)^2-\frac{4(2id)^2}{l^2}}\right]^{\frac{1}{2}}\right.$$

$$\left.-\mathrm{arch}\frac{1}{\sqrt{2}}\left[1+\frac{(2id)^2}{l^2}+\frac{R_w^2}{l^2}+\sqrt{\left(1+\frac{(2id)^2}{l^2}+\frac{R_w^2}{l^2}\right)^2-\frac{4(2id)^2}{l^2}}\right]^{\frac{1}{2}}\right\}$$

由于直线排状井网注采井数比为 1∶1，在注采平衡稳定流条件下水井注入量与油井采出量相同，因此也可用于直井注水水平井采油的情况。

2) 水平井井网产能研究

随着水平井技术的迅速发展，水平井应用已由单水平井、水平井与直井联合布井发展到油水井都是水平井的井网形式。针对目前水平井井网部署时常用的直线排状井网和交错排状井网，推导了相应的产能公式。

(1) 交错排状井网产能公式。

如图 3-32 所示的是水平井注水水平井采油的交错排状井网。假设水平段长度相等均为 $2l$，油层厚度为 h，水平井都处于油层中部的同一水平面上，井距为 $2a$，排距为 b，水平井产量和注水量都为 Q。采用保角变换、势的叠加理论及拟三维的思想，可推得水平井井网的产量。

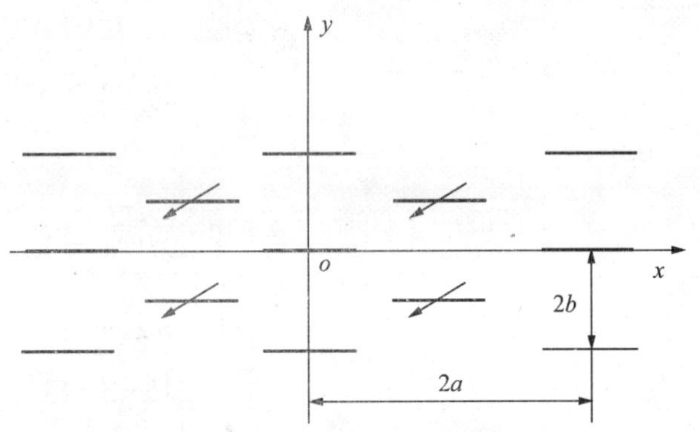

图 3-32 水平井注水水平井采油的交错排状井网

由保角变换和势叠加理论可推导出地层中一排水平井在平面上势的分布：

$$\Phi(x',y') = \frac{Q}{2\pi h}\mathrm{arch}\left\{\frac{1}{\sqrt{2}\sin\frac{\pi l}{2a}}\left[\sin^2\frac{\pi l}{2a}+\mathrm{ch}^2\frac{\pi y}{2a}-\cos^2\frac{\pi x}{2a}\right.\right.$$

$$\left.\left.+\sqrt{\left[\sin^2\frac{\pi l}{2a}+\mathrm{ch}^2\frac{\pi y}{2a}-\cos^2\frac{\pi x}{2a}\right]^2-4\sin^2\frac{\pi l}{2a}\sin^2\frac{\pi x}{2a}\mathrm{ch}^2\frac{\pi y}{2a}}\right]^{\frac{1}{2}}\right\}+c \tag{3-156}$$

将坐标平移可得任意一排水平井在平面上势的分布，则无限生产井排在平面上的势分布为：

$$\Phi_{\mathrm{p}}(x',y'')=\sum_{-\infty}^{+\infty}\frac{Q}{2\pi h}\operatorname{arch}\left\{\frac{1}{\sqrt{2}\sin\frac{\pi l}{2a}}\left[\sin^2\frac{\pi l}{2a}+\operatorname{ch}^2\frac{\pi(y-2nb)}{2a}-\cos^2\frac{\pi x}{2a}\right.\right.$$

$$\left.\left.+\sqrt{\left[\sin^2\frac{\pi l}{2a}+\operatorname{ch}^2\frac{\pi(y-2nb)}{2a}-\cos^2\frac{\pi x}{2a}\right]^2-4\sin^2\frac{\pi l}{2a}\sin^2\frac{\pi x}{2a}ch^2\frac{\pi(y-2nb)}{2a}}\right]^{\frac{1}{2}}\right\}+c \tag{3-157}$$

无限注水井排在平面上的势为：

$$\Phi_i(x',y')=\sum_{-\infty}^{+\infty}\frac{-Q}{2\pi h}\operatorname{arch}\left\{\frac{1}{\sqrt{2}\sin\frac{\pi l}{2a}}\left[\sin^2\frac{\pi l}{2a}+\operatorname{ch}^2\frac{\pi[y-(2n+1)b]}{2a}\right.\right.$$

$$\left.\left.-\cos^2\frac{\pi(x-a)}{2a}+\sqrt{m_1+m_2}\right]^{\frac{1}{2}}\right\}+c \tag{3-158}$$

其中 $m_1=\left[\sin^2\frac{\pi l}{2a}+\operatorname{ch}^2\frac{\pi[y-(2n+1)b]}{2a}-\cos^2\frac{\pi(x-a)}{2a}\right]^2$

$$m_2=-4\sin^2\frac{\pi l}{2a}\sin^2\frac{\pi(x-a)}{2a}\operatorname{ch}^2\frac{\pi[y-(2n+1)b]}{2a}$$

地层中任意一点的势为无限注水井井排与生产井井排势的叠加：

$$\Phi(x',y')=\Phi_i(x',y')+\Phi_{\mathrm{p}}(x',y') \tag{3-159}$$

任取相邻两口注水井与生产井井底势差可确定平面内水平井的渗流阻力和流量。对于生产井的（0，0）点和注水井的（a'，b'）点，将坐标代入注水井井排和生产井井排势分布公式，再根据（3-159）式，最后可得：

$$\Delta\Phi=\frac{Q}{\pi h}\left\{\operatorname{arch}\frac{\operatorname{ch}\frac{\pi b}{2a}}{\sin\frac{\pi l}{2a}}+\sum_{n=1}^{+\infty}\left[\operatorname{arch}\frac{\operatorname{ch}\frac{(2n-1)\pi b}{2a}}{\sin\frac{\pi l}{2a}}+\operatorname{arch}\frac{\operatorname{ch}\frac{(2n+1)\pi b}{2a}}{\sin\frac{\pi l}{2a}}-2\operatorname{arsh}\frac{\operatorname{sh}\frac{n\pi b}{a}}{\sin\frac{\pi l}{2a}}\right]\right\} \tag{3-160}$$

$$Q=\frac{\pi Kh\Delta p}{\mu\left\{\operatorname{arch}\frac{\operatorname{ch}\frac{\pi b}{2a}}{\sin\frac{\pi l}{2a}}+\sum_{n=1}^{+\infty}\left[\operatorname{arch}\frac{\operatorname{ch}\frac{(2n-1)\pi b}{2a}}{\sin\frac{\pi l}{2a}}+\operatorname{arch}\frac{\operatorname{ch}\frac{(2n+1)\pi b}{2a}}{\sin\frac{\pi l}{2a}}-2\operatorname{arsh}\frac{\operatorname{sh}\frac{n\pi b}{a}}{\sin\frac{\pi l}{2a}}\right]\right\}} \tag{3-161}$$

考虑水平井井筒周围的渗流阻力，然后将产量换算为地面产量，可得：

$$Q=\frac{\pi Kh\Delta p}{\mu B_{\mathrm{o}}\left\{\operatorname{arch}\frac{\operatorname{ch}\frac{\pi b}{2a}}{\sin\frac{\pi l}{2a}}+\sum_{n=1}^{+\infty}\left[\operatorname{arch}\frac{\operatorname{ch}\frac{(2n-1)\pi b}{2a}}{\sin\frac{\pi l}{2a}}+\operatorname{arch}\frac{\operatorname{ch}\frac{(2n+1)\pi b}{2a}}{\sin\frac{\pi l}{2a}}-2\operatorname{arsh}\frac{\operatorname{sh}\frac{n\pi b}{a}}{\sin\frac{\pi l}{2a}}\right]+\frac{h}{2l}\ln\left(\frac{h}{2\pi r_{\mathrm{w}}}\right)\right\}} \tag{3-162}$$

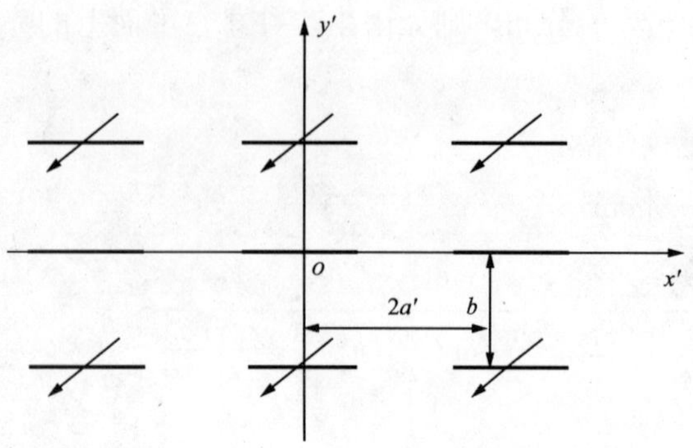

图 3－33　直线排状井网示意图

（2）直线排状井网产能公式。

如图 3－33 所示的是直线排状水平井井网。假设水平段长度相等均为 $2l$，油层厚度为 h，水平井都处于油层中部的同一水平面上，井距为 $2a$，排距为 b，水平井产量和注水量都为 Q。采用保角变换、势的叠加理论及拟三维的思想，可推得水平井井网的产量。

由保角变换和势叠加原理可推导出无限生产井排在平面上的势分布为：

$$\Phi_p(x',y')=\sum_{-\infty}^{+\infty}\frac{Q}{2\pi h}\mathrm{arch}\left\{\frac{1}{\sqrt{2}\sin\frac{\pi l}{2a}}\left[\sin^2\frac{\pi l}{2a}+\mathrm{ch}^2\frac{\pi(y-2nb)}{2a}-\cos^2\frac{\pi x}{2a}\right.\right.$$
$$\left.\left.+\sqrt{\left[\sin^2\frac{\pi l}{2a}+\mathrm{ch}^2\frac{\pi(y-2nb)}{2a}-\cos^2\frac{\pi x}{2a}\right]^2-4\sin^2\frac{\pi l}{2a}\sin^2\frac{\pi x}{2a}\mathrm{ch}^2\frac{\pi(y-2nb)}{2a}}\right]^{\frac{1}{2}}\right\}+c \tag{3-163}$$

无限注水井排在平面上的势为：

$$\Phi_i(x',y')=\sum_{-\infty}^{+\infty}\frac{-Q}{2\pi h}\mathrm{arch}\left\{\frac{1}{\sqrt{2}\sin\frac{\pi l}{2a}}\left[\sin^2\frac{\pi l}{2a}+\mathrm{ch}^2\frac{\pi[y-(2n+1)b]}{2a}-\cos^2\frac{\pi x}{2a}+\sqrt{m_1+m_2}\right]^{\frac{1}{2}}\right\}+c \tag{3-164}$$

$$m_1=\left[\sin^2\frac{\pi l}{2a}+\mathrm{ch}^2\frac{\pi[y-(2n+1)b]}{2a}-\cos^2\frac{\pi x}{2a}\right]^2$$

$$m_2=-4\sin^2\frac{\pi l}{2a}\sin^2\frac{\pi x}{2a}\mathrm{ch}^2\frac{\pi[y-(2n+1)b]}{2a}$$

地层中任意一点的势为无限注水井井排与生产井井排势的叠加：

$$\Phi(x',y')=\Phi_i(x',y')+\Phi_p(x',y') \tag{3-165}$$

任取相邻两口注水井与生产井井底势差可确定平面内水平井的渗流阻力和流量。对于生产井的（0，0）点和注水井的（0，b）点，将坐标代入注水井井排和生产井井排势分布公式，再根据式（3－165），最后可得：

$$\Delta\Phi=\frac{Q}{\pi h}\left\{\mathrm{arsh}\frac{\mathrm{sh}\frac{\pi b}{2a}}{\sin\frac{\pi l}{2a}}+\sum_{n=1}^{+\infty}\left[\mathrm{arsh}\frac{\mathrm{sh}\frac{(2n-1)\pi b}{2a}}{\sin\frac{\pi l}{2a}}+\mathrm{arsh}\frac{\mathrm{sh}\frac{(2n+1)\pi b}{2a}}{\sin\frac{\pi l}{2a}}-2\mathrm{arsh}\frac{\mathrm{sh}\frac{n\pi b}{a}}{\sin\frac{\pi l}{2a}}\right]\right\} \tag{3-166}$$

$$Q=\frac{\pi Kh'\Delta p}{\mu\left\{\mathrm{arsh}\frac{\mathrm{sh}\frac{\pi b}{2a}}{\sin\frac{\pi l}{2a}}+\sum_{n=1}^{+\infty}\left[\mathrm{arsh}\frac{\mathrm{sh}\frac{(2n-1)\pi b}{2a}}{\sin\frac{\pi l}{2a}}+\mathrm{arsh}\frac{\mathrm{sh}\frac{(2n+1)\pi b}{2a}}{\sin\frac{\pi l}{2a}}-2\mathrm{arsh}\frac{\mathrm{sh}\frac{n\pi b}{a}}{\sin\frac{\pi l}{2a}}\right]\right\}} \tag{3-167}$$

考虑水平井井筒周围的渗流阻力，采用拟三维的方法，然后将产量换算为地面产量，可得：

$$Q=\frac{\pi Kh\Delta p}{\mu B_o\left\{\operatorname{arsh}\frac{\operatorname{sh}\frac{\pi b}{2a}}{\sin\frac{\pi l}{2a}}+\sum_{n=1}^{+\infty}\left[\operatorname{arsh}\frac{\operatorname{sh}\frac{(2n-1)\pi b}{2a}}{\sin\frac{\pi l}{2a}}+\operatorname{arsh}\frac{\operatorname{sh}\frac{(2n+1)\pi b}{2a}}{\sin\frac{\pi l}{2a}}-2\operatorname{arsh}\frac{\operatorname{sh}\frac{n\pi b}{a}}{\sin\frac{\pi l}{2a}}\right]+R_h\right\}} \tag{3-168}$$

$$R_h=\frac{h}{2l}\ln\left(\frac{h}{2\pi r_w}\right) \tag{3-169}$$

3）不同井网形式的优化方法

井网产量与井网参数（井距、排距）、水平井参数（水平段长度、水平段方向）及油藏参数等有关，为便于研究，将井网参数、水平段长度和产量无因次化，定义如下：

井排距比定义为井距与排距的比值，即：

$$F=\frac{2d}{a} \tag{3-170}$$

水平段无因次长度定义为水平段长度与井网单元面积的比值：

$$l_D=\frac{(2l)^2}{S}=\frac{L^2}{S} \tag{3-171}$$

则菱形反九点井网的水平段无因次长度为：

$$l_D=\frac{(2l)^2}{S}=\frac{(2l)^2}{4a4d}=\frac{l^2}{4ad} \tag{3-172}$$

则矩形井网的水平段无因次长度为：

$$l_D=\frac{(2l)^2}{S}=\frac{(2l)^2}{4a4d}=\frac{l^2}{4ad} \tag{3-173}$$

则交错排状井网的水平段无因次长度为：

$$l_D=\frac{(2l)^2}{S}=\frac{(2l)^2}{2a2d}=\frac{l^2}{ad} \tag{3-174}$$

则直线排状井网的水平段无因次长度为：

$$l_D=\frac{(2l)^2}{S}=\frac{(2l)^2}{2a2d}=\frac{l^2}{ad} \tag{3-175}$$

无因次产量：

$$Q_D=\frac{11.574QB_o\mu}{Kh\Delta p} \tag{3-176}$$

式中 Q——油井产量，m^3/d；

B_o——原油体积系数，frac；

Δp——注采压差，MPa；

S——井网单元面积，m^2；

a——1/2 井距，m；

d——排距，m；

l——水平段半长，m；

μ——原油黏度，mPa·s；

K——储层平均渗透率，$\times10^{-3}\mu m^2$。

不同井网形式和井网参数的优化方法如下：

(1) 给定水平段无因次长度 lD 和井网单元面积 S，在其他参数不变的情况下，改变井排距比 F，计算井网平均单井无因次产量 QD，可得到无因次产量与井排距比的关系曲线，由该曲线可得到最优井排距比 F_{op}；

(2) 保持井网单元面积 S 不变，改变无因次水平段长度 lD，重复过程（1）可得到不同水平段无因次长度下的最优井排距比 F_{op}；

(3) 由井网单元面积及最优井排距比可确定井网的最优井距、排距；在最优井排距下，由无因次水平段长度及无因次产量关系曲线可对水平段长度进行优化。

第二节　复杂结构井开发低品位储量数值模拟研究

在水平井和多分支井开采油气田过程中，准确预测水平段产能至关重要。预测水平段产能的数学模型分为 3 类：①20 世纪 80 年代末的简单分析法。②20 世纪 90 年代早期，假设水平段无摩擦的精细分析模型。③考虑井筒水动力特征的数值模型。

因为便于使用，第一类简单分析法曾在石油业得到了广泛的应用。由于没有考虑井筒摩擦压力的下降，这种方法往往过高地估计井产能。根据 Hill and Zhu（2006）研究结果认为：在 100ft 厚、渗透率为（100～200）$\times 10^{-3}\mu m^2$ 的油藏，沿 5000ft 长 4in ID 井眼内，摩擦压力损失占总压降的 2%～8%。这一值随着井眼长度的增加而增加，并且在高渗透油藏小井径的井眼中更有意义。

第二类高级模型主要考虑了井眼水动力特征对井眼产能的影响。尽管这种模型在油藏流入和泄油孔流出的结合上更为准确，但是需要更加复杂的算法，因此阻碍了在油田的应用。

第三类模型对于现场应用更加灵活，但是对大多数石油工程师来说很难在日常工作中应用，因为隐式计算和计算迭代需要 CPU 长时间进行计算。

2005 年，中国石油大学的李春兰、程林松等人根据水平井产能公式和等值渗流阻力理论推导了鱼骨井产能计算公式。在推导过程中进行了合理简化。利用公式对实际油井产能进行了计算，并与实际生产数据进行了对比。误差为 16%。

$$Q=\frac{P_e-P_w}{R_{in}+R_{out}}=\frac{20\pi K_b h\Delta p}{\mu_o\left\{\ln\left(\frac{4r_e}{L_{main}}\right)+\frac{h\beta}{L_{main}}\ln\left[\frac{\frac{h\beta}{\sin\left(\frac{\pi a}{h}\right)}}{2\pi r_b}\right]+\frac{h\beta}{L_{main}+nL_b}\ln\left(\frac{h}{2\pi r_w}\right)\right\}}$$

式中　L_b——鱼骨井单支长度，cm；

$L_{main}+nL_b$——主干井筒和所有分支的总长度；

n——鱼骨井分支数；

a——鱼骨井分支井筒与主干井筒的夹角；

r_w——鱼骨井半径，cm。

2006 年，辽河油田、中国石油大学、中国科学院地质与地球物理研究所利用格林函数和源函数建立了均质油藏三维地层任意一点的压力分布计算模型，在此基础上建立的半解析模型可用于预测均质油藏不同流动阶段的鱼骨井产能及井筒流入剖面和压力剖面。

鱼骨井产能计算模型是将鱼骨井的分支和主井筒分成若干小段，对每一段以解析的形式给出油藏渗流和井筒流动的表达式，然后进行油藏渗流和井筒流动的耦合，经过迭代求得这一段油井的压力分布和流入量分布，从而得到鱼骨井的产能半解析模型。

一、油藏三维渗流模型

在具有定压或封闭边界的盒状油藏中，单相微可压缩流体的三维渗流规律表达式为

$$k_x \frac{\partial^2 p}{\partial x^2} + k_y \frac{\partial^2 p}{\partial y^2} + k_z \frac{\partial^2 p}{\partial z^2} = \phi \mu C_t \frac{\partial p}{\partial t} \tag{3-177}$$

式中 k_x、k_y 和 k_z——分别为 3 个坐标轴方向的渗透率，$\times 10^{-3} \mu m^2$；

ϕ——孔隙度；

μ——流体黏度，mPa·s；

C_t——综合压缩系数；

p——油藏内任一点的压力，MPa。

首先，通过格林函数可得到 3 个平行于坐标轴的一维面源解。根据纽曼积原理叠加可获得盒状油藏三维空间中一点 M_0（x_{D_o}，y_{D_o}，z_{D_o}）的瞬时点源解。x_{D_o}、y_{D_o} 和 z_{D_o} 为 M_w 点的无因次坐标值。

位于 x_{D_o} 处有一个面源，则在 x_D 处的压力为：

$$P(x_D, x_{D_o}, t_D) = \frac{1}{\sqrt{4\pi t_D}} \sum_{n=-\infty}^{\infty} \exp\left[\frac{-(2n + x_{D_o} - x_D)^2}{4t_D}\right] + \exp\left[\frac{-(2n - x_{D_o} - x_D)^2}{4t_D}\right] \tag{3-178}$$

式中 x_D——x 方向的无因次距离；

t_D——无因次时间。

同样的，在 y_{D_o} 和 z_{D_o} 处存在另外两个面源。根据纽曼积的方法，在点 M_0 处的瞬时点源解 I（M_0）为：

$$I(M_0) = \frac{1}{x_{D_e}} P\left(\frac{x_D}{x_{D_e}}, \frac{x_{D_0}}{x_{D_e}}, \frac{t_D}{x_{D_e}^2}\right) \cdot \frac{1}{y_{D_e}} P\left(\frac{y_D}{y_{D_e}}, \frac{y_{D_0}}{y_{D_e}}, \frac{t_D}{y_{D_e}^2}\right) \cdot \frac{1}{z_{D_e}} P\left(\frac{z_D}{z_{D_e}}, \frac{z_{D_0}}{z_{D_e}}, \frac{t_D}{z_{D_e}^2}\right) \tag{3-179}$$

式中 x_{D_e}、y_{D_e}、z_{D_e}——无因次油藏边界。

将式（3-179）分别对时间和油井井段轨迹积分，就可获得该井段周围任意点在任意时刻的压力变化。

二、考虑井壁外流体流入井筒内变质量流动模型

水平井或分支井与常规井的井筒内流体流动的不同之处在于，地层流体流入影响了井壁的摩擦系数和能量交换。井筒流动模型考虑单相流体的稳态流动，并做如下假设：流体为单相不可压缩牛顿流体；流体和周围没有热交换。在上述假设条件下的动量方程为：

$$\frac{dp}{dx} = -2\rho q_I \frac{U}{A} - \tau_w \frac{S}{A} - \rho g \sin\theta \tag{3-180}$$

式中 ρ——流体密度，kg/m^3；

q_I——单位管段长度的地层流体流入量，m^3/(s·m)；

U——即时速度，m/s；

τ_w——井壁处的切向摩擦力，N；

A——管段的截面积，m^2；

S——管段的周长，m；

g——重力加速度，m/s^2；

θ——管段倾斜角，(°)。

其中，考虑地层流体流入情况下的管壁摩擦因子的求取，是建立井筒流动模型的关键。具有井壁流体流入情况下的摩擦因子，可以通过相关式表达成与没有井壁流体流入时基础摩擦因子的关系。

根据 Ouyang 等人的研究成果，计算摩擦因子的相关式分以下几种情况。

(1) 层流且管壁处有流入量时为：

$$f=\frac{16}{Re}(1+0.04304Re_{\mathrm{w}}^{0.6142}) \tag{3-181}$$

(2) 紊流且管壁处有流入量时为：

$$f=f_0(1-0.01534Re_{\mathrm{w}}^{0.3978}) \tag{3-182}$$

式中 f——考虑地层流体流入井筒情况下的摩擦因子；

f_0——只考虑轴向流动的摩擦因子；

Re——轴向流动雷诺数；

Re_{w}——壁面流动雷诺数。

三、油藏渗流和井筒流动的耦合

假设分支井共分为 n 段，整个模型中的未知量有：每段通过井壁的流入量，其数目等于总的分段数 n；每段中点处的无因次压降，其数目也等于 n。因而整个模型中共有 $2n$ 个未知量。可以建立的方程有质量守恒方程为：

$$\sum_{i=1}^{n} q_{\mathrm{ID}}(i)=q_{\mathrm{D}} \tag{3-183}$$

式中 q_{ID}——每段的无因次流入量；

q_{D}——该井的无因次总流入量。

压力响应方程为：

$$p_{\mathrm{wD}}(i)=\sum_{j=1}^{n} q_{\mathrm{ID}}(j)p_{\mathrm{D}}(j) \tag{3-184}$$

式中 $p_{\mathrm{wD}}(i)$——第 i 段的无因次压力响应；

$q_{\mathrm{ID}}(j)$——该井第 j 段的无因次流入量；

$p_{\mathrm{D}}(j)$——该井第 j 段的无因次压力。

井筒流动方程为：

$$p_{\mathrm{w}}(i+1)=p_{\mathrm{w}}(i)+\Delta p_{\mathrm{f}}(i+1)+\Delta p_{\mathrm{a}}(i+1)+\Delta p_{\mathrm{g}}(i+1) \tag{3-185}$$

式中 $p_{\mathrm{w}}(i)$、$p_{\mathrm{w}}(i+1)$——相邻两段的压力，MPa；

$\Delta p_{\mathrm{f}}(i+1)$、$\Delta p_{\mathrm{a}}(i+1)$、$\Delta p_{\mathrm{g}}(i+1)$——分别为该井 $i+1$ 段的摩擦压降、加速度压降和重力压降，MPa。

其中，式 (3-183) 有 1 个方程、式 (3-184) 有 n 个方程、式 (3-185) 有 $n-1$ 个方程，共有 $2n$ 个方程。因此，式 (3-183)、式 (3-184) 和式 (3-185) 组成的方程组可解，而且其解是唯一的。求解的顺序是：先求质量守恒方程和压力响应方程的解，然后再求解井筒流动方程。在求解过程中，将第一个分支第一段的压力值作为参考值，利用压力响应方程就可以得到每个点的压力分布，进而求出流入量剖面。将整个求解过程编制成计算软件，可方便地求得任意形态鱼骨井的流入剖面和压力分布，当然也适用于其他类型的分支井。

上述解析模型不但得到电模拟实验验证，而且得到了现场实际验证。

四、低品位储量复杂结构井开发的数值模拟研究

以高孔低饱和度砂岩油藏新海 27 块为例。

为了深入认识新海 27 块油层平面及纵向上的水淹特点，搞清该块含油饱和度分布规律，从而为下一步油藏综合调整提供依据，对新海 27 块分别建立了全断块模型和重点井组模型，进行了不同目的的数值模拟研究。另外针对水平井参数对开发指标的影响问题，又建立机理模型对水平井轨迹及生产参数进行模拟计算、优化对比研究。

新海 27 块的数值模拟研究的主要目的是认识各油藏含油饱和度的分布状况，主要模拟了新海 27 块东一段的 $Ed_1\mathrm{I}_1^2$～$Ed_1\mathrm{I}_4^1$ 的 7 个小层的油水分布。针对上、下油组含油面积及油品性质差异较大的特点，提高数值模拟研究精度及效率，分上下油组分别进行数值模拟研究。其中上油组 $Ed_1\mathrm{I}_1^2$ 到 $Ed_1\mathrm{I}_2^2$ 4 个小层共分为 12 个小层，最小单层厚度为 1m；下油组 $Ed_1\mathrm{I}_3^1$ 到 $Ed_1\mathrm{I}_4^1$ 3 个小层共分为 11 个小层，模拟层与地质层位的对应情况见表 3－3。

表 3－3　数值模拟研究模拟层与地质层位对应表

<table>
<tr><th colspan="2">上油组</th><th colspan="2">下油组</th></tr>
<tr><th>模拟层号</th><th>对应层位</th><th>模拟层号</th><th>对应层位</th></tr>
<tr><td>1</td><td>$Ed_1\mathrm{I}_1^2$</td><td>1</td><td rowspan="5">$Ed_1\mathrm{I}_3^1$</td></tr>
<tr><td>2</td><td rowspan="5">$Ed_1\mathrm{I}_1^3$</td><td>2</td></tr>
<tr><td>3</td><td>3</td></tr>
<tr><td>4</td><td>4</td></tr>
<tr><td>5</td><td>5</td></tr>
<tr><td>6</td><td>6</td><td rowspan="5">$Ed_1\mathrm{I}_3^2$</td></tr>
<tr><td>7</td><td rowspan="5">$Ed_1\mathrm{I}_2^1$</td><td>7</td></tr>
<tr><td>8</td><td>8</td></tr>
<tr><td>9</td><td>9</td></tr>
<tr><td>10</td><td>10</td></tr>
<tr><td>11</td><td rowspan="2">11</td><td rowspan="2">$Ed_1\mathrm{I}_4^1$</td></tr>
<tr><td>12</td><td>$Ed_1\mathrm{I}_2^2$</td></tr>
</table>

油藏平面上采用正交网格，把西东方向定为 x 方向，与其垂直的北南方向定为 y 方向，网格步长大小根据生产井的分布情况采用均匀网格 30m×30m。上油组网格点数为 100×7 个，下油组网格数为 70×4 个。总节点数为 100×70×12＋70×40×11＝114800 个。

描述油藏空间几何形态及其性质展布的 Property 数据包括 5 个模拟层的 Structure（包括构造顶界 HTOP、断层位置、井点位置等）、Gross Thickness（模拟层地层厚度）、Net Thickness（砂岩净厚度）、Porosity（孔隙度）、Permeability（渗透率）等。这些数据描述了油藏的模拟空间几何形态及影响渗流特性的基本参数，其中 HTOP 数据由 $Ed_1\mathrm{I}_1^3$ 构造图整理以后利用黑油模型前处理软件以数值化方式输入计算机。为了确保在井点位置上与实际深度一致，在生成 HTOP 数组时采用构造图与实际井点深度值双重控制的方法。地层总厚度、砂岩净厚度、孔隙度、渗透率则是按地层分层、及测井资料采用输入每个模拟层上各种特性的井点值作为控制点的方式给出，建立模拟网格数组数据。由于该研究区域构造简单、地层平缓，地质对比分层清晰，所以数据处理后结合上述数据的可信程度较高（表 3－4）。

表 3-4　新海 27 块数值模拟基本油藏参数表

参　数	数　值
油藏基准面深度，m	1430
基准面深度的对应压力，kPa	14200
原油饱和压力，kPa	11768
油藏温度，℃	53
原油密度，g/cm^3	0.978
原油压缩系数，1/kPa	1.45×10^{-7}
地层水压缩系数，1/kPa	4.35×10^{-7}
岩石压缩系数，1/kPa	8.7×10^{-7}
标准压力，kPa	101.01
标准温度，℃	15

新海 27 块从 1992 年 2 月到 2003 年 12 月先后有 61 口井在东一段第一油层组射孔投产。模拟中，采用单井月产油量作为输入数据（这样做的好处是不必由于生产不正常和关井进行产油、产水的折算，另一方面可直接利用动态数据库，便于数据输入），并与射孔完井层段相对应，建立卡片文件。对于在多层上有射孔井的层与层间产量分配，主要根据油井射孔位置所在网格的渗透率、净厚度、地层压力和流压来决定。

历史拟合时间步长控制在 1 个月以内，细分层输出数据，力争模型准确反映动态生产情况。针对该区实际测压情况，历史拟合采取了全区重点拟合压力，单井拟合含水的方法。

第一阶段进行了全区拟合，这一阶段主要检验模型运算通过能力和判断模型的瓶颈点(即不易收敛点、Cut 次数最大点、物质平衡误差超限点等)；进行主要参数的敏感性分析。并通过调整孔隙体积、水体性质及大小、水侵强度、油水界面等参数来达到使全区压力和含水与油田实际值大小和变化趋势相一致的程度。由于该研究区域只有极少的测压数据可用，所以只能根据油井动液面水平来估算油田实际压力水平进行拟合。

第二阶段进行单井含水拟合。重点是对那些早期投产的井、高产井的拟合，并兼顾低产和后期调整井的拟合。根据拟合情况重点调整水侵系数和侵入部位及方向；局部调整水平渗透率、垂直渗透率的大小及比例关系；局部调整孔隙体积等。

经过两个阶段的历史拟合参数调整，拟合计算的全区压力和含水与油田实际值大小和变化趋势基本一致，重点拟合的单井拟合率达到了 87％以上，非重点井的拟合情况也较好，所以可以认为模拟的断块的油水分布是可靠的。

第三节　复杂结构井工程设计

复杂结构井工程设计研究包括：复杂结构井的钻井工艺研究、完井工艺研究、钻完井液技术研究和专用工具研制等。

目前，各类复杂结构井钻完井成功率 100％。形成了一套拥有自主知识产权的四级多分支井钻完井方法——“DF-1 多分支井系统”，完井级别达到国际四级水平，技术水平国内领先；形成了一种稠油松散地层鱼骨井钻完井方法，达到世界同类技术先进水平；已投产井生产情况良好，产量为邻井的 4～15 倍。共取得专利成果 10 项（表 3-5）。

表 3-5 辽河油区低品位储量复杂结构井工程研究专利一览表

序　号	专利类型	授权（或申请）号	知识产权名称
1	实用新型	ZL200520092752. 1	分支井再进入定向定位装置
2	实用新型	ZL200620088952. 4	一种用于分支井主井眼封隔器
3	实用新型	ZL200620091022. 4	分支井丢手装置
4	实用新型	ZL200620091025. 8	打捞斜向器装置
5	实用新型	ZL200620091024. 3	一种可拆套管开窗导向装置
6	实用新型	ZL200720012023. x	一种分级注水泥工具定位装置
7	发明专利	ZL200610047780. 0	一种分支井选择性导入工具
8	实用新型	ZL200620091026. 2	可退式打捞装置
9	实用新型	ZL200720012299. 8	一种五级分支井完井双管封隔器
10	实用新型	ZL200720012024. 4	一体式多分支井衬管铣鞋

概括地说，辽河油田低品位储量复杂结构井开发在钻、完井方面相继发展了以下各项技术。

针对各种类型分支井特点，形成了适合于各种井型的分支井侧钻位置优选技术、井身剖面设计技术、井眼轨迹控制技术、下部钻具组合的力学分析（转盘钻、下部动力钻具组合）技术、井眼轨迹可视化技术等特色钻井技术。并形成了针对各种井型实施的井眼防碰技术及安全钻井技术。

形成了一整套适用于低级别（四级以下含四级）多分支井的完井理论及施工方案体系，形成低级别（四级以下含四级）多分支井裸眼完井或固井完井及混合完井（油层上段固井，油层段塞管悬挂方式完井）方案的配套工艺措施，其中，分支井内插管固井技术为国内首创。

完成了多分支井专用工具的研制，形成了拥有自主知识产权的“DF-1 多分支井钻完井系统”四级多分支井完井系统，完井级别均达到国际四级水平，在实施井当中与国内外同技术相比较目前处于国内领先、国外先进水平。

形成了具有自主知识产权的四级多分支井系列工具及配套工具，其中采用造斜器开窗侧钻，螺旋定向定位悬挂器悬挂预开孔套管与空心导斜器相配合完成主分井眼的贯通连接技术是国内外特有的工具及工艺技术。

形成了井下预置工具、井下现装三通的独特的主分支井眼贯通技术和大通径开窗系统。

研制出适合于辽河油田不同油藏分支井的无固相甲酸盐乳化钻井液体系，并在辽河油田和克拉玛依油田的分支井现场应用中获得了成功。

形成特有的水平段钻进鱼骨井钻完井方法和特有的采用裸眼悬空侧钻技术及根据不同岩性形成夹壁墙工艺措施，克服了辽河油田地层疏松的难题，保证了主井眼顺畅进入的技术。

一、复杂结构井钻井工艺技术

1. 多分支井

1）分支井钻井技术的特点

分支井分老井侧钻分支井和新钻分支井，其技术特点见表 3-6、表 3-7。

表 3-6 老井侧钻多底分支井技术性能

原井眼尺寸	7in（177.8mm）	$5\frac{1}{2}$in（139.7mm）
主井眼尺寸（施工段）	5in（127mm）	4in（101.6mm）
分支井尺寸	$4\frac{1}{2}$in（114.3mm）	$3\frac{1}{2}$in（88.9mm）
井型	定向井、水平井	定向井、水平井
完井方式	筛管、全封、半封、管外封	筛管、半封、管外封
采油方式	合采、单管分采	合采、单管分采

表 3-7 新钻多底分支井技术特性

主井眼尺寸	$9\frac{5}{8}$in（244.47mm）	7in（177.8mm）
分支井尺寸	7in（177.8mm）、$5\frac{1}{2}$in（139.7mm）	5in（127mm）
钻井方式	定向井、水平井	定向井、水平井
完井方式	筛管、全封、半封、管外封	筛管、全封、半封、管外封
采油方式	合采、多管分采	合采、单管分采

与普通侧钻井相比，分支井井身剖面有以下特点：

（1）井身剖面的形状受主井眼轨迹影响较大，一方面受老井轨迹的限制，开窗点、造斜段、入靶点大多不在同一方位线上；另一方面，造斜点处主井眼井斜的大小直接影响着侧钻测量方式的选择，从而在一定程度上影响着造斜点的选择。

（2）同一井身钻出多个分支，各分支井眼间空间位置复杂，防碰问题较为突出。

（3）受各种因素的限制，各分支之间的曲率半径差异较大。

辽河油田地层情况复杂，油品以稠油为主，稠油热采对分支井钻井技术提出了更高的要求。

2）研究内容

5年来，辽河油田在“八五”、“九五”国家重点攻关项目——“水平井侧钻水平”研究成果的基础上，针对分支井及鱼骨井工艺技术特点，在侧钻位置优选、井身剖面设计、井眼轨迹控制、下部钻具组合的力学分析（转盘钻、下部动力钻具组合）、井眼轨迹可视化技术研究、防碰技术研究及安全钻井技术等方面进行了重点研究。

3）多分支井井身剖面设计

（1）多分支井井身剖面设计原则。

多分支井井身剖面的设计应充分考虑多井眼、多曲率、小井眼的特点，本着降低钻井成本、有利于井眼轨迹控制和安全钻井的原则进行设计，具体应注意以下几点：

①多分支井各分支间井眼曲率变化大，因此，侧钻点和造斜点的选择应充分考虑现有工具的实际造斜能力及波动范围，最大限度地减少工具的使用量；

②多分支井各分支间空间位置复杂，开窗点及开窗口方位的选择应有利于各分支之间的安全钻进；

③造斜点的选择还应考虑套管磁性对测量仪器的影响。

（2）多分支井井身剖面设计。

多分支井井身剖面一般为三维剖面，与常规井井身剖面相比，有以下不同之处：

①一般为三维设计；

②分支井眼之间、分支井眼与主井眼之间、分支井眼与邻井之间、分支井眼侧钻点与靶点之间相对空间位置复杂；

③设计狗腿度变化较大。

为此，针对以上分支井轨迹设计特点，提出了用模拟法设计井身剖面的方法，该方法的思路是：根据现有工具造斜能力和施工经验，各分支窗口、造斜点、靶点参数，相对位置和轨迹参数，管柱强度设计，摩阻计算，结合防碰要求，进行模拟优化设计。轨迹设计计算方法与普通水平井侧钻水平井完全相同，下面简述轨迹设计参数之间的关系。

4）多分支井侧钻位置优选

多分支井侧钻位置的选择不仅要考虑原井套管的完好情况、地层岩性、油水层纵向分布状况、造斜段曲率半径、开窗方式，而且还要考虑各分支之间的相互关系、开窗口方位等。各分支侧钻位置的优选应在充分考虑各种影响因素的条件下，根据新井眼的地质要求，尽量利用较长的老井眼，同时，各分支之间还应保持足够的距离，以达到保证钻井施工安全，缩短钻井周期、节约钻井成本、提高油气井产量的目的，具体可归纳为以下几点：

（1）侧钻位置要满足轨迹优化设计的要求；

（2）侧钻位置以上套管完好环空固井质量良好，套管无变形、破裂和漏失等；

（3）侧钻位置地层岩性具有良好的稳定性，即不漏失、不坍塌；

（4）侧钻位置尽可能避开射孔井段；

（5）各分支间应保证足够的距离；

（6）各分支窗口方向在有利于钻井施工安全的前提下，应有利于各分支方位的调整。

以上各点是考虑单因素时，选择各分支开窗点应遵循的原则。但是，在实际操作时，由于受多种因素的影响，不可能所有的因素都同时满足，需要具体情况具体分析，抓住主要矛盾或采取其他补救措施。

5）侧钻点的选取

侧钻点的选取对于多分支井的施工起着至关重要的作用。所选侧钻点附近的套管应较为完好，水泥胶结状况良好，周围岩性相对稳定；各分支侧钻点之间应留有足够的距离；对于需扭向的分支还应预留足够的因扭向而损失的井深。

6）窗口方向的选择

由于多分支井的井底并不是沿圆周方向等距离分布，有时几个井底距离相距很近，这在定向井中，各分支开窗点之间相距较近时，窗口方向的选择就显得较为重要，窗口方向的确定既要考虑各分支之间的关系，又要考虑各分支与老井之间的关系。确保各分支之间不相互干扰、各分支与老井之间也不相撞。同时，窗口方向的选择在满足安全钻进的条件下，还应有利于轨迹控制过程中井斜和方位的调整。

7）套管开窗工艺

套管开窗工艺是多分支井施工的重要环节，多分支井的窗口质量比普通侧钻井要求更高，施工难度相对也大一些。

根据多分支井的工艺特点，开窗过程可分为以下 3 个阶段：

第一阶段：磨铣，钻压为 5～10kN，转速为 40～60 转/min，即轻压慢转，使铣锥先铣出一个均匀的接触面，然后用 10～15kN，转速 60～80 转/min 中压、中速磨铣，进尺达到 1m 左右。

第二阶段：骑套磨铣阶段。换用复式凹底铣锥，钻压为 4～8kN，转速为 100～120 转/

min 轻压快转，进尺为造斜器的三分之二。

第三阶段：开窗出套阶段。仍采用凹底铣锥，该阶段是保证窗口圆滑的重要阶段，要采取定点悬空快速磨铣等措施。铣进长度等于一个铣锥的长度。

为了保证窗口质量，更换铣锥时，铣锥外径应保持一致，并大于尾管（接箍）8mm 以上。

2. 鱼骨井钻井技术

鱼骨井技术是实现储层最大有效进尺钻井技术。该技术内涵是在安全钻井和保护储层的前提下，以解放储层为目的，结合水平井钻井经验，在水平井中沿储层特性较好的区域侧钻出多个分支井眼并进行主井眼完井的一种钻完井新技术。一方面减少钻井数量，降低投资成本，减轻环境污染，另一方面利用井身结构增加分支井眼与油藏的接触面积，达到提高单井的控制储量，提高综合采收率目的。

1）鱼骨井井身结构优化设计

（1）鱼骨井的井位选择的原则。

鱼骨井虽然开发油气田的单位成本相对较低，但是单口鱼骨井的钻完井费用远高于一口常规直井或水平井的钻完井费用，为了避免鱼骨井型和油藏条件不匹配，同时达到提高产量的目的，还必须对鱼骨井的井型进行精确地设计。因此，井位选择的原则是：开采的油层具有一定的产油能力，具有最小的地质风险，具体表现为具有一定的地质储量，距油水边界有一定距离，储层分布稳定，油层的有效厚度较大，在辽河油田一般大于 6m。

（2）井身轨迹类型选择。

为了确保钻井完井顺利实施，分支水平井主井筒的轨迹应尽量简单。辽河油田根据地层特点，鱼骨井主井筒的轨迹普遍选用双弧剖面。又称“直—增—稳—增—水平”剖面，由直井段、第一增斜段、稳斜段、第二增斜段和水平段组成，突出特点是在两段增斜段之间设计了一段较短的稳斜调整段，以调整由于工具造斜率的误差。这种剖面适用于目的层顶界确定而工具造斜率不十分确定的情况，是中、长曲率半径水平井比较普遍采用的一种井身轨迹类型（图 3－34）。

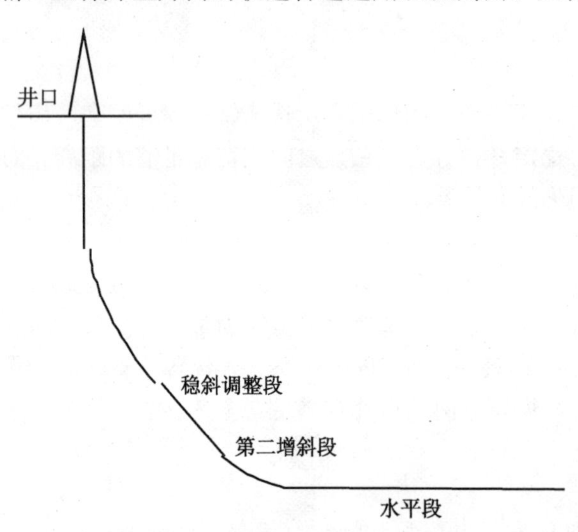

图 3－34　鱼骨井主井筒双弧剖面的轨迹

（3）井眼曲率优化设计。

根据地层胶结程度及以往钻井经验选择合适的造斜率，最大限度地降低钻井施工难度及钻井成本。对于井深比较大、靶前位移比较大的分支水平井，尽量选择较小的造斜率。在辽河油田，正常情况下设计井眼曲率一般为 6°～7°/30m。

（4）主井眼的靶前位移、稳斜段长度的优选。

轨迹设计计算中的优选项，需要综合考虑开采方式。当水平井靶体位置确定后，靶前位移直接决定了井口位置，它不仅决定了所钻井的井深，而且与钻前工作量有重要关系。稳斜段长度将影响井眼曲率的选择、对轨道调整的效果、钻井速度等。目前辽河油田的靶前位移一般在 240～300m 之间。

(5) 鱼骨井井身结构优选。

根据油藏埋深、储层特性、钻遇地层等因素，辽河鱼骨井采用了 3 种井身结构类型。如应用于稠油区块、特别是注蒸汽井井身结构，应用于稠油区块薄油层、稀油区块薄油层二开井身结构等。

①分支长度：考虑分支展布方向的油层稳定情况及钻井工具的能力；

②偏离主眼距离：结合造斜工具的造斜能力及安全性；

③分支间的距离：保证工程实现最小距离，大于 50m；

④分支数：综合考虑油层稳定情况、主眼长度、分支间距离。

2) 鱼骨井钻井方案确定

(1) 鱼骨井钻井技术难点。

针对辽河油田复杂的地层条件，鱼骨井钻井完井技术难点如下：

①复杂井网条件下，上直段、造斜段、水平段与邻井井眼防碰问题严重。同平台井以及邻平台井的防碰绕障问题。如辽河稠油产区杜 84 区，自 1996 年 3 月投产试采，在开发过程中，随着油井陆续投产和吞吐轮次的增加，暴露出超稠油蒸汽吞吐开发的一些矛盾与问题，主要是老开发区蒸汽吞吐已进入高轮、吞吐周期生产时间短、周期产油量下降、油汽比下降、吨油成本上升、套管变形、油井出砂、气窜等。为了确保超稠油蒸汽吞吐效果，采用水平井加密方式开采剩余储量。最多的时候仅水平段防碰井数就超过 10 口，最近 1.5m。

因此在设计阶段，邻井资料复查，尽量远离老井；实钻过程中，利用随钻仪器工作状态的警醒作用；提高井眼轨迹控制精度，使实钻轨迹努力符合设计轨迹。

②防碰绕障。同一裸眼中钻出多个分支，各分支井眼间空间位置复杂，防碰问题较为突出。受各种因素的限制，各分支之间的曲率半径差异较大，充分考虑多井眼、多曲率的特点。因而，需要准备多种造斜螺杆，以适应这种分支井井身剖面的设计。

③裸眼段长，40°～50°井段的井眼净化问题突出。

④在同一油层内，钻主井眼及分支井眼，裸眼悬空侧钻难度大；分支井眼侧钻后，井眼轨迹控制难度大；主井眼下优质筛管裸眼完井，主井眼与分支井眼的轨迹走向及分离程度。

⑤低压地层条件下钻井液渗漏问题。

⑥注汽区块局部地层高温和深层水平井的钻井问题。

⑦完井下完井管柱时，必须保证管柱顺利进入主井眼而不是各分支井眼。

(2) 鱼骨井钻完井方案确定。

鱼骨井钻完井技术与四级分支井技术有明显的区别。四级分支井特点是分支井眼的直径小于主井眼套管内径，完井时需要下管柱，生产过程中有重入性的要求，在施工环节上按照先下后上的顺序依次完成各分支井眼。而鱼骨井钻完井在实施过程中有如下要求：采油工程要求水平段主井眼与各分支井眼的井眼直径相同；在各分支井眼钻进过程中，要解决换钻头或进行短程起下钻时，保证下钻钻头顺利进入分支井眼；在某一分支井眼完成后，后续的主井眼或其他分支井眼的钻进过程中，下钻时不能错误地进入该分支井眼；最后，完井下完井管柱时，要保证管柱顺利进入主井眼而不是各分支井眼。

但鱼骨井各分支井眼完井时可不下管柱，采油过程中没有重入性要求，经大量的调研和方案论证后，确定采取如下方案：

①各分支井眼采用相同尺寸钻头钻进。

②分支水平井段、主井眼按照先上后下的顺序依次施工。首先分段钻主井眼，遇到分支先钻分支眼，钻完一个分支再回到主井眼悬空侧钻接着打主井眼，续钻主井眼，遇到分支再钻分支眼，钻完后回到主井眼悬空侧钻接着打主井眼，依此程序钻完所有井眼。这种钻井方式的特点是完钻后难以再入分支井眼（图 3－35）。

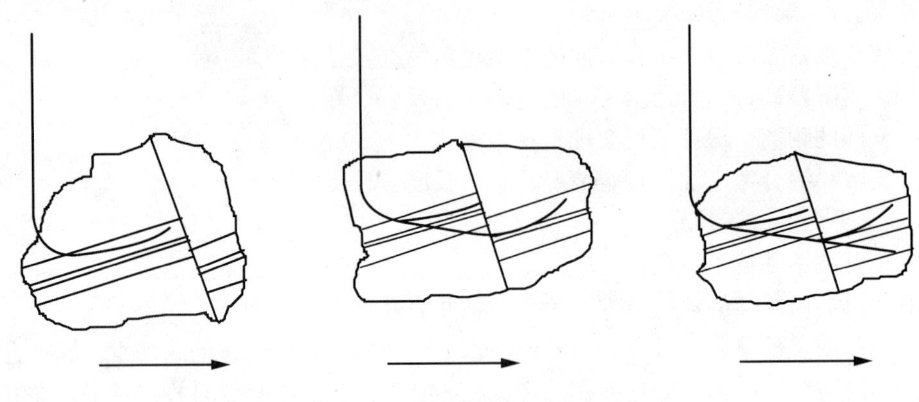

图 3－35　鱼骨井钻井工艺过程

③通过控制工具面角和井眼曲率使分支井眼初始部分尽快造斜。分支井眼先垂向上快速爬升 1～2m。

④基于鱼骨井各分支井眼完井时可不下管柱，采油过程中没有重入性要求特点，先对分支井眼裸眼进行储层保护完井，具体做法是：水平分支井在地质设计时要求分支井眼的设计井段处于油层稳定性要好，用柴油作为完井保护液，避免水平分支井眼堵塞，导致分支井眼失效。

3）鱼骨井分段钻进工艺技术

（1）A 点前井眼钻进及轨迹控制技术。

A 点前钻进及轨迹控制技术属常规水平井钻井范畴。正确选择和合理使用钻具组合，既可提高钻井速度及井身轨迹控制精度，又可获得曲率均匀、光滑的井眼，避免造成起下钻及钻进阻卡、划眼出新眼、发生黏卡及键槽卡钻等复杂情况。

钻具组合的选择是一个十分复杂的问题，所选出的钻具组合不仅要满足井眼轨迹控制的要求，还要满足强度、通过度及安全钻井的要求。

井身轨迹控制的方法：

a. 根据设计剖面选择钻具组合。

b. 根据钻具组合、井斜和方位变化、井眼净化要求优选钻井参数。

c. 根据测量数据变化及时修正反扭角的误差、调整动力钻具的工具面，使井眼沿着设计剖面钻进。

d. 使用 MWD 跟踪时，应将 MWD 获量的地质特性与设计的钻遇地层特性相对比，当钻遇地层与设计地层出现偏差时，应根据实钻地层对井眼轨迹做出调整，以保证井眼轨迹在油层中穿行。

e. 对待钻井眼轨迹发展趋势进行预测。

f. 根据待钻井眼的预测，设计待钻井眼的钻具组合。

g. 井斜和方位出现误差要及时修正。

h. 应使轨迹尽可能地与设计线相吻合，避免在设计线的上方或下方。

(2) 分支水平井眼起始段侧钻技术。

分支水平井眼侧钻技术是在水平分支井眼起始点采用弯螺杆、小钻压、滑动钻进侧钻出一个呈上翘趋势分支井眼的一项技术。是实现主分支井眼安全分离钻井的一项关键性技术。分支水平井眼起始段侧钻技术增加进入分支井的难度。其技术要点是：

①防止钻具或完井管柱再进入各分支井眼。

在鱼骨井各分支井眼的轨迹控制中，必须保持最终形成的主井眼垂向轨迹在各分支井眼的下部，使钻具或完井管柱在重力的作用下，沿主井眼前行。

②必须保证分支井眼与主井眼之间开始分叉的夹壁墙快速形成并具有不易坍塌的特性。

在辽河油田鱼骨井岩性胶结程度差的松散稠油区块，为防止侧钻分支井眼与主井眼之间的夹壁墙坍塌，井壁稳定是该井型水平井钻井工程中的一大难题。因此，在侧钻过程中，必须快速形成夹壁墙，并且夹壁墙形状不可形成单一的垂直方向。最终形成的夹壁墙在垂向和水平面方向上都产生分离，防止夹壁墙在重力作用下坍塌。

③分支水平井眼侧钻施工过程中，按照爬坡、扭方位、分支井眼替油完井 3 个步骤进行。不同于胶结程度较好的中硬或硬地层，不可反复划眼，以免造成悬空侧钻井段井斜方位变化过大，轨迹失控。

分支水平井眼侧钻螺杆钻具的选择、钻具结合、水力参数的优化设计是技术成功的关键。

(3) 水平主井眼起始段悬空侧钻技术。

水平主井眼起始段通过划槽、打窝、控制钻进进行。

具体作法：①合理选择侧钻点→提前分支眼始点 10m →侧钻方向斜向下→依靠重力滑动钻进 6m→轨迹与分支井眼背道而驰。②侧钻成功判断→选择承压点→提起钻具停泵下压→检查侧钻形成的台阶承重能力→观察钻进时工具面摆动情况。台阶形成后不均匀送钻会造成工具面正常的受压摆动，以此判断侧钻是否成功。

(4) 水平主井眼与分支井眼钻进技术。

水平主井眼及分支水平井眼在同一油层内，主要钻穿目的层，该井段的井眼轨迹控制技术是水平分支井的核心内容。主水平井眼及分支水平井眼使用 LWD 地质导向跟踪调整。

进入靶点附近后，为减小钻具摩阻，倒换造斜钻具组合，将螺旋钻铤上移至井斜较小位置，随钻测量仪器采用 LWD 进行地质导向，主水平井眼及分支水平井眼钻具组合为：(ϕ241mm) 钻头 + 螺杆 (1.5°单弯) + 接头 + 球形扶正器 + LWD + 螺旋扶正器 + ϕ127mm 加重 1 根 + ϕ127mm 斜坡钻杆 + ϕ127mm 加重 + ϕ177.8mm 螺旋钻铤 + ϕ127mm 斜坡钻杆。

①分支水平井眼钻进技术。

在各个分支的侧钻过程中，钻具组合与水平段钻进的钻具组合相同，主要采用的是 1.5°～2°单弯螺杆悬空侧钻，利用螺杆的弯度在造斜点处磨出一个小窝，加小钻压滑动钻进，随着深度的增加，所钻井眼与原井眼偏离越大，他们之间的夹壁墙越来越厚，这样窗口处稳定性好不容易坍塌。其技术要点是：

a. 通过地面系统产生的钻井液负脉冲调整单弯螺杆工具面，向上方向，滑动定向钻进 10～20m，使分支轨迹偏离原来的轨迹垂直上翘 1～2m。

b. 根据近井眼测斜仪测量数据来判断井眼的方向，全力扭方位，增斜，沿第一个分支设计的井眼轨迹钻进。控制造斜率在 7°/30m 范围内。

c. 复合钻进。为保证井眼轨迹在设计的误差范围内，在分支井段钻进时，每 10m 至少测斜 1 次。

d. 第一分支钻到设计井深完钻，循环钻井液清洁分支井眼。

e. 倒划眼短起再下钻至第一分支井底，循环替入柴油或新配制的钻井液，并使其充满整个分支井眼。

每个分支完钻后，短起下一次，保证井眼畅通。

②水平主井眼分段钻进控制技术。

水平主井眼分段钻进同样采用了悬空侧钻技术。在分支的叉口位置，螺杆工具面向下，上下滑动，寻找遇阻点，采用滑动钻进的方式钻进 10m 左右，确保形成一定厚度的夹壁墙，再利用复合钻进方式进行钻进。利用 LWD 随钻测井技术，随时调整所钻层位，确保油藏钻遇率。在定向钻进过程中，主要是利用 1.5°～2°弯螺杆与转盘复合钻进，同时也可以利用弯螺杆定向钻进控制垂深和方位。

水平主井眼分段钻进的每一次悬空侧钻点都是在水平段接近分支眼始点处，施工难度大。水平主井眼始点悬空侧钻技术具体措施：

a. 合理选择侧钻点选择。位置应提前分支眼始点 3～10m，以增加侧钻成功率。这样就能在侧钻开始之前在主井眼中钻一段适合侧钻的井眼。

b. 预留侧钻井眼轨迹控制。所谓的预留侧钻井眼就是指选好的侧钻点前 3～10m。通常来讲在这种井型的侧钻，其侧钻方向都是斜向下。根据侧钻轨迹要求在预留侧钻井段滑动钻进，选择工具面 0°～30°完成，这样形成一段与将来侧钻方向截然相反的轨迹，侧钻时成功钻出背道而驰的侧钻主井眼就要容易实现一些。

c. 控制侧钻工具面。依靠重力及预留侧钻井眼的反向支撑作用，在该方向上保持工具造斜力可达到最佳侧钻效果。

d. 严格控时钻进。侧钻时据地层可钻性，选择 1m/h 的机械钻速，在方钻杆上划出每厘米标记，保证送钻均匀。

e. 侧钻成功识别方法。侧钻 5m 后可适时选择承压点，提起钻具停泵下压，检查侧钻形成的台阶承重能力；观察钻进时工具面摆动情况，台阶形成后不均匀送钻会造成工具面正常的受压摆动。

f. 确定侧钻成功后可逐渐加压钻进，做好与分支井眼的空间扫描。

二、复杂结构井完井工艺

1. 多分支井

如何实现分支井分支叉口处的机械支撑、水力密封性和各个井眼的可重入性为分支井技术的 3 项核心内容。这些都是分支井完井技术要解决的问题，目前多分支井技术进展论坛按完井难易程度将多分支井分为 6 级。

1） 多分支井类型

多分支井类型是指多分支井的几何形状。根据不同油藏的具体情况，多分支井的几何形状可分为 3 种常见的类型。

第一类，如图 3－36，是最常见的 3 种多分支井类型，它可以是老井侧钻或新井裸眼侧钻而成。适用于厚度较大的油层，应用多分支井代替较长的水平井，获取更大的泄油面积；也适用于层状油层的开采。一般情况下各分支井眼较短，不存在长、中半径井眼可能出现的摩阻问题。

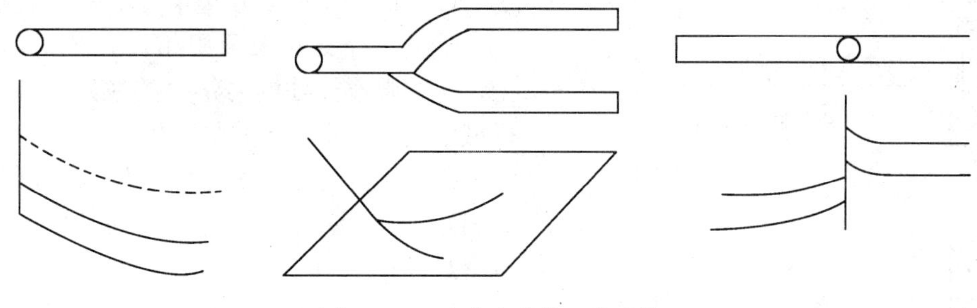

图 3－36　多分支井第一类形状

第二类，如图 3－37，适用于薄油层的开采或水平、垂直方向有渗透障碍的油气层开采。各分支井可以裸眼完井，也可以以一种特殊的完井系统完井。

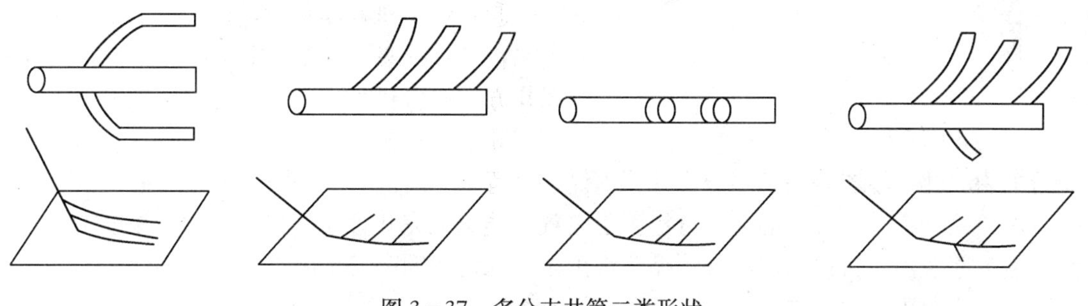

图 3－37　多分支井第二类形状

第三类，如图 3－38，此类分支井适用于薄油层的开采和稠油油层的开采。

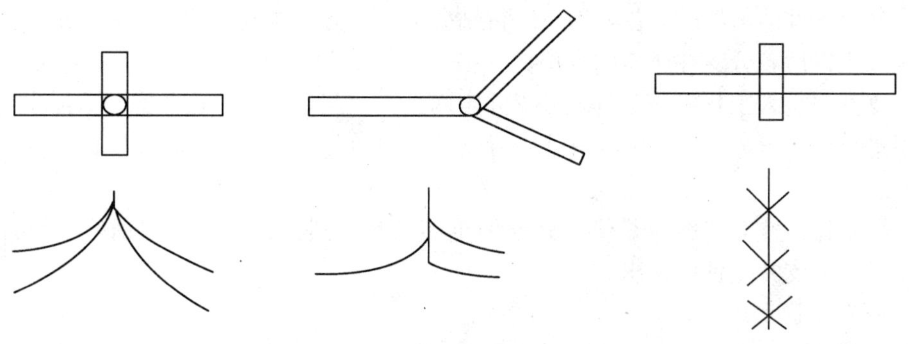

图 3－38　多分支井第三类形状

多分支井类型的选择，一是要根据不同油藏的具体情况和采油工艺技术；二是要根据与所选择的完井工艺等级相适应。就目前多分支井技术的发展水平而言，复杂的多分支井类型还不能用高等级的完井工艺来实现。因此，多分支井类型的选择应与其等级相配合。

2）辽河油田“DF－1”型分支井完井系统

（1）DF－1 系统组成（见图 3－39）。

DF－1 型多分支井完井系统是辽河石油勘探局工程院自行研制成功的一套分支井完井系统，与国外同级分支井完井系统相比，该系统具有通径大、结构简洁、施工方便等优点，该系统目前已经成功实施 11 口井，DF－1 型多底井完井系统主要由主井眼管柱组合、分支井管柱组合和主支井眼管柱相贯总成 3 部分组成（图 3－40）。

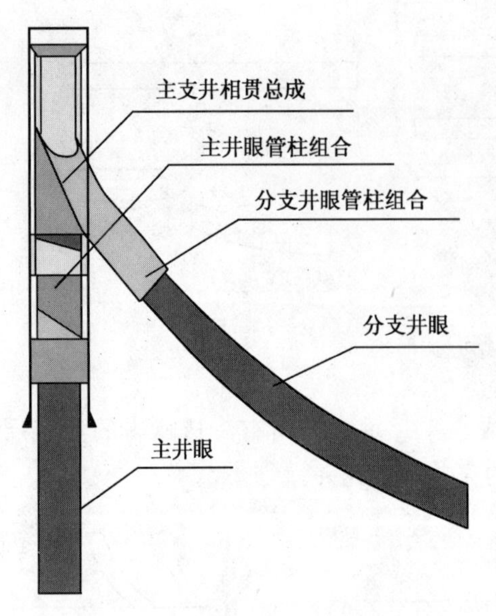

图 3－39　DF－1 完井系统

（2）DF－1 型多分支井完井系统特点。

①主、分支井眼采用相贯套技术，能保证主、支井眼连接处的力学完整性、机械稳定性；机械强度高，主、支井眼通径大；

②采用内管注水泥配套技术（局部封固或全封固），保证主、支井眼连接处有比较可靠的液压密封性；

③采用预置式定位定向装置，保证各多分支井眼的选择再进入性；

④采用定向装置，保证各多分支井定向的准确性、连续性和简洁性；

⑤采用多种组合完井管柱，能保证内管柱注水泥，空心胶塞注水泥，定位局部注水泥等各种固井方式的顺利实施；

⑥在主井眼造斜器内设置的可钻活塞与盲板配合的中心孔封堵器解决了多分支井开窗侧钻过程中钻屑落入主井眼而引起的钻井风险；

⑦该系统有功能齐全的完井管柱丢手装置，能保证完井管柱的顺利下井，并按先定向悬挂，后丢手脱离，再挤水泥固井、循环洗出多余水泥的顺序安全施工。

（3）主井眼完井工具。

根据对主井眼管柱功能的要求，主井眼管柱主要由以下工具组成。

①分支井定向工具：该工具的方位与已钻成的分支井方位一致，是一已知方位，用以确定下一待钻分支井造斜器的方位，即下一待钻分支井的方位。利用该工具只需用仪器一次定向，即可确定以后各分支井所需的方位。

②分支井眼重入工具：该工具随分支井定向工具一起下井。多底井完井后需要对指定的分支井眼进行作业时，只要将分支井作业导斜器坐放该工具上，即可对指定的分支井眼进行施工。

空心造斜器：空心造斜器是侧钻开窗的重要工具，其安置方位可根据施工设计要求调整，该工具在分支井完钻后捞出。

（4）分支井眼完井工具。

分支井管柱组合根据完井方式不同而不同，同时也根据所采用的固井方法不同而异。海14—20 井采用的是内管柱注水泥固井射孔完井方式，其分支井管柱组合如下。

引鞋：用以引导管柱顺利下至预定位置，其外径一般要大于导向装置的内径。

阻流环：用以防止环空水泥浆倒返。

插管式阻流环：其作用之一是对环空水泥浆倒返实施双重保护；其作用之二是为内管柱固井提供对接密封，确保水泥浆经内管柱进入套管外环空。

丢手工具总成：该工具是分支井完井管柱组合中一个十分重要的工具。其外壳上连开孔套管，下接整个尾管柱；而丢手接头则上接送入管柱，下连注水泥内管柱。根据施工要求丢手工具必须按以下程序操作：定向悬挂分支井完井管柱；丢手使送入管柱、内管柱与完井尾管分离；下放送入管柱、内管柱，使内管插入头进入插管式阻流环，完成内管柱对接密封，注水泥；上提内管柱循环洗井，洗出多余水泥浆。

(5) 主、支井管柱相贯总成。

主、支井管柱相贯连接是多底井技术的关键和难点，DF－1型多底井完井系统采用主、支井管柱相贯方式，能在保持较大主井眼通径的同时，满足主、支井眼连接处力学完整性的要求，并在注水泥固井后较好地满足该处液压密封性要求。主、支井管柱相贯工具总成主要由以下部分组成。

导向装置：该工具位于主井眼管柱的顶部，是分支井完钻后取代造斜器而下入井内的。该工具要满足三项性能、功能要求：一是满足主井眼通径一致的要求；二是满足与分支井管柱中开孔套管相配合的要求；三是满足分支井管柱定位定向悬挂的要求。

专用悬挂器：该工具位于分支井完井管柱的顶部，其功能是把分支井眼完井管柱定位定向悬挂于导向装置上。

开孔套管：它上接专用悬挂器，下连丢手工具的外壳，其中间的开孔部分则与主井眼相通，使主、支井眼连接平滑流畅。

在相贯工具总成的顶部，可根据是否继续钻分支井而加接封隔器、调长管、定向套或喇叭口、回接头等工具。

3) 多分支井完井方法

(1) 完井方法因素分析。

储层的类型及其均质程序，特别是岩石的粒度组成、井底附件地带岩的稳定性，产层附近有无高压层、底水或气顶，产层的渗透性等，不仅是选用某种完井方法（裸眼、射孔、混合型和防砂型）的主要因素，而且是确定其具体结构形式的主要因素。所以，在设计和选择采油井的合理完井方法时，首先要确定储层类型。

(2) 储层类型。

根据油藏的地质条件、储层类型及产层的岩石特性，可把储层分为3种主要类型：

第一种为孔隙型、裂缝型、裂缝—孔隙型或孔隙—裂缝型坚固的均质储层，附近无高压水（气）层和底水。

第二种为孔隙型、裂缝型、裂缝—孔隙型或孔隙—裂缝型非均质储层，其实是稳定性和非稳定性岩层相互交替，不同地层压力的含水夹层和含气夹层相交替。

第三种为裂缝型砂岩储层、要求高度层段分隔的注水开发储层。

2. 鱼骨井

1) 完井方式优选

鱼骨井技术是在安全钻井和保护储层的前提下，以解放储层为目的，在水平井中沿储层特性较好的区域侧钻出多个分支井眼并进行主井眼完井的一种钻完井新技术。可实现储层最大有效进尺。

合理的完井方式应满足以下要求：

(1) 保持最佳的连通条件，油气层所受的损害最小；

(2) 尽可能大的渗流面积，油气入井的阻力最小；

(3) 有效地封隔油气水层，防止气窜或水窜，防止层间的相互干扰；

(4) 有效地控制油层出砂，防止井壁坍塌，确保油井长期生产；

(5) 稠油开采能达到注蒸汽热采的要求；

(6) 施工工艺简单，成本较低。

目前，完井工艺有多种类型，都有各自的适用条件和局限性。只有根据油气藏类型和油气层的特征去选择最合适的完井方法，才能有效地开发油气田，延长油气井寿命，提高经济效益。为实现分支水平井眼与主井的连通，辽河鱼骨井其水平主井眼采用低渗激光割缝筛管先期防砂完井方式，分支井眼采用裸眼完井方式。

2）完井方案确定

第一分支完钻后，用柴油替出钻井液，裸眼完井；第二分支完钻后，用柴油替出钻井液，裸眼完井。主水平段完钻后，下入完井管柱。

3）主水平井眼先期防砂完井方式完井工艺的要求

(1) 筛管内径要大，保证过流截面大，方便后续作业。

(2) 在满足适度防砂要求以及强度要求的前提下，要求筛管的缝隙多，保证过流面积大，流动阻力小。

(3) 筛管的最大外径尺寸和最小强度参数必须满足顺利起下管柱的作业要求。

目前，国内外的筛管产品中割缝筛管能够较好地满足上述要求。

4）割缝筛管参数确定

筛管尺寸为：177.8mm/139.7mm 套管。

缝分布参数：

(1) 缝宽：0.2～0.5mm（依据地层砂粒度中值进行设计）；

(2) 缝形：矩形缝；

(3) 缝分布：平行分布。

对于热采井，为实现超稠油和薄油层的整体开发。主井眼 ϕ177.8mm 完井筛管优先选用抗压的 TP100H 钢级、壁厚 9.19mm 的套管制作激光割缝筛管。

三、复杂结构井钻井液技术

分支井储层有更大的裸露面积，可在更大范围内穿透不同的裂缝系统，钻井液中固相和液相对储层的作用直接影响分支井的开采效果。因此，钻井液设计和选择的原则是在保证钻井施工安全的基础上，要最大限度地减轻对各种油藏储层的伤害。

1. 复杂结构井钻井液面临的主要技术问题及对策

分支井有新钻分支井和老井侧钻分支井两种类型。除井眼净化、减阻降摩等与水平井具有共性的问题外，侧钻分支井还具备小井眼井的特征，钻井液要考虑小井眼钻井液的技术问题，如环空压耗控制、减小压力激动等问题。

1）提高钻井液的抑制性

选用盐水为钻井液基液，并作为钻井液的抑制剂，盐水为甲酸钠溶液，根据钻井密度要求确定甲酸钠用量。

2）流变性的调控

室内研究表明，生物聚合物（XC）特性有利于实现分支井钻井液流变性要求。生物聚合物（XC）的结构决定它具有两大显著特性：一是耐盐，在盐水中有良好的溶解性，水溶液具有较高的结构黏度，具有弱凝胶的特征；二是具有优良的触变性，试验发现，XC 抗单价盐能力强，而抗二价盐能力随盐浓度的增加，到一定程度时出现突降现象。

3）滤失量的控制

选择降滤失剂的原则是降滤失剂要有良好的抗盐性，降滤失而对黏度影响不大。通过大量的室内试验筛选，确定用改性淀粉为降滤失剂。

4）润滑性的改善

钻井液中加入一定量的柴油和乳化剂，形成乳化钻井液，柴油加量视密度要求而定，柴油加量在10%～50%，钻井液均可保持乳化稳定性。仅从润滑性考虑，柴油加量在10%左右即可。

经室内大量试验确定分支井钻井液的配方如下：盐水+10%～50%柴油+0.2%～0.3%XC+1.5%～2.5%改性淀粉+0.6%～0.8%乳化剂+2%～3%氧化沥青。无固相盐水乳化钻井液性能见表3-8。

表3-8　无固相盐水乳化钻井液基本性能

温　度	密度 d g/cm³	滤失量 FL mL	API 表观黏度 AV mPa·s	塑性黏度 PV mPa·s	动切力 YP Pa
常温	1.07	5.5	32.5	17	15.5
80℃/16h	1.07	5	32	16	16

2. 复杂结构井钻井液体系的确定

根据上述分析的分支井钻井液技术要解决的主要问题，确定钻井液体系的原则是：确保井下安全，有利于保护油气层，经济合理，便于实施。

钻井液性能应具备：

（1）流变性要满足携岩要求，有利于降低环空压耗；

（2）体系适应性强，性能易调，可满足不同施工工艺过程的要求；

（3）具有强抑制性和稳定井壁的功能；

（4）具有优良的润滑性和减阻防卡功能；

（5）体系组分与地层有良好的配伍性，有利于保护油气层；

（6）尽量减少对钻具和管柱的腐蚀。

经综合研究分析确定，分支井使用无固相甲酸盐乳化钻井液体系。该体系不含膨润土，具有强抑制性，具备分支井要求的特性，适应分支井的地层条件和钻井工艺过程的要求，在无固相的条件下，具有较大的密度变化范围，有利于井下安全。

3. 钻井液结构剂的选择

根据流变性研究结果，确定钻井液完井液流变性控制原则是：①提高钻井液环空剪切率下的黏度以提高携屑效果；②降低钻井液表观黏度以减小环空压耗；③改善钻井液的触变性以减小压力激动。

室内研究证明，生物聚合物（XC）调整钻井液完井液流变性能达到上述效果。生物聚合物（XC）是一种水溶性聚多糖，其结构决定它具有两大显著特性：一是耐盐，在盐中溶解性好，水溶液具有较高的结构黏度，易形成弱凝胶，并具有良好的降失水效果（图3-40、图3-41）；二是具有优良的触变性，试验发现，XC抗单价盐能力强，而抗二价盐能力随盐浓度的增加，到一定程度时出现突降现象（图3-42、图3-43）。因此，最好使用单价盐，以发挥XC的有效作用。

四、复杂结构井专用工具

1. 套管开窗工具

1）可捞式造斜器

可捞式造斜器是分支井的关键技术之一。设计制造可捞式造斜器的关键技术是保证坐放

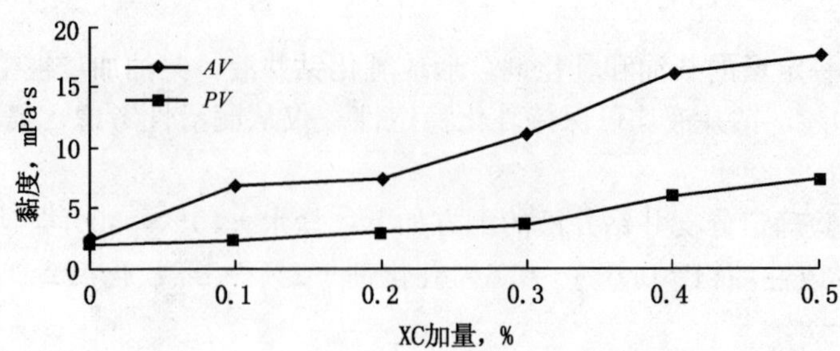

图 3－40　黏度随 XC 加量变化曲线图

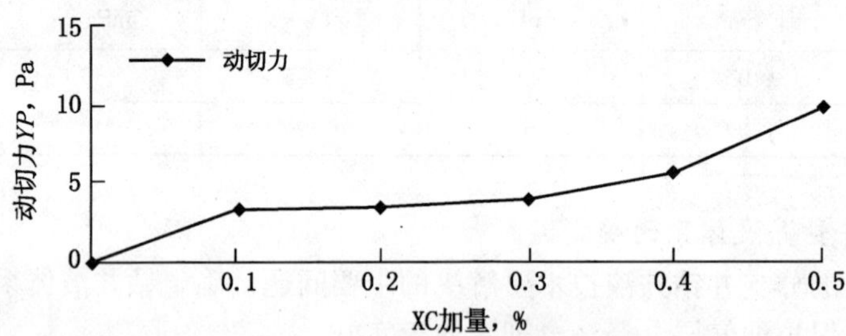

图 3－41　动切力随 XC 加量变化曲线图

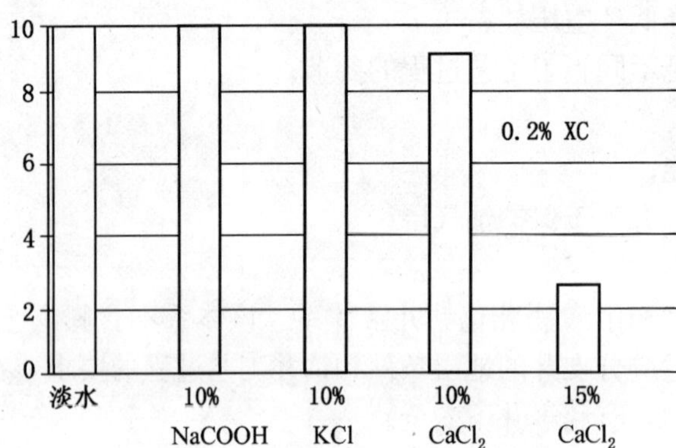

图 3－42　XC 在各类盐中的溶解性

可靠，决不允许造斜器转动或移动。它与普通造斜器不同，分支井造斜器必须是可以打捞的。分支井的方位要求不能变化，为了解决安装坚固的问题，项目组研制的可捞式造斜器末端固定在底座上，采用键槽固定方向，台阶固定深度，可以做到万无一失（图 3－44）。

2）可捞式造斜器底座

造斜器底座用来为分支井眼造斜器定位定向而设计的一套工具（图 3－45）。与相同技术相比该结构有如下

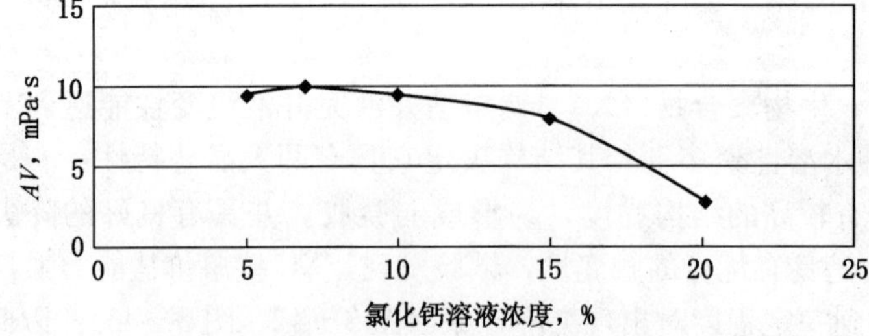

图 3－43　$CaCl_2$ 浓度对 XC 溶解性的影响

特点：

（1）液压和机械双重丢手机构保证井下工具施工安全可靠性；

（2）可调造斜器高边方位，简化开窗侧钻轨迹，保证井眼光滑；

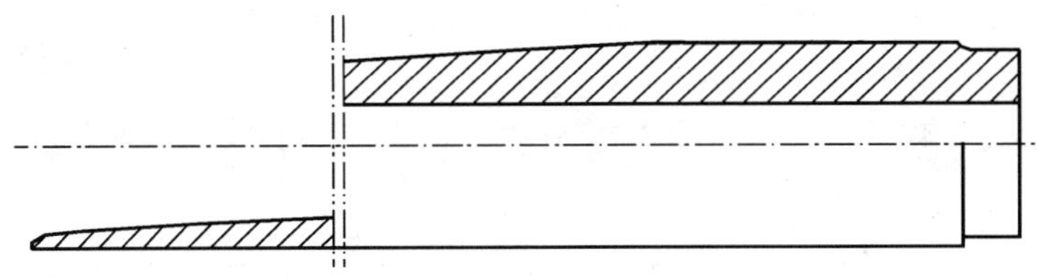

图 3－44　可捞式造斜器

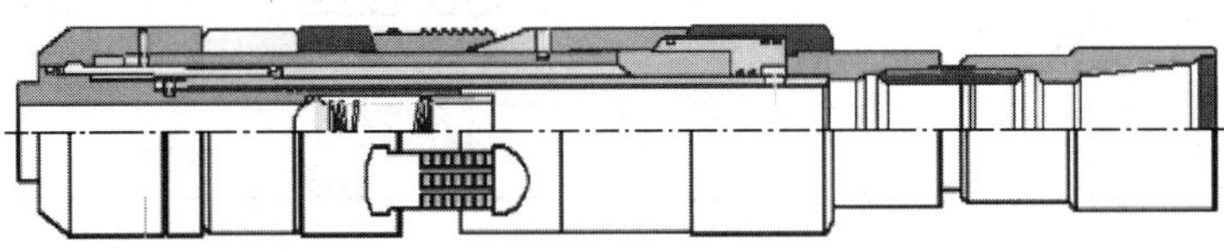

图 3－45　造斜器底座结构示意图

(3) 造斜器是坐放在底座之上，可以保证造斜器后期一次打捞成功，减少井下工艺复杂性，增大分支井安全系数；

(4) 实现了分支井窗口处的力学稳定性、密封性和重入性，使得分支井技术达到了TAML4级水平，填补了我国多分支井钻井工艺在开窗侧钻技术上的空白。

3) 上下定向套组合系统

上下定向套组合系统是分支井用于每一分支井眼顶部，准备为下一分支放造斜器、相贯套等定向定位的工具，其结构简单，使用方法也十分简单的工具。基本原理是上下定向套由相同尺寸的管子斜切而成，在下定向套的底端开一键槽，上定向套的下部有一单键，与下定向套的键槽相配，工作原理为下定向套在井底，当上定向套下入井底时，无论上定向套下部的键在何方向，最终均会在斜坡力作用下滑动转向至下定向套的键槽。

2. 分支井完井工具

1) 螺旋定向定位系统总成

该系统是分支井完井的另一重要系统工具。是在管体端面加工成型顺时针螺旋渐开线，利用螺旋渐开线的金属硬质切面与井下空心导斜器端部硬质切面在套管内间隙尺寸配合的状态下，依靠钻具施压使螺旋悬挂器在下放到位之前1m的距离内完成定向定位动作（图3－46）。它的作用是在完井过程中，使分支井完井管柱上端预开孔套管的开口与主井眼相对，使主支井眼相通。

2) 预开孔套管总成

开孔套管是分支井的又一专用工具。分支井在完井时要求即要保证上部的分支井眼与主井眼连通，并保证窗口可以重入和有足够的强度，这就要求最好让分支井完井管柱进入主井眼，并有一段重合是最好的。为了达到这个目的，项目组设计了一种预开孔套管，在完井时用聚合物封堵预开的井眼，完成后用专用工具打开套管的开孔。预开孔套管在下入时要求开孔正

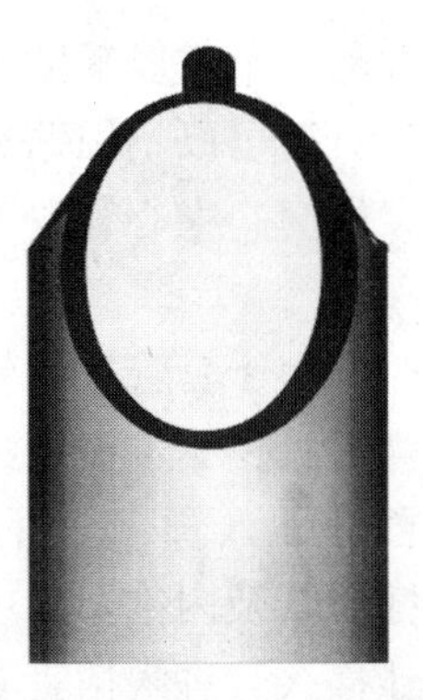

图 3－46　螺旋定向定位系统

对下部井眼。

3）丢手装置总成

丢手工具如图3－47所示。由上接头、外壳、活塞、中心管、锁块、小活塞、下接头等组成。

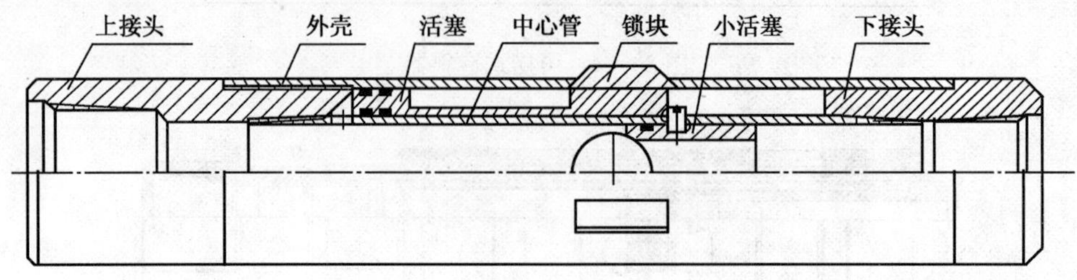

图3－47　丢手装置

4）注水泥系统总成

分支井眼可以采用多种完井方式，固井完成时可分成全井固井及上固下挂完井，采用的完井方式不同，注水泥工具也不尽相同。

（1）注水泥循环接头（图3－48）。

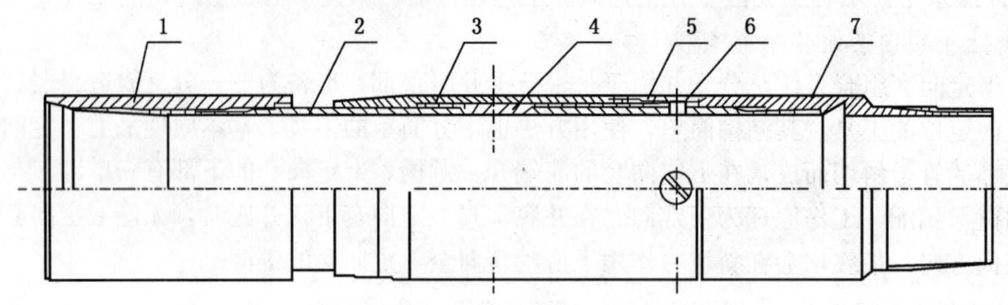

图3－48　注水泥循环接头

1—套管接箍；2—中心管；3—密封胶筒；4—弹簧阀块；5—保护环；6—螺钉；7—定位接箍

当用管外封完井或用筛管完井时，由于井底并不需要注水泥，因此要求水泥必须从油层顶部的接头注入环空固井，水泥从管内注入管外的工具叫循环接头。由套管接箍、中心管、密封胶筒、弹簧阀块、保护环、螺钉、定位接箍组成。

（2）注水泥工具。

注水泥工具是分支井完井的一个重要辅助工具，主要用于充填管外封隔器和下部筛管上部固井注水泥工具，使用该工具后可以不用钻水泥塞完井。挤注水泥工具主要由下接头、活塞、支撑块、外壳、下胶筒、滑套、中心管、上胶筒、上接头等组成。

（3）注水泥插入工具。

分支井注水泥固井完成时，由于套管尺寸较小，固井压胶塞困难，水泥浆顶替计量难以达到精确，常会钻水泥塞，为了减少钻水泥塞的工作量，设计了中心插管注水泥工具。工具由插管锥套、内锥套、橡胶圈、插入管、插管座、阻流环、球座、尼龙球、弹簧、阻流结头、丝堵等组成。施工时，插入管及内锥套与中心油管相连接，当上部的丢手工具实现丢手以后，接着下放注入管柱，让插入管进入插管套内，实现轴向密封，同内锥套也插入插管锥套内，由于是锥度配合，只要上部加一定的压力就可以保证密封，使用两种类型的密封可以保证工具可靠。

（4）裸眼管外封隔器。

裸眼管外封隔器是分支井完井的又一重要工具。其作用是提高窗口附近封固质量，使用管外封是一种简单可靠的办法。对于下部筛管、上部固井的也需要用管外封分隔油层，防止水泥浆下沉。对于一些容易受到污染的油层来说，使用管外封进行选择性完井也是十分重要的。

（5）尾管定向悬挂工具总成。

定向悬挂器是分支井完井管柱定向悬挂的关键工具之一。分支井完井管柱分支井眼与主井眼相交的套管要求用预开孔套管完成，为了使开孔套管的开孔朝油井下部，套管下井时就必须定向并定位。它的悬挂套就可以实现这一目的。

（6）其他配套工具。

主井眼封隔器用于上部分支固井完井时，封固重复段套管上部环空，避免水泥沉降造成窗口处无水泥现象。

小　结

（1）本章描述了如何应用渗流介质物理模型及测试方法，通过精细物理模拟试验和电模拟试验，研究复杂结构井的流动机理。

（2）本章提供了不同完井方式、不同井网方式下复杂结构井产能预测数学模型。

（3）本章对复杂结构井钻井、完井、钻井液改造方面发展的一系列拥有自主知识产权的先进工艺技术进行了系统介绍。通过实施复杂结构井大斜度段有杆泵及杆柱防偏磨技术等一系列配套技术，应用新型高强度弹性筛管，可有效解决出砂、闪蒸等一系列难题，成为辽河油田深层、出细粉砂稠油复杂结构井主要完井技术。三元复合吞吐、酸化解堵、凝胶调剖等新工艺技术，解决了稠油油藏、裂缝性油藏复杂结构井投产后供液差、水平段动用不均的问题。

第四章　低品位石油储量开发工业化矿场试验

工业化矿场试验是室内研究和试验的拓展，是科学技术向生产力的转变。低品位石油储量复杂结构井开发工业化矿场试验是在精细地质认识、精细油藏数值模拟预测、精细机理研究的基础上开展的。辽河油区现已完成低裂缝密度潜山油藏静 52 块鱼骨井、边台北双底多支井、西斜坡薄层稠油锦 612 开发鱼骨井、高孔隙度、低饱和度油藏新海 27 块复杂结构井等十几个复杂结构井开发试验区研究和实施。试验方案设计遵循以下原则：

（1）充分利用复杂结构井等新技术，选择有代表性的区域，分类别部署试验井，达成试验目的；

（2）本着先易后难原则，从构造高部位向构造低部位，从油层厚的区域向油层薄的区域进行试验部署；

（3）保证复杂结构井单井控制储量在 10×10^4 t 以上，剩余可采储量大于 2×10^4 t。

（4）坚持以经济效益为中心的原则，保证矿场试验获得较佳的经济效益。

试验区满足以下要求：

（1）有代表性。储层物性、油藏类型、原油类型、开采特征、开发井网、管柱条件等都具有代表性。

（2）多样性。适应于低品位储量的不同类型，试验区选择既有低渗透油藏、薄层稠油油藏，也有复杂小断块油藏。

（3）实效性。要求各试验区为解决阻碍复杂结构井低品位储量开发而进行的试验，其针对性要强。

（4）地质体认识相对清楚，井控程度较高。

（5）采、注井及观测井齐备，能够保证全面准确的资料录取。

不同试验的目的、任务有所区别，总的要求是：

（1）探索新技术应用的有效性，为编制低品位储量开发方案提供科学依据，降低开发风险，保证低品位储量开发方案取得较好效果；

（2）了解适用于油藏复杂结构井低品位储量开发的合理开发方式、开采方式，总结适用的钻井、采油等工艺技术；

（3）了解油藏不同部位、不同层位复杂结构井开发的适应性，总结复杂结构井开发的生产规律，指导下一步低品位储量开发规模实施；

（4）认识复杂结构井采用常规开采和蒸汽吞吐开采效果、含水上升状况、稳产情况及开发中暴露的问题；

（5）为整体开展低品位开发效果预测及经济效益分析提供必要参数。

第一节　低裂缝密度潜山油藏

低裂缝密度潜山油藏已实施复杂结构井开发试验有两个区块：静 52 块和边台北。该类低品位储量动用难度一是裂缝不发育，基质和裂缝系统渗流能力都较差，油井产能低，递减快，注水井注入能力低；二是非均质性强，直井开发风险大。

采用复杂结构井部署，在开发层系上仍然沿用一套层系；采用注水补充能量的方式进行开发；水平段长度为1000m；单井控制储量大于40×10^4t；充分利用直井，采用水平井+直井组合井型。

一、静52块

1. 油藏特征

辽河油田静安堡潜山静52块是典型的致密潜山油藏，该块1994年上报探明含油面积为8.6km^2，石油地质储量为405×10^4t，属特低丰度（47×10^4t/km^2）、中深层（2550～2900m）、低产（3.9m^3/(km·d)）、小型油藏（405×10^4t）。

静52块地理上位于辽宁省新民县兴隆乡，构造上位于大民屯凹陷中央潜山带的中部，日的层段是太古宇，主要由鞍山群变质岩组成，岩性主要为黑云母斜长片麻岩、浅粒岩、变粒岩、混合花岗岩、脆裂岩以及斜长角闪岩，并伴有晚期侵入的煌斑岩及辉绿岩脉。储集岩以混合花岗岩、浅粒岩为主，其次为黑云母斜长片麻岩、变粒岩。该块于1974年1月由探井——沈32井发现，1988年9月，静52井投试采，初期日产油5.2t，累积产油只有386t。截至2007年年底，该块完钻各类井13口，共投产7口，累积生产原油27462t，采出程度只有0.68%。

静52块构造呈一向北东方向翘起的斜坡，坡度角约8°～12°，潜山被多条正断层所切割，主要发育有北东向、近东西向两组断层，受早期断裂的分割形成洼垒相间的构造格局，构造高点位于安130—安97一线井附近，高点埋深2500m。该块断裂较发育，共发育20余条正断层，对油气分布有一定的控制作用，油气主要富集在受断层夹持的高垒块上。

根据岩心和薄片鉴定，静52块潜山以浅粒岩类和混合岩类为主，其特点是暗色矿物含量极少，矿物颗粒为等粒状细晶。有利于裂缝的形成。浅粒岩类主要为斜长浅粒岩和二长浅粒岩。斜长浅粒岩主要矿物为更钠长石、石英，含极少量的黑云母。二长浅粒岩主要矿物为更钠长石、微斜长石、石英及少量的墨云母。浅粒岩类具有细—中粒普通晶镶嵌结构，粒度为0.3～2mm。混合岩类为浅粒岩质斜长混合岩和浅粒岩质混合岩。具有粗—巨晶交代结构，主要矿物为斜长石、钾长石、石英，暗色矿物为黑云母，含量极少。晚期侵入的辉绿岩脉，分布范围小，厚度不大。根据地层倾角测井资料分析这一些岩脉呈北西向展布，与北东走向的断层展布方向呈一夹角。浅粒岩类和混合岩类有利于裂缝形成，是本区主要储集岩。

基岩断裂带控制着宏观裂缝的形成及其裂缝带的分布。

根据古地磁资料分析，构造裂缝发育方向有3组：一组是近东西向，另一组是北北西向和北东向。潜山晚期侵入的辉绿岩脉的空间分布为北西向，与潜山的主要裂缝方向基本一致（表4-1）。

表4-1　静52潜山古地磁定向裂缝方位数据表

井　号	深度，m	平均剩磁偏角，(°)	平均剩磁倾角，(°)	裂缝方位，(°)
A130	2530.0	18.8	72.1	34、333、84
A130	2759.0	-46.5	76.4	38.5、328.5、288.5
A1	2743.5	69.0	74.0	24、283
A101	2574.8	89.2	60.4	23、318、283

续表

井　号	深度，m	平均剩磁偏角，(°)	平均剩磁倾角，(°)	裂缝方位，(°)
A117	2674.0	-80.3	76.7	40、81
A97	2667.0	-6.3	70.7	47、80
A133	2780.0	55.0	67.9	38、300、88

根据静52块6口井岩心描述，体积裂缝密度为0.2/mm，裂缝开度平均为0.13mm，裂缝填充物主要为方解石，其次为绿泥石。计算裂缝孔隙度平均值为0.348%。宏观裂缝不发育，而且裂缝填充程度较高，有些样品填充程度可达90%左右（表4-2）。

表4-2　静52块潜山岩心裂缝描述数据表

井　号	块　数	岩心长，m	裂缝开度，mm	裂缝孔隙度，%
静52	1	3.2	0.02	0.6
安107	1	1.23	0.01	0.03
安114	3	2.75	0.01	0.3
安130	14	15.76	0.015	0.21
安133	1	1.9	0.01	0.6

对6口井的岩心中取样28块进行了孔隙图像分析研究。分析结果有8块样品中见有极少量的裂缝，发育一条或两条，张开宽度为15.35～75.99μm。5块样品偶见孔隙，平均孔隙宽80～100μm，面孔率为0.8%～1.0%。其余15块铸体薄片上均无孔无缝。从上述分析的结果看，静52潜山微观孔隙也不是很发育，大多数被完全填充。

静52潜山共取样8块进行了扫描电镜研究。所见微孔隙类型主要有碎裂粒间孔、粒间缝、微裂缝、晶间孔、层间缝、矿物解理缝等。孔隙直径（或张开宽度）为0.2～40μm，但主要为2～15μm。常规物性的孔隙度、渗透率特点及毛管压力曲线特征反映的也是扫描电镜下的微孔隙及微裂缝。说明静52潜山储层的微孔隙主要应由碎裂粒间孔及微裂缝所构成。这种微孔隙可具有一定储集性能（表4-3）。

表4-3　扫描电镜下微孔隙特征

井　号	取样深度，m	孔隙类型	孔隙直径，μm	发育程度
安130	2689.19	碎裂粒间孔解理缝	60	发育
		微裂缝	<1～4	局部
	2870.10	碎裂粒间孔	10～15	发育
		粒间缝	1～2	4条
	3098.07	晶间孔	40	局部
		解理缝	1	发育
安114	2869.98	微裂缝	2～15 20～30	发育
安133	2783.8	晶间孔缝	2～20	发育
		解理缝	<1～10	局部

续表

井　号	取样深度，m	孔隙类型	孔隙直径，μm	发育程度
安 131	2807.10	微裂缝	1±	1 条
	2808.80	微裂缝	<1	少
		晶间缝	0.5～6	局部
	2850.32	碎裂粒间孔	5～10	发育
		解理间缝	0.2～3	发育
		微裂缝	<0.2	少
		粒内孔	1～3	发育
		晶间孔	4.5～14	发育

综合压汞及裂缝统计资料，静 52 块潜山裂缝分布为：裂缝开度为 10μm 以上裂缝占 10%；裂缝开度为 0.1～10μm 的有效裂缝占 39.8%；裂缝开度小于 0.1μm 的无效裂缝占 50.2%。

油藏高点埋深为 2500m，出油底界深度为 3005m，含油幅度 505m 左右。油层分布主要受构造、岩性控制，在构造高部位和断层比较发育的区域，裂缝发育程度高。裂缝与岩性关系密切，主要发育暗色矿物少、岩性脆的混合花岗岩、浅粒岩，其次为黑云母斜长片麻岩、变粒岩。

静 52 潜山原油属于高凝油，地面原油密度平均为 0.860g/cm^3，黏度（100℃）平均为 7.695mPa・s，凝固点平均为 55.6℃，含蜡量平均为 39.5%。

该油藏具有统一的压力和温度系统，原始压力系数在 0.98～1.01MPa/100m 左右，地层温度为 72～108℃，地温梯度为 5℃/100m。目前油藏基本保持原始压力状态。

油层分布主要受构造、岩性控制，在构造高部位和断层比较发育的区域，裂缝发育程度高。目前完钻井试油试采未发现底水和边水，静 52 潜山为无底水裂缝型块状潜山油藏。

根据试油试采，油藏有以下开发特点：

（1）储层低渗，油井递减速度较快，直井生产效果差、经济效益差。

该块裂缝主要为微裂缝，构造裂缝不发育，裂缝发育程度低，储层低孔低渗，油井投产后初期具备一定产能，但递减较快。平均单井月递减率为 35%，反映储层低渗特点。投产 7 口井平均单井累积产油 2485t，累积产量低，直井生产效果、经济效益差。

（2）储层非均质性强，油井产能差异大。

该块完钻探井 13 口，安 112 井 2891～2823m 井段压裂后试油日产油 62.24t，静 52 井 2797.87～2852m 井段试油日产油 97.5t，其余井、层段试油一般日产油 1～12t，产能差异较大。完钻 13 口井中有 4 口井显示较差未投产，投产的 7 口井中油井产能也存在一定差异，最高的初期日产油 12t，较低的日产油 1.5t。反映裂缝性储层的严重非均质性。

根据地质特征、开发特点的认识，油藏工程设计遵循以下要点：

（1）开发层系为一套层系。

（2）开发方式采用注水开发。静 52 块地下原油黏度 μ_o 为 7.43mPa・s，油水流度比 M 为 0.82，有利于注水开发。注水开发能够提高采收率 3.3%。该块人工水驱采收率为 15%，采用以下方法确定。

①裂缝潜山水驱采收率计算经验公式。

利用水驱采收率计算公式（取自计算潜山裂缝等经验公式）：

$$E_R = 106.45 \times (\phi \times S_{oi} / B_{oi})^{0.2866} \times (K_o \times \mu_w / \mu_o)^{0.1438} \times S_{wi}^{-0.1575}$$

式中 E_R——水驱采收率，%；

B_{oi}——原始压力下地层原油体积系数；

μ_w——地层水黏度，mPa·s；

μ_o——地层油黏度，mPa·s；

ϕ——孔隙度，小数；

S_{oi}——原始含油饱和度，小数；

S_{wi}——束缚水饱和度，小数；

K_o——渗透率，$\times 10^{-3} \mu m^2$。

经计算，静52块水驱采收率为18.1%。

②表格法（见表4-4）。

表4-4 不同驱动机理类型的油藏采收率范围表

驱动类型		采收率
1	液体和岩石弹性	0.02～0.05
2	溶解气驱	0.12～0.25
3	油环气顶驱	0.20～0.40
4	重力驱	0.50～0.70
5	边水驱	0.35～0.60
6	底水驱	0.20～0.60
7	注水驱	0.25～0.60

根据表4-4，注水驱采收率一般为25%～60%。

③类比法。

静52块与安1潜山、边台潜山在原油性质、储层物性、油藏类型等方面相似，安1潜山目前水驱采出程度为12.6%，采油速度为0.49%，综合含水57.1%。边台潜山南部于1991年投入开发，目前水驱采出程度为12.3%，采油速度为0.83%，综合含水33.1%。通过注水开发，同类油藏提高了采收率，且目前含水不高。

可见静52块人工注水补充能量开发比较现实可行。

(3) 井网井距：正方形井位、350m×350m正方形井网，水平段长度为1000m，单井控制储量为41×10^4t，水平井+直井组合开发。

(4) 注水方式：层内底部注水。

(5) 压力保持水平：要求地层压力保持在原始地层压力的85%左右。

(6) 注水温度：注常温水。

(7) 注水时机：开发初期采用天然能量开发，待到压力降到原始压力的85%时，再转入注水开发。

开发部署原则是：

(1) 整体部署，分批实施。

(2) 逐步实现开发方式的转换，利用水平井替代直井产能。

（3）为确保增产效果，选择油层有效厚度大于30m、储量丰度较高的裂缝发育带进行部署。

（4）开发的对象应具备物质基础和调整条件。

（5）应选择压力系数相对较高区域部署，确保水平井有效的能量供给。

（6）保证水平井有较高的控制储量，并且尽量与周围井错开层位开采。

（7）适当注意井网的需要，为以后的注水提供条件。

（8）能够有效地沟通裂缝，优化水平段延伸方向。

遵循以上部署原则，在静52块部署水平井3口，实现直井注水，水平井采油。

2. 20分支鱼骨井设计与实施

静52—H1Z 20分支鱼骨井位于辽宁省新民县兴隆堡乡金太牛村附近，设计为20分支鱼骨井，基本参数如表4－5所示。

表4－5　静52—H1Z井基本数据表

<table>
<tr><td colspan="2">井别：开发井</td><td colspan="2">井型：水平井</td><td colspan="2">井号：静52—H1Z</td></tr>
<tr><td>地理位置</td><td colspan="5">辽宁省沈阳市新民县兴隆堡乡金太牛村附近</td></tr>
<tr><td>海域</td><td colspan="5"></td></tr>
<tr><td>构造位置</td><td colspan="5">大民屯凹陷静安堡潜山带中部</td></tr>
<tr><td>潮汐，m</td><td></td><td>磁偏角，(°)</td><td>－8.12</td><td rowspan="2">平台号</td><td rowspan="2"></td></tr>
<tr><td>水深，m</td><td></td><td>地面海拔，m</td><td>30</td></tr>
<tr><td rowspan="2">设计井深，m</td><td>B（入口点）</td><td colspan="2">2774</td><td rowspan="2">目的层</td><td rowspan="2">Ar</td></tr>
<tr><td>A（端点）</td><td colspan="2">2887.9</td></tr>
<tr><td rowspan="2">水平段长度，m</td><td colspan="3">主井眼</td><td colspan="2">1000</td></tr>
<tr><td colspan="3">分支（20个）</td><td colspan="2">150</td></tr>
</table>

静52—H1Z井地质设计包括试验井所处地面的地理环境、气象、水文、灾害性地理地质现象等自然状况；基本数据、靶点设计数据、地质概况、区块生产动态、地质风险分析、复杂结构井设计依据及钻探目的、完钻层位及原则、完井方法、设计地层剖面及预计的油气水层位置；工程设计方面对井身质量、井身结构的要求；岩屑录井、综合录井、钻井取心、井壁取心、钻井液录井、荧光录井、地化录井、碳酸盐分析、泥页岩密度、地层漏失量、压力检测（*dc*指数）、化验分析选送样品要求、地球物理测井等资料录取、完井资料要求。

1）设计依据

（1）依据油气田开发工作审定纪要2007年第40期《关于在静52块部署水平井的审定纪要》。

（2）依据沈阳采油厂地质开发研究所2007年6月编制的“静52潜山开发井位部署图”。

（3）依据安133井、安112井、沈32井、安107井测井解释、试油、试采成果。

2）钻探目的

应用鱼骨井开发低渗储层，提高静52潜山难采储量动用程度。

3）完钻层位及原则、完井方法

水平井完钻层位为太古宇。

4）完钻原则

按设计要求完钻，若遇特殊情况，及时与开发处、沈阳采油厂联系。

完井方法：要求采用三开完井，潜山面以上采用套管完井，技术套管下到潜山面以下垂深10m处；潜山大斜度段及水平段采用筛管完井。

静52—H1Z井于2007年9月16日开钻，2008年5月29日完井，钻井周期254d，建井周期262d，平均机械钻速为3.68m/h。实际井身结构数据见表4－6。

表4－6 实际井身结构数据表

开钻次数	钻头尺寸，mm	井深，m	套管尺寸，mm	套管下深，m	完井方式	备注
一开	444.5	253	339.7	251.35	套管	固井
二开	311.1	3036	244.5	3031.36（封潜山10m）	套管	固井
三开	215.9	4246	139.7	4246	割缝筛管	悬挂
20分支井眼	200				裸眼	

图4－1为静52—H1Z井身结构示意图，表4－7为静52—H1Z井潜山地层井眼数据表。

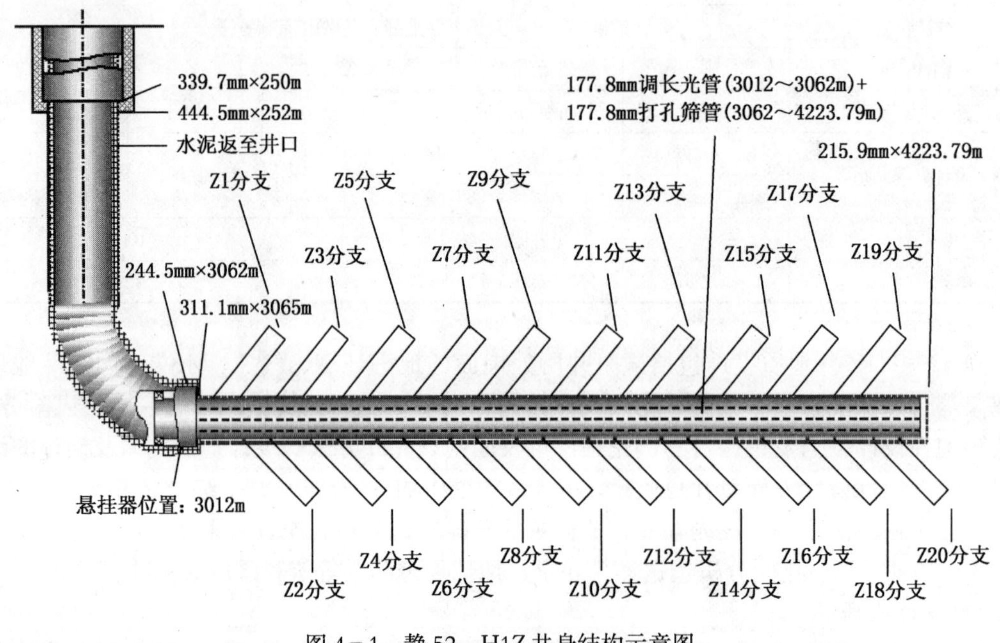

图4－1 静52—H1Z井身结构示意图

5）施工难点

（1）分支侧钻。由于分支侧钻点处于含石英混合花岗岩的潜山地层水平段内，其岩性可钻性差，研磨性强，悬空侧钻难度很大。

（2）主井眼管柱重入。该井的分支施工顺序是由近到远，管柱重入主井眼的难度很大。

（3）地层可钻性差。在进尺4560m含石英混合花岗岩潜山地层内的造斜和水平段实施滑动钻进时，机械钻速低，提高钻井速度的难度大。

（4）轨迹控制。该井水平井段窗体设计较窄，垂向±1m，横向±2m，轨迹控制精度难度大。

表 4－7　静 52—H1Z 井潜山地层井眼数据表

主眼序号	起始井深，m	终止井深，m	进尺，m	分支序号	起始井深，m	终止井深，m	进尺，m
1	3036	3273	237	1	3273	3465	192
2	3273	3323	50	2	3323	3515	192
3	3323	3373	50	3	3373	3566	193
4	3373	3433	60	4	3433	3616	183
5	3433	3474	41	5	3474	3693	219
6	3474	3524	50	6	3524	3717	193
7	3524	3572	48	7	3572	3767	195
8	3572	3623	51	8	3623	3818	195
9	3623	3673	50	9	3673	3868	195
10	3673	3723	50	10	3723	3918	195
11	3723	3773	50	11	3773	3969	196
12	3773	3823	50	12	3823	4020	197
13	3823	3882	59	13	3882	4070	188
14	3882	3923	41	14	3923	4120	197
15	3923	3973	50	15	3973	4170	197
16	3973	4023	50	16	4023	4086	63
17	4023	4065	42	17	4065	4122	57
18	4065	4098	33	18	4098	4188	90
19	4098	4148	50	19	4148	4272	124
20	4148	4184	36	20	4184	4255	71
21	4184	4246	62	分支总进尺			3332
主眼总进尺			1210				

（5）套管保护。该井潜山内施工进尺达 4560m，在钻具长期频繁旋转和起下的情况下，技术套管保护难度大。

（6）摩阻与扭矩的控制。该井水平段长、分支井眼多，大部分进尺依靠井下动力钻具滑动钻进方式完成，在大斜度井段易形成岩屑床，井眼净化、降低摩阻与扭矩难度大。

（7）油层保护。该井油层孔隙度小、裂缝不发育、压力系数低、钻井施工周期长，有效实现油气层保护难度大。

（8）技术套管固井。该井上部技术套管下至潜山面以下垂深 10m，并要求水泥返至地面，封固段长，潜山易漏，技术套管顺利下入和保证固井质量难度大。

6）主创新技术

（1）复合井眼侧钻技术。根据设计井眼尺寸，该井只能采用悬空侧钻的方法进行分支侧钻（图 4－2）。水平段内悬空侧钻是在钻头前无任何阻挡的情况下，依靠单弯螺杆钻具具有的侧向力，控制比正常钻进慢几倍的钻速，由钻头反复定向切削井壁逐渐形成新的井底，实现侧钻井眼逐步偏离原井眼，达到侧钻成新井眼的目的。这种侧钻方法花费时间长、一次成功率低，以往同一类型井悬空侧钻需要 5～7d（图 4－2）。

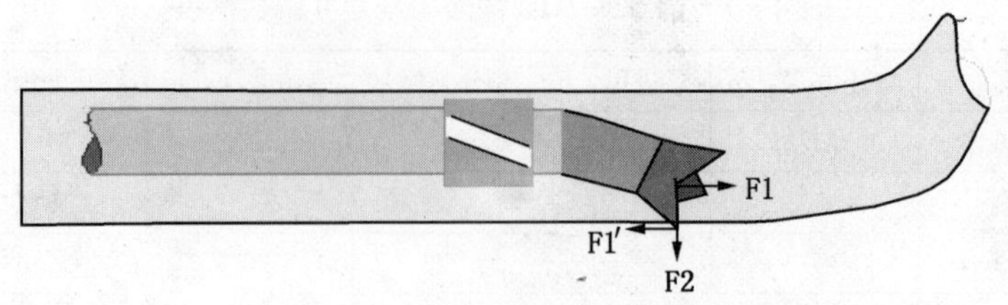

图 4-2 悬空侧钻示意图

经过技术人员的认真研究，提出按照分支自然顺序施工，采用 ϕ215.9mm 主井眼 + ϕ200mm 分支井眼这种复合井眼侧钻技术，在不影响开发效果的前提下（ϕ200mm 井眼比 ϕ215.9 mm 井眼在储层内的裸露面积减少 7%），可成功解决悬空侧钻的难题。

复合井眼侧钻技术是在分支自然顺序施工中，首先选用设计尺寸钻头钻至分支点，然后选用与设计欠尺寸钻头钻分支井眼，待分支井眼完成后，再选用设计尺寸钻头进行分支侧钻主井眼。这样，在分支侧钻点处形成大小井眼交界台阶，可以实现加压侧钻，完全解决了悬空侧钻的难题，大幅度地提高了侧钻效率（见图 4-3）。

该井采用 ϕ215.9mm 主井眼 + ϕ200mm 分支井眼的复合井眼技术，将侧钻速度由原来的 120～150h 降低到 7～12h，侧钻效率提高了 10 倍以上，实现钻井周期比设计缩短了近 100d（图 4-3）。

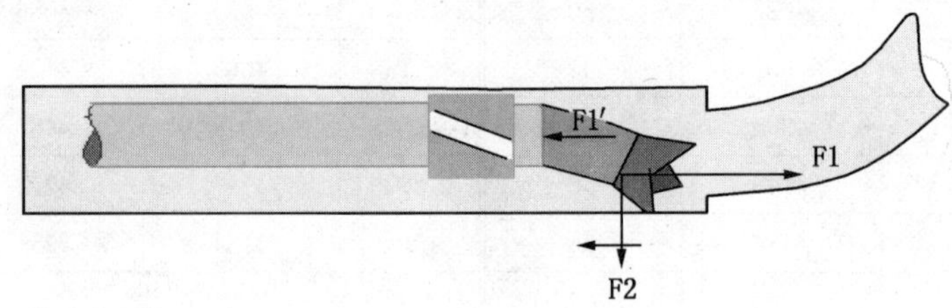

图 4-3 复合井眼侧钻示意图

（2）主井眼管柱重入技术。

静 52—H1Z 鱼骨井采用了由近到远分支自然施工顺序，即水平段主眼→分支 1→主眼→分支 2……这种顺序可对分支侧钻提供一个较好的条件。同时，在前面分支井眼完成后，必须保证在下步工序中管柱不再进入前面分支井眼，完全在主井眼内实现管柱重入。

主井眼管柱重入技术是根据水平井管柱在井眼内的受力特点，主井眼采用低边侧钻进行轨迹控制，管柱下入时依靠重力只沿井眼低边前进，实现主井眼管柱重入。

该井主井眼用 ϕ215.9mm 侧钻时，采用降斜与变方位同时进行，避免全力降井斜造成轨迹超出 2m×4m 窗体控制范围，同时也降低了造斜率，待侧钻 5～6m 后再把井眼轨迹调整到设计窗体中心偏上位置，防止轨迹大幅度波动，提高轨迹精度，减小摩阻。

（3）钻井提速技术。

①直井段复合钻井技术。主要采用复合钻井技术，选用高转速、高泵压钻井参数，实现直井段机械钻速达到 10.81m/h。

②采用复合井眼分支侧钻技术。侧钻效率提高了 10 倍以上，钻井周期比设计缩短了近 100d。

③优选动力钻具和钻头。优化螺杆钻具的尺寸和性能，选用耐高温、强动力的螺杆钻

具；选用强保径的金属密封钻头，实现了潜山井段机械钻速达 3.25m/h，同比提高了 17%。

（4）实钻轨迹控制技术。

该井水平段轨迹控制范围均设计为 2m×4m 窗体，精度要求较高。为保证实钻轨迹达到设计要求，主要采用以下技术：

①造斜段井眼轨迹控制技术。采用可变曲率井眼轨迹优化控制和空间双圆弧待钻井眼设计技术，优化导向钻具组合，确保了轨迹平滑和控制精度，为 ϕ244.5mm 技术套管的顺利下入提供有利的条件。

②水平段井眼轨迹控制技术。在水平段井眼的轨迹控制中仍采用可变曲率井眼轨迹优化控制和空间双圆弧待钻井眼设计技术，优化导向钻具组合。在主井眼侧钻时，采用降斜与变方位同时进行，避免全力降井斜造成轨迹超出控制范围，同时也降低了造斜率，防止轨迹大幅度波动，提高了轨迹精度，降低了摩阻。

（5）套管保护技术。

该井潜山内施工进尺 4560m，从三开至完钻施工时间长达 186d，经历了 86 次起下钻具作业，在钻具长期频繁旋转和起下的情况下，为有效保护技术套管不被损坏，应用非旋转减阻接头保护套管技术。

该井使用了 ϕ127mmG105×18°斜坡钻杆。钻杆接头表面碳化钨防磨材料长期在套管内旋转和滑动，对套管产生磨损，在造斜弯曲井段更加严重。为了避免或减少磨损，同时使用了 15 个非旋转减阻接头，结果表明非旋转减阻接头在该井的使用是非常成功的，有效地保护了技术套管。

（6）摩阻与扭矩控制技术。

该井水平段长、分支井眼多，大部分进尺依靠井下动力钻具滑动钻进方式完成，在大斜度井段易形成岩屑床。为确保井眼净化、降低摩阻与扭矩，主要采用以下技术：

①钻井液润滑技术。二开井眼采用 NG 新型润滑剂。该润滑剂将钻井液的摩阻系数从 0.262 降到最低为 0.203，在不影响钻井液性能的情况下，起到了较好的润滑效果。从 1970m 造斜开始到 3036m，共计加入 NG 润滑剂 18500kg，滑动钻井时没有出现托压现象，上提、下放钻具摩阻小于 100kN。在完井时，NG 润滑剂结合微珠固体润滑剂，确保了中途完井电测一次成功和技术套管顺利下入。

三开（潜山）井段采用 TR 润滑剂。该润滑剂能够吸附在金属表面和井壁表面上，形成润滑层，提高润滑性。该井钻至 3491m 时，理论悬重约 1000kN，实际上提悬重约 1400kN，上提摩阻高达 400kN。加入 6500kgTR 润滑剂后，摩阻降低至 80kN，该润滑剂起到了明显的润滑减阻效果。

②井眼净化技术。应用无固相新型聚合物弱凝胶体系。该体系具有很高的动塑比，在井壁附近低剪切状态下形成高黏弹性区域，防止钻屑在井壁低边形成岩屑床，具有很好的动态悬砂能力。坚持钻井液的四级净化，在潜山储层水平段施工时，增配了一台 60m^3 高速离心机，保证钻井液净化。

通过改善钻井液的流变性、增大钻井液排量、定时间定井段短程起下钻、旋转钻具等措施，达到清除岩屑床、净化井眼的效果，为钻井安全快速提供保障，全井事故率为零。

（7）油气层保护技术。

①应用新型 PGW 无固相钻井液体系。由于该体系不存在伤害油气层的固相，并且在井壁附近低剪切状态下形成的高黏弹性区域，阻止了钻井液滤液向油气层深处运移，有助于保

护油气层。

②应用超低渗透降滤失剂。超低渗透降滤失剂能够在井壁表面浓集形成胶束，依靠胶束或胶粒界面吸力，在井壁表面形成致密超低渗透封堵膜，有效封堵不同渗透性地层和微裂缝地层。在新型PGW无固相钻井液体系中加入0.5%～1%超低渗透降滤失剂，实现了油气层的保护。

③应用聚合醇附着保护技术。聚合醇具有浊点效应，在井温作用下，产生相分离，并附着在井壁上，对油气层起到保护作用。在施工过程中，加入1%的聚合醇，在钻井液润滑和保护油气层方面起到积极的作用。

(8) 技术套管固井技术。

①使用CX－Ⅱ高效冲洗液。使用CX－Ⅱ高效冲洗液30m³，环空液柱高度在350m以上，紊流接触时间在15min以上，有效清洁套管界面，改善套管和地层之间界面的亲水性，确保了固井质量。

②实施近平衡固井。准确计算固井施工过程中井底潜山地层最大当量钻井液密度，采用低密度双凝水泥浆体系，实现了平衡压力固井，有效地防止了固井施工中发生井漏。

二、边台北

1. 油藏特征

边台北构造上位于边台潜山北部，2001年上报探明含油面积4.5km²，石油地质储量792×10^4t，储层物性差，裂缝密度低。属于低储量丰度、低裂缝密度、低产能的“三低”变质岩潜山油藏。

通过深化潜山低产机理研究，根据纵向上裂缝发育特点，2008年在该块整体开发部署鱼骨井8口，其中在区块南部纵向上具有3～4个裂缝发育段的部位，部署了多分支鱼骨井3口；在该块北部纵向上只有1～2个裂缝发育的部位，部署了5口单支鱼骨井，使该块792×10^4t难采储量高效开发成为可能。设计单井日产能力为11，预建年产能力为2.6×10^4t。目前完钻水平井4口，初期平均单井日产油21t，目前日产油18.5t，区块日产油由水平井实施前的52t上升到目前的141t，预计新井全部投产后区块日产油将上升到240t，采油速度将达到1.01%，采油速度将提高0.71个百分点。通过规模应用复杂结构井，边台难采储量实现了有效开发动用，证明低渗透裂缝性潜山油藏水平井效果优于直井，对于该类直井无法有效开发动用的油藏，可以利用水平井技术实现有效开发，对其他同类油藏开发有一定指导意义。

2. 双底11分支鱼骨井设计与实施

1) 地质设计

地质设计数据见表4－8。

表4－8 地质设计数据

<table>
<tr><td rowspan="4">设计井深，m</td><td rowspan="2">B（入口点）</td><td>分支一：2141.7</td><td rowspan="4">目的层</td><td rowspan="4">Ar</td></tr>
<tr><td>分支二：1931.8</td></tr>
<tr><td rowspan="2">A（端点）</td><td>分支一：2333.5</td></tr>
<tr><td>分支二：2006.8</td></tr>
<tr><td rowspan="3">水平段长度，m</td><td colspan="2">分支一主井眼（6分支）</td><td colspan="2">935</td></tr>
<tr><td colspan="2">分支二主井眼（5分支）</td><td colspan="2">735</td></tr>
<tr><td colspan="2">分支（共11个）</td><td colspan="2">180</td></tr>
</table>

2）井身结构设计

依据安全、高效钻井、满足采油工艺要求的原则设计井身结构，根据地层压力情况设计井身结构，保证两个主分支井眼压力互不干扰。表 4－9 和表 4－10 为两分支井身结构设计数据。Z1 井眼井位部署如图 4－4 所示。Z2 井眼井位部署如图 4－5 所示。

表 4－9　Z1 分支井井身结构设计数据

开钻次数	钻头尺寸，mm	井深，m	套管尺寸，mm	套管下深，m	完井方式	备　注
一开	444.5	202	339.7	200	套管	固井
二开	311.1	2297	244.5	2292.09	套管	固井
三开						
Z1 主井眼	215.9	3263.53	139.7	3263.53	筛管	不固井
Z1－1	200	2578.23			裸眼	2392.09m 侧钻
Z1－2	200	2723.53			裸眼	2532.09m 侧钻
Z1－3	200	2868.96			裸眼	2672.09m 侧钻
Z1－4	200	3017.45			裸眼	2812.09m 侧钻
Z1－5	200	3166.09			裸眼	2952.09m 侧钻
Z1－6	200	3307.11			裸眼	3092.09m 侧钻

表 4－10　Z2 分支井井身结构设计数据

开钻次数	钻头尺寸，mm	井深，m	套管尺寸，mm	套管下深，m	完井方式	备　注
Z2 主井眼	215.9	3172.47	139.7	3172.47	筛管	开窗点 1800m
Z2－1	200	2650.83			裸眼	2468.33m 侧钻
Z2－2	200	2794.85			裸眼	2608.33m 侧钻
Z2－3	200	2934.91			裸眼	2748.33m 侧钻
Z2－4	200	3075.18			裸眼	2888.33m 侧钻
Z2－5	200	3216.01			裸眼	3028.33m 侧钻

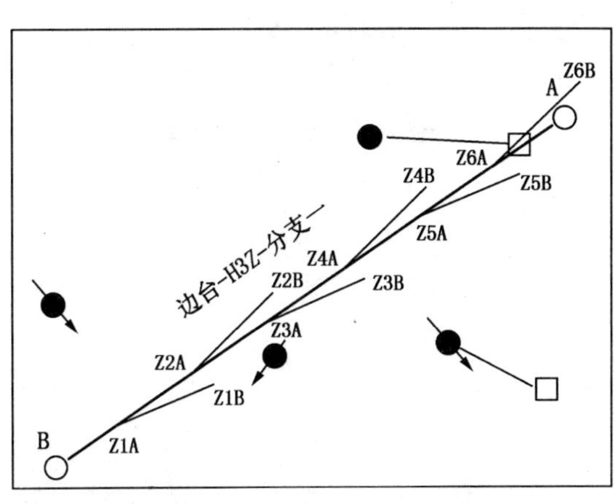

图 4－4　Z1 井眼井位部署

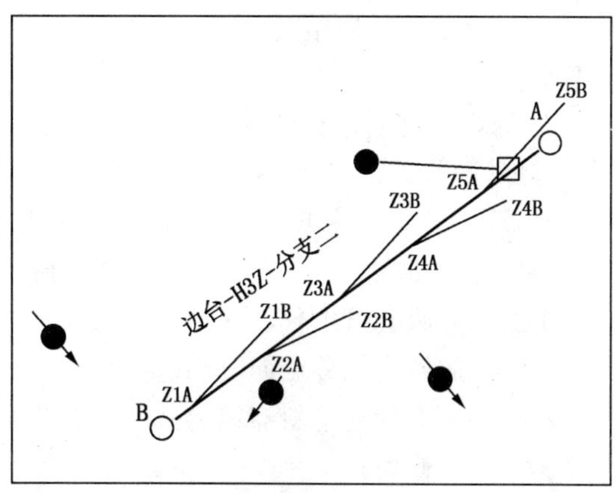

图 4－5　Z2 井眼井位部署

3）施工难点

（1）水平段钻进。

边台 H3Z 复合多分支井油层设计在潜山油藏内，第一分支主井眼裸眼段长 963m，鱼骨分支共 6 个，累积长度为 1212.56m，水平段存在多处拐点，最大井斜达到 99.4°，最大位移为 1279.42m。由于井眼轨迹复杂、裸眼段长、地层硬，导致岩屑携带困难，摩阻、扭矩都很大。图 4－6 为实钻井眼轨迹立体视图。

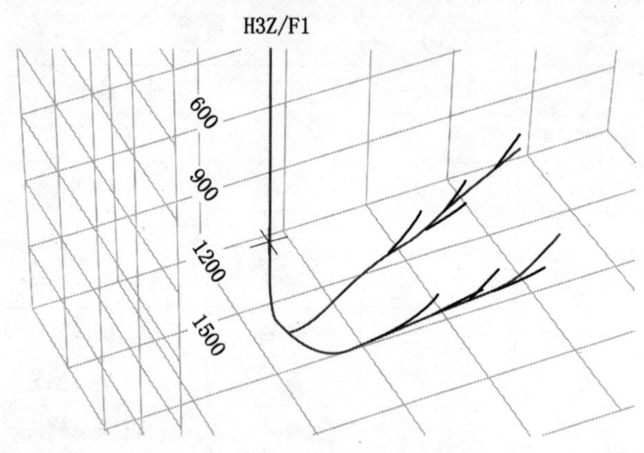

图 4－6　实钻井眼轨迹立体视图

在现场施工中采取了以下的措施：

①优化钻具组合与钻井工艺：在水平段实际钻进过程中，采用螺杆＋牙轮钻头的定向组合方式，优化上部钻具组合，以复合钻进为主，以滑动钻进来调整井眼轨迹，每钻进 50m 短起下一次，避免岩屑在拐点处堆积，控制钻井液固相含量。

②合理控制钻压，克服上部钻具摩阻，同时能够保证加在钻头上一定的钻压，钻压需要控制在一定的范围之内，避免出现掉牙轮、断螺杆等复杂情况的发生。

（2）潜山层内斜井段套管开窗。

边台 H3Z 井开窗点深度为 1798～1804m，开窗中具有以下难点：

①井斜 23°，顺着井斜方向开窗，对造斜器磨损大。

②开窗点地层岩性为混合花岗岩，质地坚硬，可钻性差，铣锥开破套管后，无法尽快使新井眼与原井眼间形成夹壁墙。

③多分支井技术对窗口要求严格，窗口的高度与宽度影响到后续的完井施工。综合开窗设计中的一些难点，现场采取相应的技术措施如下：

a. 优化开窗钻具组合，减少刚性钻铤数量；

b. 优化开窗参数，钻压与转速密切配合，避免造成铣锥空磨或被压死；

c. 现场指挥，根据实际转盘反扭情况、铁屑形状、开窗钻时随时调整钻压、转速与修窗时机；

d. 修窗要彻底，直到铣锥上下提放无阻卡显示为止，起出铣锥后，测量其外径，确认磨损程度。

4）分支钻完井施工

（1）施工步骤。

①通主井眼套管内径、下造斜器底座；

②测造斜器内钻井定向套高边方位；

③按测定方位连造斜器组合并下入井内；

④开窗、修窗；

⑤正常钻进；

⑥打捞造斜器；

⑦下空心导斜器；

⑧下引子试过窗口并通井到井底；

⑨悬挂器试下；

⑩通井、下完井管柱；

⑪打捞开孔套管内衬管；

⑫钻主井眼中心孔水泥塞。

表 4－11、表 4－12 为窗口数据和开窗时井下工具参数，图 4－7 为开窗时主井眼工具示意图。

表 4－11　窗口数据

施工时间	2008 年 5 月 20 日至 5 月 25 日
窗口位置	1798.85～1803.9m
开窗点井斜	22°
开窗点岩性	浅灰色油迹混合花岗岩
造斜器高边	0°（重力高边）
上定向套高边	212°（重力高边）

表 4－12　开窗时井下工具参数

<table>
<tr><th>序号</th><th>名称</th><th>长度，m</th><th>下深，m</th><th>外径/内径，mm</th><th>备　注</th></tr>
<tr><td rowspan="2">1</td><td>技术套管</td><td></td><td>2280.29</td><td>244.5/220.5</td><td>N80</td></tr>
<tr><td>开窗套管</td><td>11.01</td><td>1795.17～1806.18</td><td>244.5/220.5</td><td>潜山下</td></tr>
<tr><td rowspan="2">2</td><td>可捞造斜器</td><td>4.05</td><td>1798～1802.5</td><td>210/64</td><td>捞出</td></tr>
<tr><td colspan="2">打捞孔深度，m</td><td colspan="3">1800.33</td></tr>
<tr><td>3</td><td>造斜器变扣</td><td>1.0</td><td>1802.05～1803.05</td><td>193.7/175</td><td rowspan="5">捞出</td></tr>
<tr><td>4</td><td>调长套管</td><td>2.03</td><td>1803.05～1805.08</td><td>193.7/175</td></tr>
<tr><td rowspan="2">5</td><td>修井定向套</td><td>0.8</td><td>1805.08～1805.88</td><td>215/159</td></tr>
<tr><td>斜面深度</td><td>1805.26～1805.75</td><td>斜面方向</td><td>与造斜器同向</td></tr>
<tr><td>6</td><td>钻井上定向套</td><td>1.26</td><td>1805.88～1807.14</td><td>189/159</td></tr>
<tr><td rowspan="4">7</td><td>造斜器底座</td><td>2.84</td><td>1806.23～1809.07</td><td>210/159</td><td>留井</td></tr>
<tr><td colspan="2">胶筒深度，m</td><td colspan="3">1808.82</td></tr>
<tr><td colspan="2">卡瓦深度，m</td><td colspan="3">1808.58</td></tr>
<tr><td colspan="2">钻井下定向套顶深，m</td><td colspan="3">1807.14</td></tr>
<tr><td>8</td><td>调长套管</td><td>11.34</td><td>1809.07～1820.41</td><td>177.8/159.4</td><td>N80</td></tr>
<tr><td rowspan="2">9</td><td>水泥盲管</td><td>1.11</td><td>1820.41～1821.52</td><td>177.8/159.4</td><td>N80</td></tr>
<tr><td colspan="2">水泥塞深度，m</td><td colspan="3">1820.81～1821.48，完井贯通主井眼时钻穿</td></tr>
<tr><td>10</td><td>调长套管</td><td>0.89</td><td>1821.52～1822.41</td><td>177.8/159.4</td><td>P110</td></tr>
<tr><td>11</td><td>倒喇叭口</td><td>0.2</td><td>1822.41～1822.61</td><td>215/159</td><td>留井</td></tr>
</table>

（2）Z2 分支完井施工。

Z2 分支所钻油藏垂深在 1932～2007m，设计井深为 3173m，在水平段分布 5 个分支，

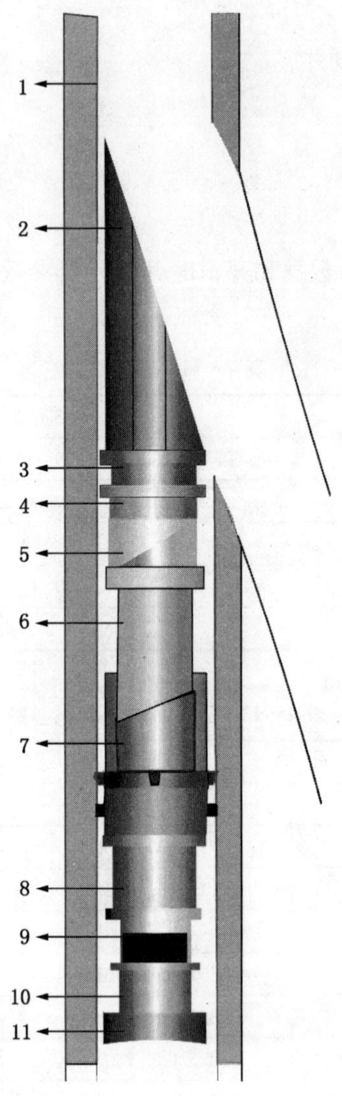

图 4-7　开窗时主井眼工具示意图

1—引鞋；2—筛管；3—套管；4—套管；5—旋转接头；6—套管；7—套管；8—丢手工具；9—螺旋定位；10—调长套管；11—喇叭口

每分支长度为 180m，油层水平段长 735m。采用 5½in 打孔筛管悬挂完井方式。在分支井完井工艺上，采用 DF-1 分支井钻完井系统。Z2 分支完井数据见表 4-13。图 4-8 为边台 H3Z 井完井管柱示意图。

表 4-13　Z2 分支完井数据

序号	名称	外径 mm	内径 mm	长度 m	扣型（外螺纹×内螺纹）	累积长度 m	下入深度 m	备　注
1	引鞋	191	0	0.65	5½in LCSG	0.65	3092.53	17.47m
2	筛管	139.7	121	1244.37	5½in LCSG	1245.02	3091.88	P110，9.17
3	套管	139.7	121	11.33	5½in LCSG	1256.35	1847.51	P110，9.17

续表

序号	名称	外径 mm	内径 mm	长度 m	扣型（外螺纹×内螺纹）	累积长度 m	下入深度 m	备　注
4	套管	139.7	121	10.93	5½in LCSG	1267.28	1836.18	P110，9.17
5	旋转接头	196	121	0.87	7in BTC×5	1268.15	1825.25	
6	套管	177.8	160	10.94	7in BTC	1279.09	1824.38	N80，8.05
7	套管	177.8	160	10.76	7in BTC	1289.85	1813.44	N80，8.05
8	丢手工具	197	160	0.61	M190×7in BTC	1290.46	1802.68	
9	螺旋定位	215	175	1.02	7⅝in LCSG	1296.39	1797.16	1797.16
10	调长套管	193.7	174	2.03	7⅝in LCSG	1298.42	1796.14	
11	喇叭口	215	174	0.42	7⅝in LCSG	1298.84	1794.11	
						1298.84	1793.69	喇叭口顶

注：筛管为 24～28 孔/m。

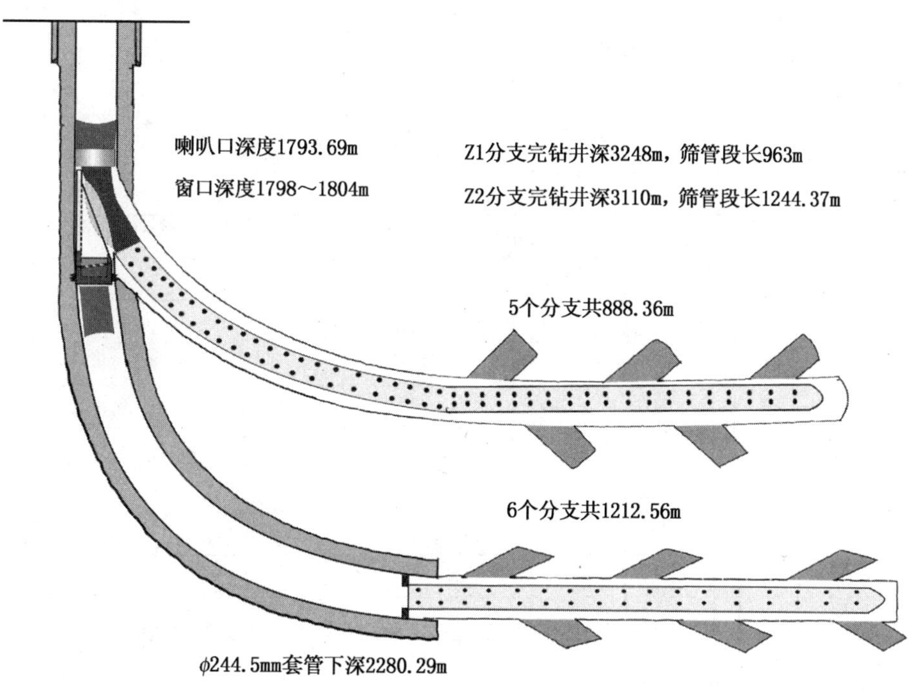

图 4－8　边台 H3Z 井完井管柱示意图

第二节　复杂内幕构造潜山油藏

一、地质特征

兴古 7 变质岩潜山油藏位于辽宁省盘锦市兴隆台区。构造上位于辽河坳陷西部凹陷中段。该区西临盘山洼陷，北侧面临陈家洼陷，南侧是清水洼陷，东侧为冷东深陷带。是典型的“洼中之隆”，具有十分优越的油气成藏条件，构造面积 7.6km²。勘探始于 20 世纪 70 年代，兴 94 等井钻遇潜山，试油已获得工业油流，认为 2720m 为潜山出油底界，到 2005 年部署兴古7井，完钻井深4230m，获工业油流，从而证实深层潜山带具有较高的产能。

兴隆台潜山带总体构造形态是以兴隆台潜山为主体的背斜，向南、向北倾没，沿北东向呈条带状展布。兴隆台潜山目的层为太古界。埋藏深度浅，约为-2400m，太古界潜山直接和新生界角度不整合接触。变质岩形成时间在2500Ma前后，是辽河坳陷最古老的地层。

太古界潜山岩性复杂，划分出两大类7亚类15种岩石类型25种岩石。主要由变质岩和岩浆侵入岩组成。次为岩浆岩侵入体和动力变质岩。岩浆岩侵入体在太古界潜山中广泛分布，以花岗斑岩和闪长玢岩为主，少量煌斑岩、辉绿岩和安山玢岩岩脉。变质岩约占四分之三，岩浆岩约占四分之一。岩性研究中，创新研发了录井岩屑薄片制片方法，奠定了复杂岩性油藏测井刻画与识别的基础。

成像测井解释构造裂缝发育方向以NE—NEE向最发育。岩心统计兴古7潜山构造裂缝，其中高角度缝占32.8%，斜交缝占66.9%，低角度缝只占0.3%，反映该区构造裂缝以中高角度裂缝为主，成像测井解释也反映了裂缝在20°～70°倾角之间较为发育。平均裂缝密度为40条/m，裂缝开度10～100μm。基质孔隙度平均为4.6%，渗透率平均为$4.1\times10^{-3}\mu m^2$。从同类型油藏裂缝密度及宏观裂缝孔隙度统计看，兴古7潜山是一个较低裂缝密度、储层物性中等偏低的裂缝型潜山油藏（表4-14）。

表4-14　同类型潜山油藏储层裂缝开度、密度对比表

区块	裂缝开度，μm		裂缝密度，条/m	
兴古7	10～100		40	
牛心坨	20～30		87.8	
边台	10～50		74.2	
东胜堡	50～200		110.6	
安1—安97	10～50		69.6	
油田名称	裂缝孔隙度，%		裂缝渗透率，$\times10^{-3}\mu m^2$	
	宏观	微观	宏观	微观
兴古7	0.4	3.05	161	29.5
胜利王庄	1.8			
牛心坨	1.1	2.04	201	39.5
边台	0.72	2.82	80～360	1.44～11.77
东胜堡	1.09	3.33	310	48.4

兴古7块的另一个地质特征是油层巨厚，开发上面临巨大挑战。该油藏埋深-2355～-4003m，厚度达1648m，有效厚度为315.3m，未见气顶与边底水。钻井揭露在潜山的上部、中部、底部各有一个油层集中发育段，油层分布具有较强的非均质性。纵向上划分了3个单元，其中二单元层段的油层最发育，油层段集中、厚度较大，投产试油效果较好，其他两个单元油层纵向上发育较一单元差。原油性质好，属稀油。地层原油密度为0.6442g/cm^3，黏度为0.384mPa·s。地面油品凝固点为14～28℃，含蜡5.6%～16.95%，胶质+沥青质0.69%～8.62%。兴古潜山具有统一的温度、压力系统的油藏。油藏类型为块状裂缝性油藏。容积法计算含油面积5.22km^2，原油地质储量1993×10^4t。

二、试油试采特点

根据兴古7块太古界17口试油井、34口试采井分析，具有以下试油试采特点：

(1) 平面上满块含油：兴古7块太古界试油井均见油，浅、中、深3段试采均获工业油流、未见气顶、底水。目前认识含油底界在-4003m。

(2) 纵向上，潜山浅、中、深层均有产能分布，中段和下段产能比上段高。

(3) 非均质性强，潜山顶面产能差异大，采油强度相差2～5倍。中深段井产量差异相对小些。

(4) 油藏天然能量不足，一次采收率低。

虽然兴隆台潜山有一定弹性能量、溶解气能量，但试油、试采均未见气顶、边水，属Ⅱ类天然能量不足油藏。目前直井已呈现产量递减、气油比上升、水平井流压下降趋势。经计算，一次采收率仅为11%。

(5) 水平井产能高、初期产量比直井高3.6倍，递减小，气油比保持稳定。

(6) 从现阶段生产数据分析，井间干扰不明显。

三、油藏工程设计

1. 层系划分的依据及结果

兴古7块潜山不存在大范围稳定分布的隔层，适合一套层系开发。

(1) 纵向上具有层状特点：从兴古8—兴古7、兴气9—兴古7的波阻抗剖面反映出潜山内部有多套油层发育，层次明显，横向上非均质性强。

从不同深度的裂缝平均宽度和裂隙率变化趋势看，中段和深段储层裂缝发育程度总体好于潜山顶面附近。说明中、深段油层也有发育，油层具有分段性。

(2) 测井资料可以划分出3个油层集中发育段，多个次级油层集中段。

(3) 统计油井集中发育段的油层有效厚度占对应段的70%～80%，分段性明显。

(4) 角闪石岩脉等裂缝不发育层的分布为储层的分段创造了条件。但非储层并不能够像泥岩隔层那样完全阻隔上下段流体渗流，平面上的分布范围十分有限，因此分段性是相对的。

(5) 从动态角度分析，潜山顶面的9口试采井累积产油只有5.8×10^4t，除兴68井，一般都少于2000t，反映潜山顶面裂缝不发育，另一方面也说明其与潜山内部没有沟通，块状特征不显著。

2. 开发方式

针对兴古7块目前油藏地层压力降低，油井产量下降，气油比上升现状，为适应高速开发和高产稳产的要求，保证良好的开发效果，需要人工补充能量开发。通过分析评价天然能量、驱替采收率、流体渗流特征、油品性质、国内外裂缝性潜山开发方式等方面认为油藏实施注水开发是切实可行的。

1) 实施注水开发是必要的

(1) 天然能量有限，一次采收率低。

兴古7块油井初期具有一定的自喷能力。原始气油比低，仅为148m^3/t，无边底水，天然能量不足。依靠天然能量开采，最终采收率仅为11%。

(2) 注水开发采收率较天然能量提高一倍。

采用经验公式预测注水开发可获得较高采收率，为23.1%，比天然能量开发提高12.1%。

(3) 存在流固耦合作用。

裂缝性潜山油藏开发实践表明，即使在井底流压高于饱和压力的条件下，油藏压力的下降也将导致裂缝宽度变小或闭合，渗透率降低甚至急剧下降，丧失流动能力，油井产量也就随之降低。

2) 实施注水开发是可行的

(1) 从水敏、速敏、润湿性等分析，兴古7块属于亲水、弱水敏、弱速敏、中等偏弱盐敏，适合注水开发。

(2) 油品性质好；从国外不同原油黏度裂缝性油藏注水开发实践看，同样的综合含水，原油黏度低，可采储量采出程度高，开发效果好。兴古7块原油黏度低，仅0.527mPa·s，油水黏度比为1.05，注水开发将取得较好效果。

(3) 储量丰度高、可采储量大，具有注水的物质基础；兴古7块储量丰度为381.8×10^4t/km^2，目前采出程度仅1.75%，具有雄厚的物质基础。

(4) 裂缝产状以中高角度网状缝为主，有利于提高注水波及体积。

(5) 近年来，辽河油田裂缝性油藏注水开发取得较好的效果，积累了一定经验。注水又是现代石油开发的常规和成熟技术。

(6) 类比辽河油区与兴古7块相同油藏类型的边台潜山，兴古7块与边台的储层物性及流体性质相似，兴古7块埋藏深，有效厚度大，边台潜山标定采收率21%，兴古7块采收率取23.1%，计算技术可采储量460.4×10^4t。从与水驱开发效果较好的东胜堡油藏参数比较，兴古7块除了含油幅度巨大，储层物性、原油物性都较东胜堡好，驱油效率与东胜堡接近，约60%，从水驱采收率提高幅度认为兴古7块注水开发是可行的。

运用数值模拟方法对以下两种注水方式进行优化比较：

(1) 底部注水。形成人造底水，渐次托进，有利于形成比较稳定而均匀上升的驱油前缘，减少了水驱油过程中的非活塞性，减弱油水窜流和剩余油零散分布；同时可以比较充分地发挥重力的有利作用，提高驱油效率；此外，油井见水后，来水方向相对比较简单和易于调节，有利于油田管理和控制。但由于油层巨厚，注水见效晚；

(2) 分段注水。注水层段对应水平井采油层段。物性隔层分布范围和阻隔能力都存在不确定性，存在开“天窗”、注入水向油层下部窜流的风险。

设计方案一：底部直井和水平井组合注水，上部水平井采油。方案二：对应层段注水，水平井采油。结果表明：方案一从累积产油量和含水变化方面好于方案二，方案一累积产油达到630×10^4t、而方案二只有380×10^4t，且产量下降快，含水上升迅速，水淹严重。方案一充分利用油水重力差异，在油藏底部进行注水，油藏顶部进行采油，可以使油藏基质系统自吸排油过程得到较好的进行，基质系统动用程度相对较高，裂缝系统也得到较充分地动用，而方案二分段注水受裂缝影响，含水上升快、产量下降快、采收率反而低，20年采出程度只有15%，较底部注水低9.7%。

通过两种注水方式的开发效果分析和对兴隆台潜山油藏非均质性认识，推荐底部注水方式。注水纵向位置选择在目前水平井生产深度——-3930m，有吸水能力的裂缝较发育的油层段。

四、确定井网及合理井距

依据兴古7块地质特征及油藏特点同时考虑到储层发育变化特点及地面复杂条件，确定平面上直井选择近正方形井网控制油层，纵向上分上、中、下3段，每段根据油层集中发育段选择斜直鱼骨井开发，上下两层井交错分布的井网方式进行部署和开发。

（1）利用曲线交汇法。

计算合理井距为395m，经济极限井距为280m。从合理井网密度分析，如果全部采用直井开发，合理井距应该在350～400m，顶部还要密一些，但单纯为控制和认识油层，井距就可以大一些。

（2）数值模拟法。

将模型划分为4个平衡区，分别建立井距为600m、500m、400m、300m的井网。数模结果分析，水平井平面井距在300m左右，油层动用更充分。纵向上，确定采用分3段5层，第一层距潜山顶面约300m，为水平井，初期采油，后期可以转为水平注气井提高采收率；底层也是水平井，初期排液采油，之后转为注水井，补充油藏能量。中间分别在上段、下层和中段部署2层大斜度水平井，垂向距离保持在200m以上。与底部的水平井平均距离为400m左右，为防止水窜留出空间。

（3）设计4套部署方案，直井井距分别为400m、500m、600m以及在井距为500m，且每段设计1口水平井。综合考虑现有井网、油井单控储量，钻井投资、采出程度等开发指标，推荐选用500m井距，平均单井控制储量可达42.4×10^4t。

五、井型选择

根据兴古潜山油藏特征、国内外相似油田调研及数值模拟计算等综合分析，选择直井认识和控制油层、减小复杂结构井部署风险，同时用于注水试验、后期上返采油；利用大斜度井分层开发油层，保证较高产能，提高采油速度和采收率；水平（鱼骨）井在油层底部实施注水，提高注水波及系数，降低注水强度。

通过物理模拟和解析计算，综合考虑兴古潜山油藏地质特征、地面条件和钻井技术条件，认为兴古块水平井主干段长度确定为800～1000m左右。在水平井部署方位选择上，认为反向部署虽然可增加储量动用程度，提高生产时率，但受兴古潜山井场条件的限制，部分地区仍然需要采取同一方向部署水平井，反方向部署留待今后加密调整时应用。钻井工艺采用四开井身结构，下深表层套管封馆陶组地层。钻达潜山顶面后，下技术套管，然后再揭开潜山地层。兴古潜山岩石坚硬，井眼规则，不易坍塌，为一个压力系统。为保护目的层之上溶解气能量，在入口点之前采用套管完井方式，在目的层采用裸眼完井，提高油井完善程度、缩短完井周期，节省投资。通过目前生产井的生产方式及系统试井分析，合理工作制度为6mm油嘴。初期采油方式为自喷生产，后期转为人工举升（抽油）。

六、开发部署

综合兴古7块实际地质情况，对巨厚块状油藏采用多层叠置水平井部署方式，主要依据如下：

（1）符合整体评价、整体开发要求、满足提高采油速度需要；

（2）油层巨厚。通过试油、试采认识，潜山埋深从－2335～－46803m都获得工业油流。2300m以上的油层用一层水平井开发将带来“四差一低”：储量控制程度低、储量动用程度低、采油速度低、采收率低、注水效果差；

（3）储量丰度高，单井控制储量达42.4×10^4t；

（4）储层发育具有非均质性。测井曲线解释3个主要裂缝发育段，存在分段开发的地质依据。根据岩心统计，储层中大裂缝的切穿深度多数在10～30cm之间，计算裂缝延伸长较长者在10～20m。多段部署可以提高储量控制程度和动用程度。

(5) 开发方式合理。采用多层交错叠置底部注水开发，采收率将达到23.1%，是天然能量开发的2.1倍，可采储量将增加241.2×10^4t。

(6) 符合驱替机理及渗流特征的要求。

通过采用多层段部署，注入水可以形成由底而上逐级托进，降低了注采压差，有利于控制水锥高度，特别是通过同段相邻水平井平面上错开100～150m平行部署，变一线脊进为带状连续托进，将会大大提高水驱波及系数，增加储量控制和动用程度，减少阁楼油体积，提高水驱采收率。

(7) 数模结果表明，在相同注水开发方式下，分别以3层、5层和6层开采对比开发指标，5层交错水平井开发20年采出程度最高，含水上升速度较6层小，产量下降也较缓，地层能量能够得以利用和恢复，为最佳开发方案。

(8) 从目前的开发动态看，兴古7—H1井与兴古7—H202Z井为中段上下层井，2008年1月4日，H202Z井投产至今2个月未见干扰。兴古7—H204Z井于2008年2月11日投产，是兴古7—H2井的下层井，也未见干扰。

七、部署结果

1. 部署原则

针对兴古7块油藏为巨厚块状的特点，同时考虑到兴古7块地面条件限制的具体情况为了获得较高的产能及经济效益，确保取得好的开发效果，制订如下部署原则：

(1) 整体部署、分批实施。

首先实施认识程度高的区块，利用大井距直井控制油层；优先实施中段和下段，试验上段。在确定上段水平井产能的基础上再行推广。由于采用水平井，又是集中优先开采产能较高的中段，所以各年实施井数略有调整。

(2) 充分应用水平井，实现少井高产。

对油层集中发育段应用水平井和大斜度鱼骨井开采。平面上，主干段长度根据油藏实际控制800～1000m，与主裂缝方向成45°左右夹角；纵向上，根据非储层（似隔层）的发育情况分为3段部署。

(3) 采用直井与水平井组合注水。

采用直井与鱼骨井组合注水开发，先期直井试注，之后应用最下层水平井注水，以提高体积波及系数。平面上注水井位于水平井B点（端点）附近，纵向上低于水平段注水。

2. 部署结果

针对兴古7块特定的油藏地质条件，创新设计理念，进行方案的优化设计，提出了“直井控制，大斜度井和水平鱼骨井整体开发、段间叠置、段内交错，底部注水”的开发方式。2007年10月共部署直井4口，复杂结构井29口，其中上段7口，中段18口，下段4口。根据投产井生产情况，确定下段产能较落实，为实现底部注水，2008年5月份又在下段增布4口鱼骨井，以实现底水推进。

3. 开发指标预测

预计兴古7块将实施各类井45口（其中水平井33口，直井12口）。

部署井在2年内全部实施，2008年实施水平井18口，直井4口，全块初期日产油924t，2008年新井年产油19.6×10^4t，采油速度1.60%，利用3口直井进行试注。2009年再转注3口直井，2010年转注底部的3口水平井，2012年将底部另外4口水平井转注，2016年将转注中段被水淹的5口水平井。到2017年全块日产油244t，采油速度0.6%，采出程度为 14.1%。

八、开发实施效果

1. 实现了快速建产、高速稳产

油田生产上，依靠水平井规模实施，实现了快速建产、高速稳产。潜山内部目前已完钻各类井 29 口，投产 26 口，目前断块日产油 1112t，日产气 $32.76\times10^4m^3$，累积产油 38.11×10^4t，累产气 $1.27\times10^8m^3$，采出程度 1.8%。2008 年 1—9 月实现累积产油 23.34×10^4t，累积产气 $7459\times10^4m^3$。

兴古 7 块水平井初期产量是直井的 3.6 倍，比采油指数是直井的 1～5 倍，生产压差只有直井的一半。兴古 7 潜山依靠水平井实现了快速建产、高效开发。水平井投入开发后仅 11 个月，日产油从 59.1t 经过一年多的开发一举突破千吨，采油速度提高 18 倍。已经完钻水平井中 100%见油，82%的井能够自喷高产。如果完全直井开发，根据测算，日产油只有目前的三分之一，采油速度仅能达到 0.6%（图 4－9）。

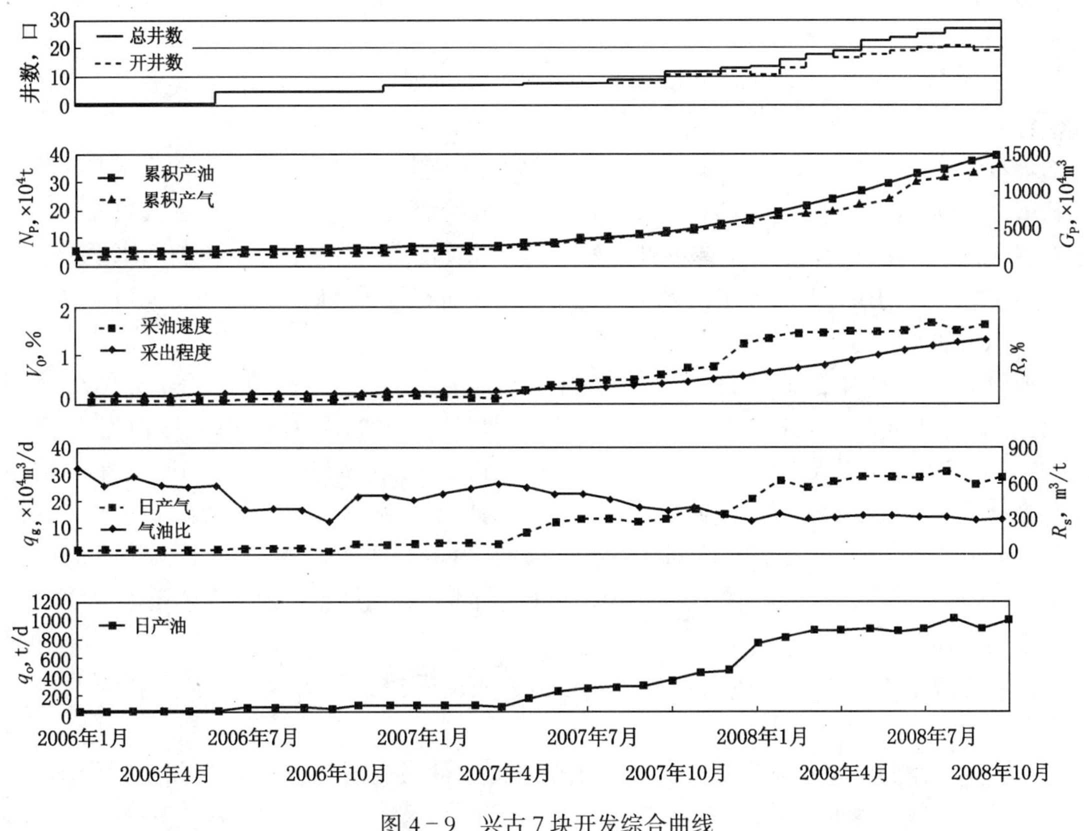

图 4－9　兴古 7 块开发综合曲线

2. 开发部署上，实现了少井高产

2008 年计划实施井中，已经完钻 11 口水平井、4 口直井，投产 13 口井，投产井中全部见油，高产井数占 80%，百吨井数占 67%。初期日产油 900.3t，其中水平井平均初期日产油 75t，分别完成设计指标的 206%和 150%，但配产是一年的平均产量，应该说预测指标完全符合实际产量。目前，13 口井控制油嘴生产，日产油 535t，日产气 $18.6\times10^4m^3$（2 口井关井测试）。

兴古7块年预计实施水平井33口，利用直井，包括探井、评价井共12口，合计45口井，根据储量折算生产井数分别是牛心坨、边台和东胜堡的34%、40%和75%。即使开发井数增加10%，相比同类油藏依然属于少井高产。

3. 经济效益可观

兴古7潜山经过科学合理的前期开发，已取得较好的经济效益。截至目前共投入开发投资、期间费用和操作成本总计 9.7191×10^8 元，税后收入达 13.2639×10^8 元，利润总额 3.5448×10^8 元，投入产出比为1∶1.36。

第三节　薄层稠油油藏

辽河油区薄层稠油油藏主要分布在西斜坡，共完钻探井174口，自下而上钻遇8套含油层系：中生界油层、杜家台油层、莲花油层、大凌河油层、热河台油层、兴隆台油层、于楼油层和馆陶组油层。本书研究的目的层为 Es_{1+2} 的于楼和兴隆台油层。目前工区内共有12个大小不同的区块上报了于楼和兴隆台油层探明石油地质储量，1984—2003年累积上报探明含油面积为 $28.9km^2$，石油地质储量为 10460×10^4t，同时欢169井区2005年度上报 Es_2 段稠油控制含油面积为 $7.1km^2$，控制储量为 1310×10^4t。

油藏内，Es_1 和 Es_2 的于楼和兴隆台油层含油分布范围广，厚度变化大，总体上南西部构造低部位油层发育优于北东部高部位。除目前已开发的几个整装区块外，在其边缘和结合部存在大片未动用评价潜力区，单井油层厚度小，并且油质稠，从目前开发技术水平看，直井无法实现有效动用，基本处于闲置状态，成为稠油油藏边际储量，造成看得见摸不着、有储量采不出的开发局面。

西斜坡中段兴隆台油层确定出3个潜力目标区，26个有利圈闭，落实含油面积 $19.1km^2$，地质储量 2925.8×10^4t。2007年先期在锦612井区上报探明含油面积为 $1.97km^2$，石油地质储量为 442.98×10^4t。2008年将上报地质储量近 900×10^4t。低品位储量复杂结构井开发技术一方面使该块 1300×10^4t 储量上报和动用成为可能，另一方面取得了较好的开发效果，锦612-兴H6井水平段长308m，水平段解释油层、低产油层为289.7m/5层，注汽试采，初期日产油15t，最高达80t，一周期已产油7950t。

薄层稠油分布有以下规律：

(1) 油气聚集以断裂构造区带为单元，富集程度受控于圈闭所处的构造位置与圈闭类型；

(2) 扇三角洲沉积砂体为油气聚集提供了良好的储集空间，沉积微相控制油层的发育程度；

(3) 断裂发育区利于油气聚集成藏，而断层性质、断距大小和规模控制了原油在断块内厚、薄层中的差异分布；

(4) 油藏保存程度受控于封堵条件；

(5) 油品性质受油藏所处构造位置和埋藏深度控制。

通过不断探索、总结和完善，形成薄油层地质综合研究技术、评价开发一体化技术、目标含油砂体精细刻画技术、薄油层水平井随钻跟踪调整技术4项配套研究技术。

一、薄层地质综合研究技术

通过井震结合、层位综合标定技术精确标定地层层位，运用瞬时相位技术解决断点黏合问题，依靠相干体分析技术识别小断层，实现构造精细解释（图 4－10）。

通过薄储层预测反演技术精细预测储层，明确目标储层砂体空间展布规律（图 4－11）。

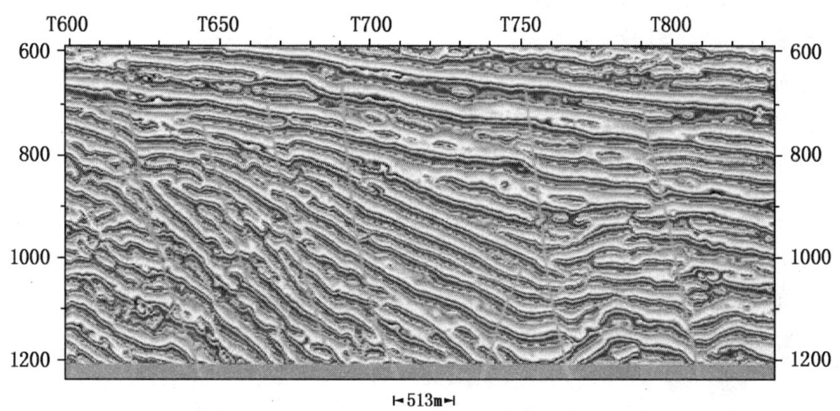

图 4－10　应用瞬时相位技术解决断点黏合问题

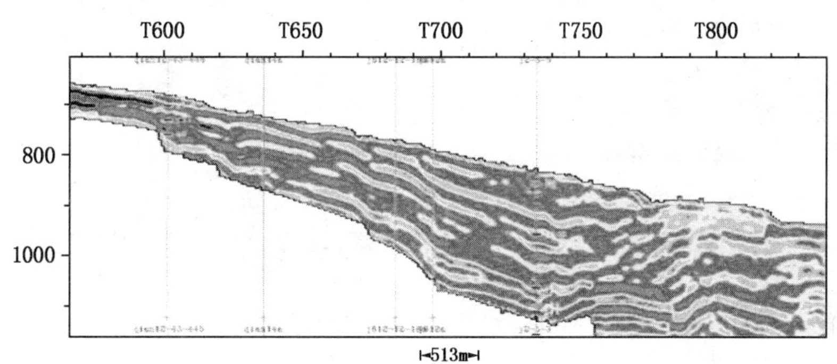

图 4－11　波阻抗反演剖面图

二、评价开发一体化技术

在前期整体评价和油层分布规律研究的基础上，应用水平井技术对评价获得突破的圈闭开展以区块为单元的水平井优化部署研究，实现其整体部署与经济高效开发。

在西斜坡中的锦 612 块，应用油藏工程方法计算，在水平段长度 300m、井距 150m、采收率 20％的情况下，水平井可部署的油层厚度下限为 4m。为了保证油藏开发效果，选择大于 5m 区域进行部署。通过数值模拟、油藏工程计算，确定锦 612 井区薄层稠油水平井参数优化设计结果如下：

（1）水平井延伸方向平行于构造线；

（2）水平井水平段长度不小于 300m；

（3）水平井井距为 120～150m；

（4）水平井与边水距离不小于 150m；

（5）水平井第一周期注汽强度为 15～20t/m；

（6）注采参数：焖井时间为 5d、井底干度＞50％、注汽速度为 400t/d；

(7) 水平井部署油层厚度下限为5m。

根据优化设计结果和已开发区块薄层稠油水平井的部署经验，锦612井区采用120～150m井距不规则井网、一套开发层系、蒸汽吞吐开发方式，在油层厚度5m以上区域整体规划部署17口水平井。水平井初期日产油20t/d，预测7年，累积注汽71.82×10^4t，累积产油36.4×10^4t，累积油汽比0.51，采出程度为21.9%。

三、目标含油砂体精细刻画技术

针对含油研究目的层，一方面结合地震解释和储层反演结果，精细刻画砂体展布形态，优选部署区域。另一方面利用导眼井进行油藏二次评价，在千2－H1井，通过两个导眼，认识到部署目的层兴Ⅱ2砂岩组储层向北西部构造高部位逐渐减薄，乃至最后尖灭。从而优化、调整了复杂结构井位置（图4－12）。

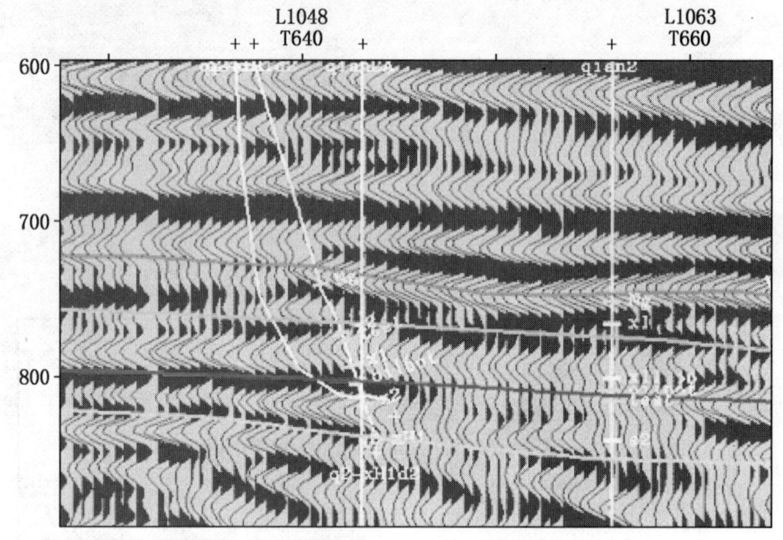

图4－12　应用导眼井精确标定和研究目的层变化

四、薄油层水平井随钻跟踪调整技术

该技术主要由4个方面组成：

(1) 实现水平井随钻评价与实时地质建模，保证油层钻遇率；

(2) 精细研究，井震结合，建立初始地质模型；

(3) 导眼井油藏二次评价，调整地质模型综合应用各种现场地质录井资料，结合实时钻井参数，形成三维可视化井身轨迹（图4－13）；

(4) 随钻跟踪调整与地质导向。

锦612—兴H6井通过随钻跟踪调整，油层钻遇率达到99.7%。

西斜坡薄层稠油复杂结构井开发取得丰硕成果：

(1) 西斜坡中段兴隆台油层最终确定出3个潜力目标区，26个有利圈闭，落实含油面积19.1km^2，地质储量2925.8×10^4t。

其中，一类可部署圈闭估算含油面积为9.5km^2，石油地质储量为1609.4×10^4t；二类需落实估算含油面积为5.5km^2，石油地质储量为994.3×10^4t；三类有风险估算含油面积为4.0km^2，石油地质储量为322.1×10^4t。西斜坡薄层稠油各类地质储量见表4－15。

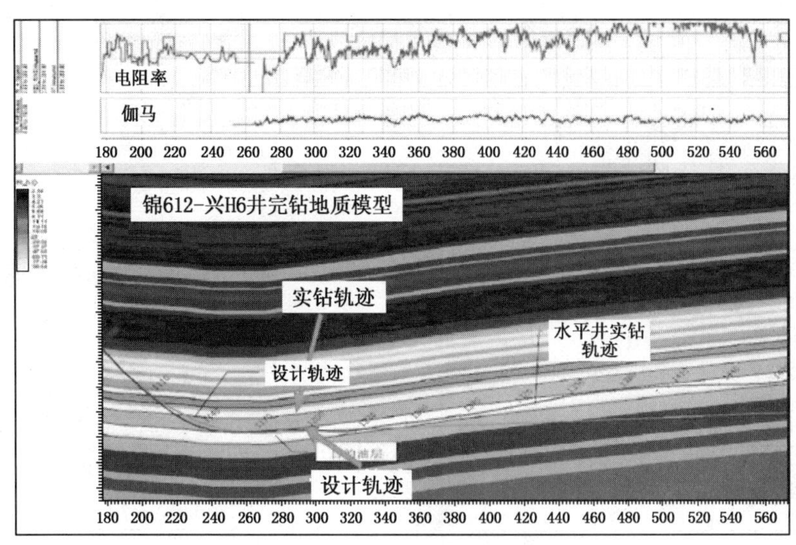

图 4－13　三维可视化井身轨迹

表 4－15　西斜坡薄层稠油各类地质储量统计表

序号	分类	断　　块	圈闭面积 km²	油藏埋深 m	含油面积 km²	油层厚度 m	估算储量 ×10⁴t	试 油 试 采
1	I	锦 612	2.0	960～1090	0.82	11.5	170.3	锦 612—平 1 井累积产油 533×10⁴t，累积产水 794×10⁴m³，油层； 锦 612—平 1CH 井累积产油 1285×10⁴t，累积产水 1195.4×10⁴m³，油层； 锦 612—K 兴 H5 井累积产油 3×10⁴t，累积产水 416×10⁴m³
2		锦 612－12－18	0.66	900～930	0.66	10.8	140.7	锦 612—12—18 井三次试油累积产油 260×10⁴t，累积产水 1639×10⁴m³，油层
3		锦 7－20－17	0.53	940～980	0.49	14.8	132	锦 7—20—17 井试油累积产油 128.5×10⁴t，累积产水 246.5×10⁴m³，油层
		小计 3 个	3.19		1.97		443	2007 年已探明
4	I	欢 127 南	0.48	820～860	0.29	8.5	47.1	无，邻块欢 127—H8 井 2006 年 10 月投产；欢 127—H7 井累积产油 1218.2×10⁴t，累积产水 1562.6×10⁴m³，油层
5		千 2	0.58	750～780	0.55	8.6	89.3	千 2 井累积产油 9×10⁴t，累积产水 20×10⁴m³，低产油层
6		千 9	1	850～910	0.92	6.8	118.1	锦 2—9—1 井累积产油 49×10⁴t，累积产水 60×10⁴m³，油层； 千 5—H1 井累积产油 182.1×10⁴t，累积产水 3165.8×10⁴m³
7		千 1	0.89	860～920	0.81	2.7	41.3	锦 2—12—5002 井堵补后不出

续表

序号	分类	断　　块	圈闭面积 km^2	油藏埋深 m	含油面积 km^2	油层厚度 m	估算储量 $\times 10^4 t$	试油试采
8		欢169	1.65	760～900	1.53	11.0	319.5	欢169井累积产油111.1×10^4t，累积产水70.8×$10^4 m^3$，油层
9		欢623	1.65	620～670	1.1	13	228.8	欢623—26—28井累积产油324×10^4t，累积产水7706×$10^4 m^3$，油水同出
10	Ⅰ	欢625	0.42	620～680	0.42	13	104.6	欢625井累积产油1136×10^4t，累积产水2615×$10^4 m^3$；欢625c井累积产油124.2×10^4t，累积产水480.3×$10^4 m^3$
11		齐108-13-9	2	760～800	1.94	5.9	217.7	齐108—13—9井累积产油387.8×10^4t，累积产水173.6×$10^4 m^3$，油层
		小计8个	8.67		7.56		1166.4	未探明
		合计11个	11.86		9.53		1609.4	
12		千5	0.8	780～860	0.73	4.3	59.2	未试采
13		欢627	1.2	675～705	1	12.9	247.1	欢627井累积产油3×10^4t，累积产水450×$10^4 m^3$，油水同出
14		欢616	1.15	710～745	0.56	13.3	82.2	多井试采，油水同出
15		欢619	0.51	650～730	0.51	12	117.3	多井试采，油水同出
16	Ⅱ	欢64	0.94	690～775	0.6	14	159.6	欢64井累积产油0，累积产水145.2×$10^4 m^3$
17		欢61	1.33	690～765	0.8	10	152	欢61井累积产油0，累积产水118×$10^4 m^3$
18		欢616-观1	3.26	740～990	0.68	8.5	110.7	多井试采，油水同出
19		齐108-24-28	0.22	830～870	0.22	5.1	21.3	齐108—24—28井累积产油52×10^4t，累积产水1431×$10^4 m^3$
20		齐40-5-29	0.5	680～760	0.4	6.6	44.9	未试采
		小计9个	9.91		5.5		994.3	未探明
21		千14	1.1	770～810	0.92	2.3	39.9	未试采
22		千11	1.3	720～780	1.3	6	124.8	千11井累积产油0，累积产水33.08×$10^4 m^3$；日产油0，日产水16.1m^3
23		锦613	2.5	880～980	1.1	2.5	49.6	未试采
24	Ⅲ	欢617	1.64	690～715	0.45	9	71	欢617井累积产油0，累积产水65×$10^4 m^3$
25		齐108-12-02	0.23	700～720	0.2	5.4	23.6	齐108—18—02井累积产油5×10^4t，累积产水842m^3
26		齐108-28-26	0.1	820～850	0.07	5.4	7.19	未试采
		小计6个	6.87		4.04		322.1	未探明
总计26个			28.64		19.1		2925.8	

（2）揭开西斜坡薄层稠油油藏评价开发序幕。

目前已在“两个地区、三个构造条带、三个目标区”13个圈闭内分两批部署滚动勘探井位 14 口（3 口直井、3 口导眼井和 8 口水平井），获油公司批准 14 口，目前已实施 9 口（3 口直井、3 口导眼井和 3 口水平井）。其中，锦 612—兴 H6 井 2008 年 7 月 9 日试采，初期日产油 50. 5t，峰值日产油 79. 7t，是同井区直井日产油的 3～4 倍。

（3）锦 612 井区兴隆台油层复杂结构井实现整体规划部署。

根据部署依据和已开发稠油水平井的经验，结合该块具体情况，确定按水平段长度不小于 300m，井距、排距在 120～150m，水平井距断层距离不小于 80m，进行整体规划部署，部署开发井 25 口，其中新钻井 21 口（全部为水平井），利用老井 4 口。应用动态分析法及油藏工程等方法，对锦 612 区块兴隆台油层进行了年度产能预测，预测生产 10 年，累积注汽 73.5×10^4t，累积产油 63.32×10^4t，累积油汽比 0. 80，采出程度为 14. 75％。

第四节　易出砂稠油油藏

由于稠油油藏储层胶结疏松，水平井出砂是影响产量的主要因素，洼 60 块 8 口复杂结构井通过采用高强度弹性防砂筛管完井方式，有效控制地层出砂，投产至今未出现严重出砂现象，成为易出砂低品位稠油储量动用的有效手段。

针对洼 60 断块区 Es_3 油层厚层—块状超稠油油藏高轮次蒸汽吞吐后动用程度不均、油井出砂严重等开发矛盾，深入开展精细油藏描述、剩余油分布、叠置式水平井优化设计等二次开发研究工作。研究结果表明，利用叠置水平井井间加密、蒸汽辅助重力泄油等技术能够有效解决厚层—块状稠油油藏平面及纵向上油层动用程度不均的问题，有效缓解该块产量递减，大幅提高油藏采收率。

洼 60 断块区地理上位于辽宁省盘锦市大洼县境内，构造上位于辽河盆地西部凹陷东部陡坡带中央凸起南部倾没带。纵向上发育有东营组（Ed_3）、沙一＋二段（Es_{1+2}）、沙三段（Es_3）3 套含油层系。到 2005 年底，已累积上报各层位探明含油面积 5. 3km^2，地质储量 1653×10^4t。本次部署的主要目的层为 Es_3 油层，Es_3 段油层含油面积 3. 8km^2，石油地质储量 1028×10^4t。

洼 60 断块区 Es_3 段油层构造形态总体上为被断层复杂化的近北西—南北走向的断裂背斜，属水下扇沉积体系，岩性以不等粒砂岩和砾状砂岩为主，油层顶面埋深－1370～－1590m，在各块均有分布，含油井段集中、单层厚度大，含油井段一般为 60～150m，平均油层厚度最大为 41. 5m，最小为 2. 23m，一般为 12～40m，油层产状主要以中厚层（4～10m）为主，孔隙度平均为 24. 54％，渗透率平均 $1462.6\times10^{-3}\mu m^2$，总体上属于中高孔隙度、中高渗透率储层。原油黏度总的由北向南、由西向东逐渐变稠，黏度一般在（2. 3～53）$\times10^4$mPa·s。平面上油层分布受构造控制，油层主要分布在高断块和断块内的构造高部位，油藏类型主要为边底水油藏，各断块的油水界面深度差别较大，由南向北，油水界面逐渐加深，南部的洼 60 块的油水界面最高，为－1415m，而北部的冷 137 块的油水界面则深达－1585m。油藏的原始地层压力为 13. 2～16MPa，地层温度为 56～62℃。

洼 60 断块区 Es_3 油层 1996 年蒸汽吞吐试采成功，1997 年采用 100m 井距，正方形井网，一套开发层系投入开发。2005 年在洼 59 块、洼 60－56－26 块部署加密水平井。

截至 2008 年 7 月底，投产油井 152 口，开井 132 口。断块日产油 643t，平均单井日产油 4. 9t，日产液 18. 4t，综合含水 73. 48％，累积产油 178.4281×10^4t，累积产水 298.9322×10^4t，采油速度 2. 5％，采出程度 19. 04％，平均吞吐 7. 8 个轮次，累积注汽 318.4171×10^4t，

年油汽比 0.36，累积油汽比 0.55，回采水率 93%，采注比 1.5。注 59 块目前油层压力 4.6MPa。

目前共投产水平井 25 口，老井 9 口，平均吞吐 4.5 个周期，累积产油 10.7797×10^4t，2008 年投产新井 16 口，初期单井日产油 7.8～29.8t。

PND 测井成果显示初始含油饱和度 67%，经过 8 年的蒸汽吞吐开采，100m 井距井间含油饱和度仍然在 60%～65%，油藏初始温度在 56～62℃，测得的油藏温度基本在 56～58℃之间，说明超稠油 100m 井距井间还未被加热。

注 60 断块区 Es_3 油层 1996 年蒸汽吞吐试采成功，1997 年采用 100m 井距，正方形井网，一套开发层系投入开发。2005 年在注 59 块、注 60—56—26 块部署加密水平井（图 4－14）。

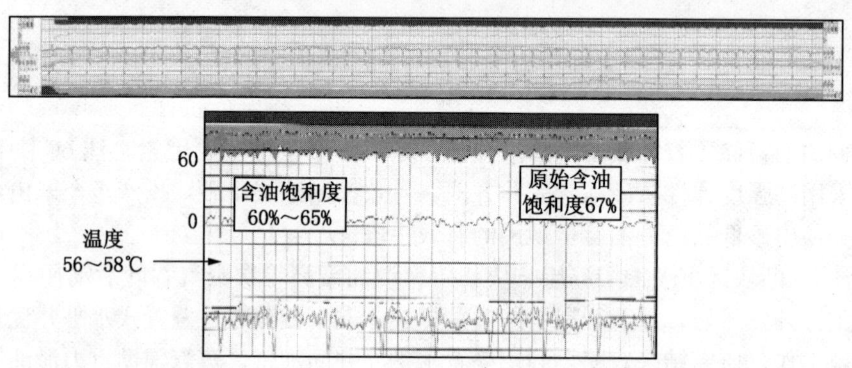

图 4－14　注 60—H28 井 PND 测井成果图

从历史拟合结束时的平面含油饱和度及温度场图分析，100m 井距超稠油油藏井间基本未动用，图 4－26 中显示加热半径最大只有 25m（温度大于 80℃），井间含油饱和度大于 50%（图 4－15、图 4－16、图 4－17）。

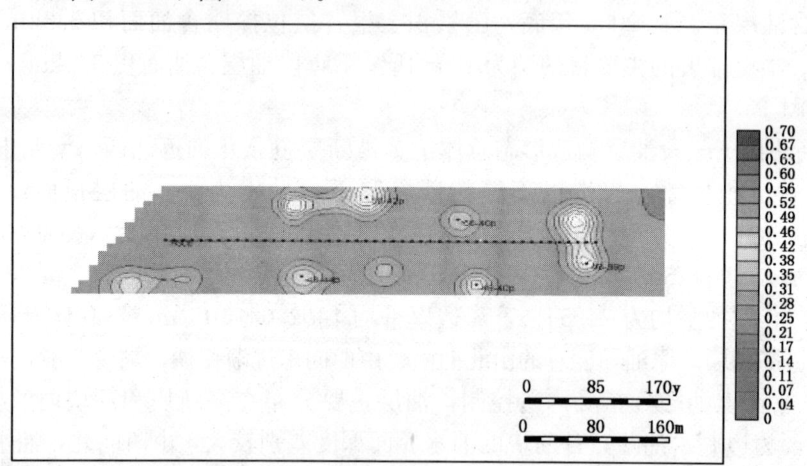

图 4－15　历史拟合结束时含油饱和度场图

针对注 60 断块区 Es_3 油层厚层—块状超稠油油藏高轮次蒸汽吞吐后动用程度不均问题，细化油层纵向展布。

部署中，从经济效益出发，节省钻井及地面投资，力争少投入多产出。根据地质条件，打破了深层超稠油油藏水平井长度的记录。部署了 3 口叠置式长水平井，具体位置如图（4－18）。

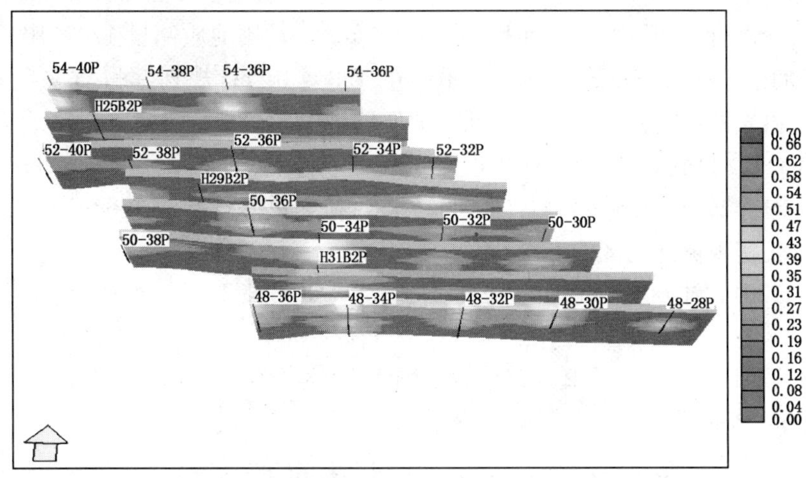

图 4－16　历史拟合结束时 3D 含油饱和度场图

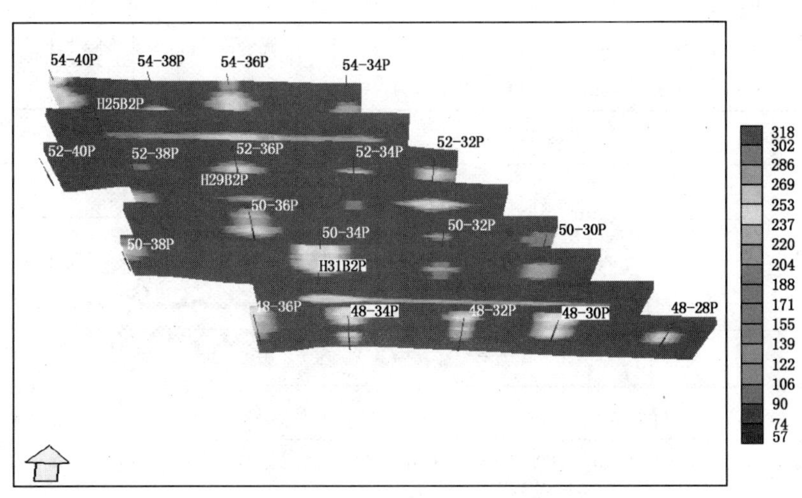

图 4－17　历史拟合结束时 3D 温度场图

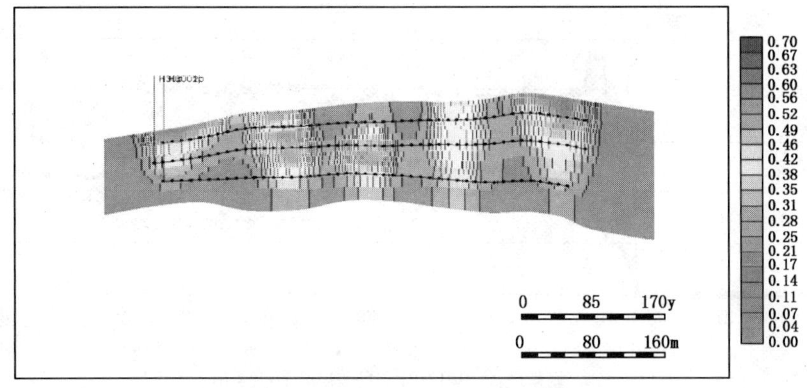

图 4－18　叠置水平井纵向位置图

共规划部署水平井 36 口。其中，单水平井 15 口，动用面积 1.219km²，动用地质储量 320×10⁴t；双叠置水平井 10 口，动用面积 0.325km²，动用地质储量 170×10⁴t；三叠置水平井 6 口，动用面积 0.45km²，动用地质储量 120×10⁴t；规划部署直井 + 水平井组合 SAGD 井组 5 口，动用面积 0.18km²，动用地质储量 118×10⁴t。

目前已投产 22 口井，其中 2005 年投产 5 口，初期日产油在 25.4～39.9t；2007 年投产 1 口，初期日产油 25.5t，2008 年投产新井 16 口，初期单井日产油 7.8～29.8t。效果较好，试验成功，真正实现稠油老区的二次开发。

洼 60—H3201、洼 60—H32 井完钻分别于 2008 年 3 月 27 日、4 月 18 日完钻，完钻情况见表 4－16。

洼 60—H3201、洼 60—H32 井完钻后分别于 2008 年 6 月 8 日、6 月 12 日投产。图 4－19 为 2 口井的生产曲线。

表 4－16　洼 60—H32、洼 60—H3201 井完钻情况表

井号	设计长度 m	实钻长度 m	水平段垂深 m	水平段斜深 m	完井方式	钻遇油层＋差油层，m			油层钻遇率 %
洼 60—H3201	890.05	891	1401.99～1411.84	1568.7～2459	筛管	443.9	346.1	790	88.7
洼 60—H32	795.11	795	1463.71～1445.73	1641～2436	筛管	284.9	503.8	788.7	99.2

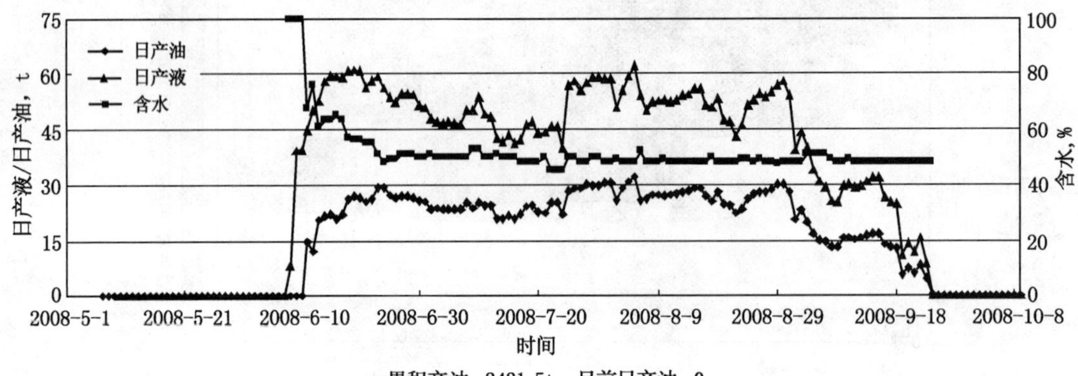

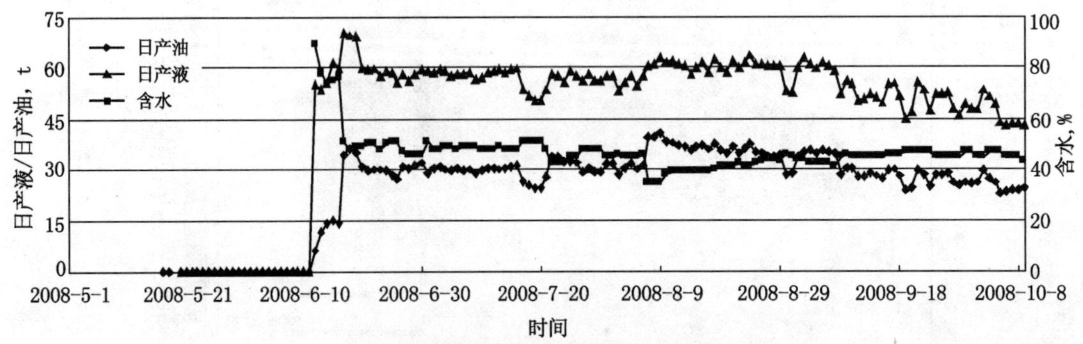

图 4－19　洼 60—H3201 井、洼 60—H32 井生产曲线

截至 2008 年 10 月 9 日，洼 60—H3201 井累积生产 106d，累积注汽 10000t，累积产油 2422t，累积产水 2569t，一周期结束，周期内平均日产油 22.8t，目前正在进行二周期注汽；洼 60—H32 井累积生产 115d，累积注汽 9293t，累积产油 3522t，累积产水 3078t，周期未结束，平均日产油 30.6t。

洼 60 块复杂结构井的实施，有效解决了易出砂稠油开发长期以来井间动用程度差难题，利用水平井开发提高了储量的动用程度，改善了开发效果；叠置式水平井的优化设计部署，解决了蒸汽超覆现象导致厚层块状油藏纵向上动用不均的问题；利用双管注汽，改善了长水平井水平段吸汽不均的问题。

第五节　低孔、低渗透砂岩油藏

截至 2007 年底，辽河油区共探明低渗透储量 3.83×10^8t，含油面积 367.9km²，其中已开发低渗透储量 2.35×10^8t，油藏面积 202.7km²，未开发低渗透油藏面积 165.2km²，储量为 1.48×10^8t。辽河低—特低渗透油藏储量占辽河油区总储量的 16.2%，年产量占辽河油区总年产量的 9%。在石油资源相对紧张的今天，低渗透油藏能否深度、有效地开发具有十分重要的意义，辽河低渗透油藏的开发好坏也将影响到辽河油区今后的稳产与否。

辽河低—特低渗透油藏共有总井数 1667 口，其中油井总数为 1349 口，开井数为 914 口，水井总数为 318 口，开井数为 156 口，平均单井日产油为 2.3t/d，年产油量为 78.4×10^4t，占辽河稀油及高凝油年产量的 16.5%。低—特低渗透油藏目前综合含水 58.3%，采油速度 0.50%，采出程度 11.4%，目前辽河低—特低渗透油藏平均标定采收率为 17.4%。

其中特低渗透油藏目前年产油量为 0.159×10^4t，综合含水为 78.9%，采油速度为 0.16%，采出程度为 9.44%，标定采收率为 13.1%；低渗油藏目前年产油量为 64.3×10^4t，综合含水为 58%，采油速度为 0.58%，采出程度为 10.7%，平均标定采收率为 17.3%；中低渗透油藏目前年产油量为 13.9×10^4t，综合含水 59.5%，采油速度 0.31%，采出程度 11.4%，平均标定采收率为 17.4%（表 4－17）。

表 4－17　辽河油区低渗透油田分类参数指标表

分　类	动用面积 km²	动用储量 $\times10^4$t	年产油 $\times10^4$t	综合含水 %	采油速度 %	采出程度 %	采收率 %	产量比例 %
特低渗透油田	1.5	99	0.159	78.9	0.16	9.44	13.1	0.20
低渗透油田	88.4	11101.0	64.3	58	0.58	10.7	17.3	82.1
中低渗透油田	51.5	4480.0	13.9	59.5	0.31	13.4	17.8	17.7
合计	141.4	15680.0	78.4	58.3	0.50	11.4	11.4	100.0

欢 2－11－13 块是欢喜岭油田东部的一个 4 级小断块，为一个西高东低的单斜构造，周围由 3 条断层夹持而成，主要目的层为兴隆台油层，油层埋深 1532～1635m。含油面积为 1.4 km²，平均油层有效厚度为 3.9m，平均孔隙度为 13.6%，平均渗透率为 27.9×10^{-3} μm²，属薄层低渗透油藏。全块共有油井 5 口，开井 3 口，平均单井日产油 1.5t，平均单井日产水 0.4 m³，采油速度 0.35%，采出程度 6.0%，累积产油 22418t，累积产水 6163m³。

该块用直井开发，开发效果差。通过产能计算、开发效果评价、油藏能量大小分析和剩余油潜力分析，认为利用水平井的技术优势可以实现区块高效开发。

为此在该块油层分布稳定的兴Ⅲ5小层、厚度大于5m的范围内部署水平井3口，井号为欢2—H7，欢2—H8，欢2—H9井。设计水平井井段平行于构造线方向，纵向上位于油层中上部，水平段长度为350m，水平井井距为200m。实施过程中，优先选择实施欢2—H8井，该井完钻后，为进一步提高泄油面积，减少钻井投资，欢2—H7、欢2—H9井设计为鱼骨井（图4－20、图4－21）。

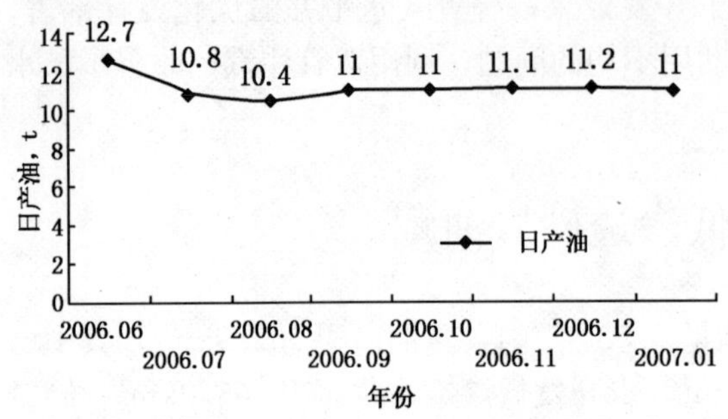

图4－20　欢2—H7井生产曲线

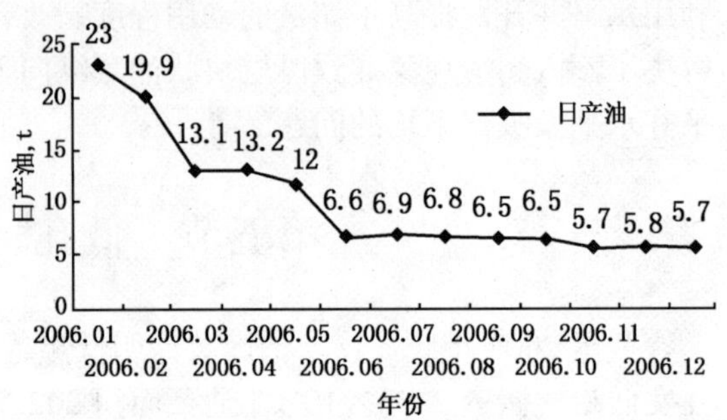

图4－21　欢2—H8井生产曲线

2006年3口水平井先后完钻投产，平均钻遇油层39.3m，低产油层135.8m。已累积产油6870.8t，累积产天然气213.15×10^4m^3。日产水平是周围直井的2倍多。

齐131块莲花油层是另一个低孔、低渗透油藏，油藏埋藏深，为3025～3375m，含油井段35～176.6m，单层最厚为53.8m，最薄1.4m，平均为16.6m，含油面积1.0km^2，地质储量为210×10^4t。区块共有油井16口，开井15口，平均单井日产油5.0t，单井日产水0.5 m^3，采油速度0.94%，采出程度4.22%。

根据岩心分析化验和测井资料表明，莲花油层为低孔低渗储层。纵向上储层上部物性相对好于下部。上部3079.6～3127.5m井段，孔隙度一般在12.6%～16.5%之间，空气渗透率为（8～30）×10^{-3} μm^2；中部3127.7～3132.2m井段，孔隙度在11.6%～14.9%之间，空气渗透率（3～9）×10^{-3} μm^2；下部3132.5～3138.0m井段，孔隙度在7.5%～13.9%之间，空气渗透率（1～2）×10^{-3} μm^2。

考虑油藏地质认识水平和钻井技术，确定水平段在纵向上距油层顶部1/3处为好，确定水平段长度为500m。水平井方位为东西向，即与齐131南断层走向一致。目前2口水平井均已投产，效果较好。齐131—H1井钻遇油层518.3m/5层，初期日产油11t（为周围直井的2.7倍），累积产油4831.1t；齐131—H2井钻遇油层740.2m/2层，初期日产油13t（为周围直井的3.2倍），累积产油2116.8t（图4－22、图4－23）。

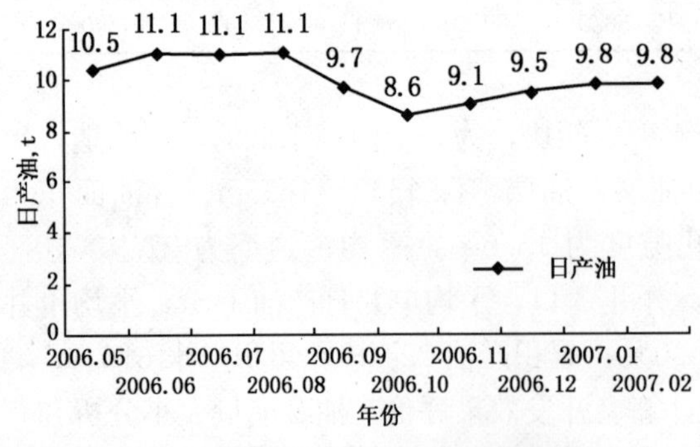

图4－22　齐131—H1井生产曲线

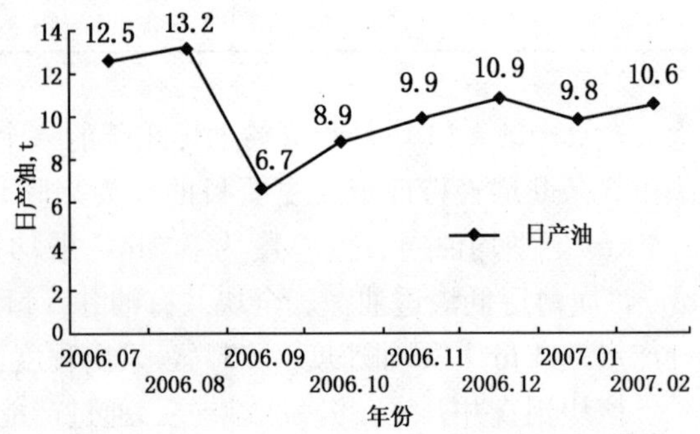

图4－23　齐131—H2井生产曲线

第六节　高孔、低饱和度砂岩油藏

一、油藏特点

海外河油田新海 27 块是高孔、低饱和度砂岩油田的代表。新海 27 块构造上位于辽河盆地中央凸起带南部倾没带南端，含油目的层为东营组一段，分为上、下两个油层组，石油地质储量 672×10^4 t。直井开采 13 年濒临废弃。到 2004 年底，日产油 37t，单井日产油仅有 0.9t，采油速度 0.26%，综合含水 93.4%，采出程度 12.2%。在开采过程中，底水锥进快，为了压锥，单井产液量控制在 13.6t，含水上升率仍然高达 7.7%，动态预测采收率只能达到 15%左右（图 4－24）。

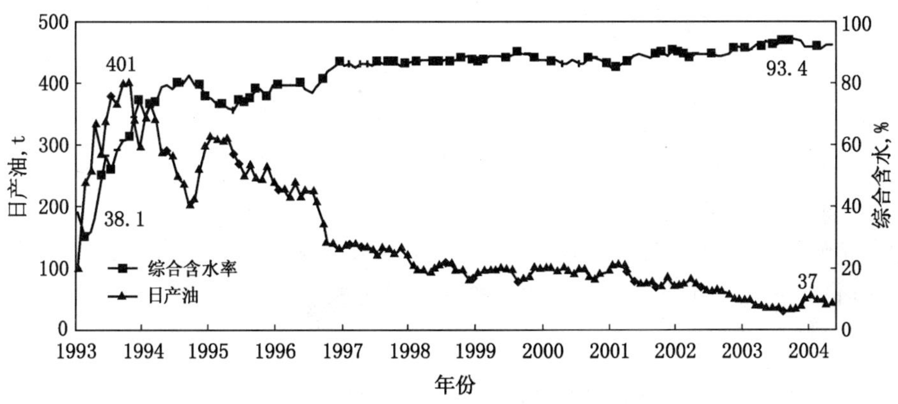

图 4－24　新海 27 块一次开发采油曲线

通过对海外河油田新海 27 块油藏类型、开采特征的研究，在认识上取得了 3 个方面的突破。

认识一：该块处于海外河油田的油水过渡带，为低含油饱和度油藏，直井开发投产初期就进入中高含水期是正常的。同时油水过渡带宽，纵向上油水过渡带幅度为 13m，平面上含油饱和度在 40%～60%的范围占含油面积的 60%。

认识二：随着原油轻质组分的采出，原油黏度变大，油水黏度比进一步增大，含水上升速度进一步加快，直井的冷采转热采后含水的变化证明了这一认识。

认识三：水平井开发可以改变渗流方式，具有抑制底水上窜和提高排液量的双重优势，能够很好地解决该类型油藏开发问题（图 4－25）。

在上述认识的基础上，2005 年在构造最高、含油饱和度最高的部位实施了海平 1 井，2006 年在含油饱和度 50%～60%的地区又部署试验井 6 口，均取得了成功：

（1）单井初期产量平均为 18t，是周围直井的 20 倍。

（2）含油饱和度高的水平井初期产量 25t 左右。

（3）平均单井产液量 66t，是周围直井的 5 倍。

（4）水平井冷采初期含水 70%，比周围直井低 23%。

（5）产量递减较缓，开采初期年递减率直井高达 55.7%，水平井为 9.3%。

（6）到 2006 年年底，试验井最高单井累产油 9934t，日产油 10.6t。

2007 年编制整体开发方案。分两套层系水平井开发，水平井排距 140m，水平段长度

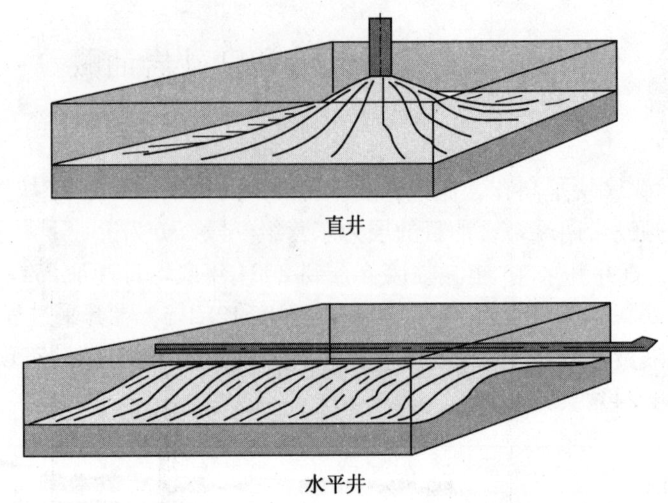

图 4－25　直井和水平井开发对底水的影响不同

200～300m。方案部署水平井 32 口，设计单井日产油能力 12t，建产能 12×10^4t，采油速度 2.0%，预计采收率 26.2%。

二次开发后，新海 27 块日产油从 32t 上升到 360t，采油速度由 0.26%上升到 2.78%，产量提高 10 倍，实现了断块日产油达到一次开发初期水平。提高采收率 15.3%，实现了采收率翻一番的目标（图 4－26）。

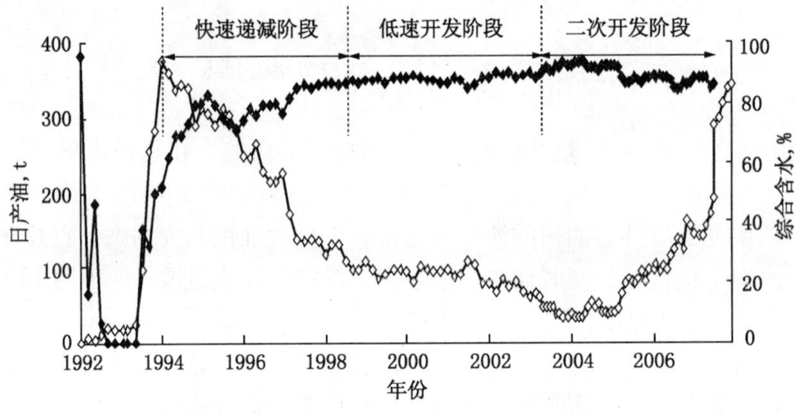

图 4－26　新海 27 块日产油曲线

二、复杂结构井合理参数

影响复杂结构井部署的主要因素包括开发层系、井网井距等，这里仅以新海 27 块稠油底水油藏为例分析复杂结构井的主要参数。

1. 水平段长度

对底水油藏来说，水平井水平段越长，油藏保持底水锥进速度越慢，即无水采收率越高，但增大水平段长度会导致钻井成本大幅度增加，摩阻增加，从而使水平井产量的增幅减少，因此，存在一个选择合理的水平段长度的问题。新海 27 块作为老区，还存在剩余油分布对于水平井段长度的影响。通过数值模拟机理性研究，分上、下层系对不同水平井段长度（500m、400m、300m、200m）情况下的开发指标，并结合经济评价对不同水平段长度进行经济指标对比，从计算结果可知，水平井水平段长度为 200m 左右为最优（图 4－27、图4－28）。

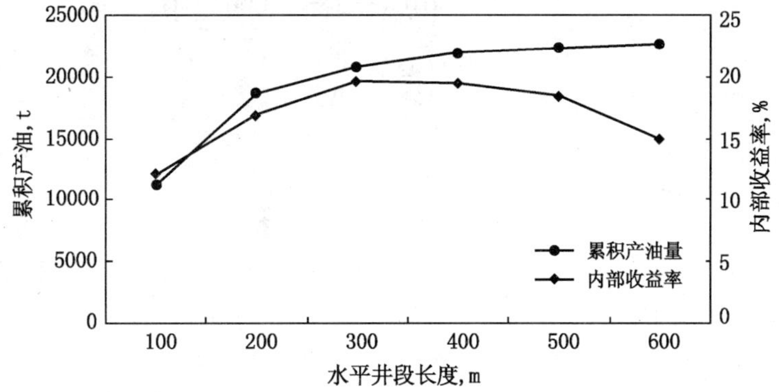

图 4-27 新海 27 块上层系水平井长度优化曲线

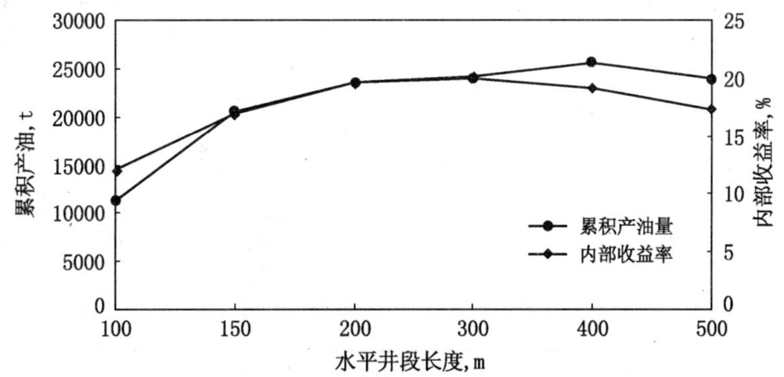

图 4-28 新海 27 块下层系水平井长度优化曲线

2. 水平井方位

水平井方位设计主要考虑以下 3 方面因素：

(1) 首要考虑含油饱和度分布情况，避开含油饱和度较低水淹严重区域；

新海 27 块经过多年开采，油水分布比较复杂，因此，水平井方位设计上首先要考虑必须在高含油饱和度区、同时避开含油饱和度较低、水淹严重区域。

(2) 水平井走向尽量平行于边水、平行于构造线；

数值模拟机理模型研究表明，水平井走向平行边水与水平井垂直边水时的开发指标对比，前者明显好于后者，原因在于水平井平行于边水时水驱波及体积较高，采收率较高，而平行边水也就是与构造线平行。

(3) 为减少储层非均质性影响，水平井段尽量处于同一沉积微相内。

新海 27 块为三角洲沉积，包含多种沉积微相，各微相间储层物性差异较大。如果水平段处于不同的沉积微相中，受各沉积微相不同储层物性的影响，造成水平井生产时水平井段产液量的不均匀，高渗区影响低渗区，形成层内、层间干扰，不利于增大水驱波及体积，从而影响水平井开发效果。

3. 临界产量

根据 Chaperson 水平井水锥临界产量预测公式：

$$Q_{oc}=0.000255\times\left(\frac{L\times q_c^*}{y_e}\right)(\rho_w-\rho_o)\frac{K_h[h-(h-D_b)]}{\mu_o B_o}$$

$$q_c^* = 3.962455 + 0.0616438a'' - 0.000504(a'')^2$$

$$a'' = \left(\frac{y_e}{h}\right)\sqrt{\frac{K_v}{K_h}}$$

式中 Q_{oc}——临界产油量，m^3/d；

L——水平井段长度，m；

h——油层厚度，m；

ρ_w、ρ_o——水、油密度，g/cm^3；

y_e——两排水平井间距之半，m；

D_b——油水界面与水平井之间的距离，m；

q_c^*——无量纲函数。

将新海27块实际数据代入上式得到不同水平井段长度的临界产量，不同避水高度与临界产量的关系，从计算结果可知，当水平段长度为200m时，水平井发生水锥的临界产量为26t/d（表4-18）。

表4-18 水平井长度对应临界产量计算表

水平井长度，m	水平井临界产量，m^3/d
150	21
200	26
300	33
500	40

4. 目的层极限厚度和极限含油饱和度

针对新海27块层状底水稠油油藏，且油藏具有低含油饱和度的特点，为保证水平井开发效果，研究部署水平井的油层厚度下限和含油饱和度下限，是科学合理地利用水平井二次开发油田的关键所在。如部署区的油层厚度较大、含油饱和度较高，水平井储量控制程度较高，生产时油井含水低、产能高，经济效益好，反之，经济上不可行。由于该油藏油水过渡带较大，油层含油饱和度从上到下呈现上高下低分布，因此，确定了部署的极限厚度也就能确定该厚度下的最低含油饱和度。

采用数值模拟法对水平井的部署界限进行研究，以新海27块地质及原油物性为基础，建立水平井生产机理模型，分上、下层系，不同原油黏度，分别模拟计算了不同油层厚度时水平井的生产情况，对比水平井累积产油量与油层厚度关系，确定该块水平井部署的含油饱和度及油层厚度界限，上层系含油饱和度下限为38%，最小油层厚度为8m，下层系含油饱和度下限为35%，最小油层厚度为6m（图4-29）。

5. 合理生产压差

针对该层状底水稠油油藏的特点，为最大幅度提高油井产量，同时保证避免底水锥进过快，影响水平井开采效果，对水平井合理的生产压差开展研究，根据10口试验水平井的实际动态生产资料并结合数值模拟法确定水平井的合理压差。

通过对试验水平井不同生产压差下的产油、产液量的对比分析，确定了水平井的合理生产压差范围在0.8～1.0MPa之间，通过数值模拟机理模型对不同生产压差下水平井10年累积产油量进行计算预测，得到新海27块水平井合理的生产压差在1.0MPa左右，与动态分

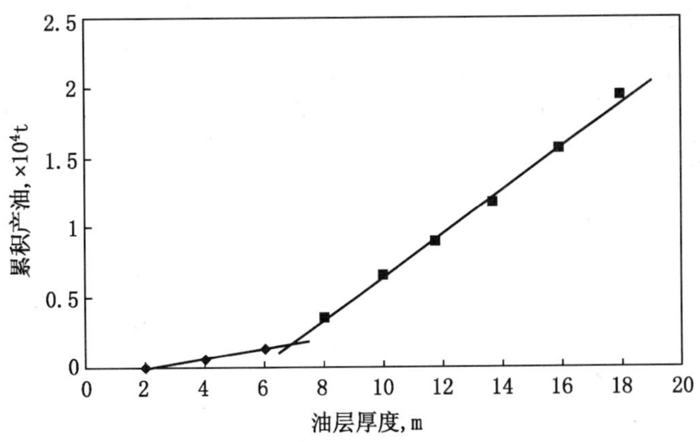

图 4－29　上层系水平井所在油层厚度与最终累积产油的关系

析的结果一致。因此，新海 27 块水平井合理的生产压差应为 0.8～1.0MPa（图 4－30、图 4－31）。

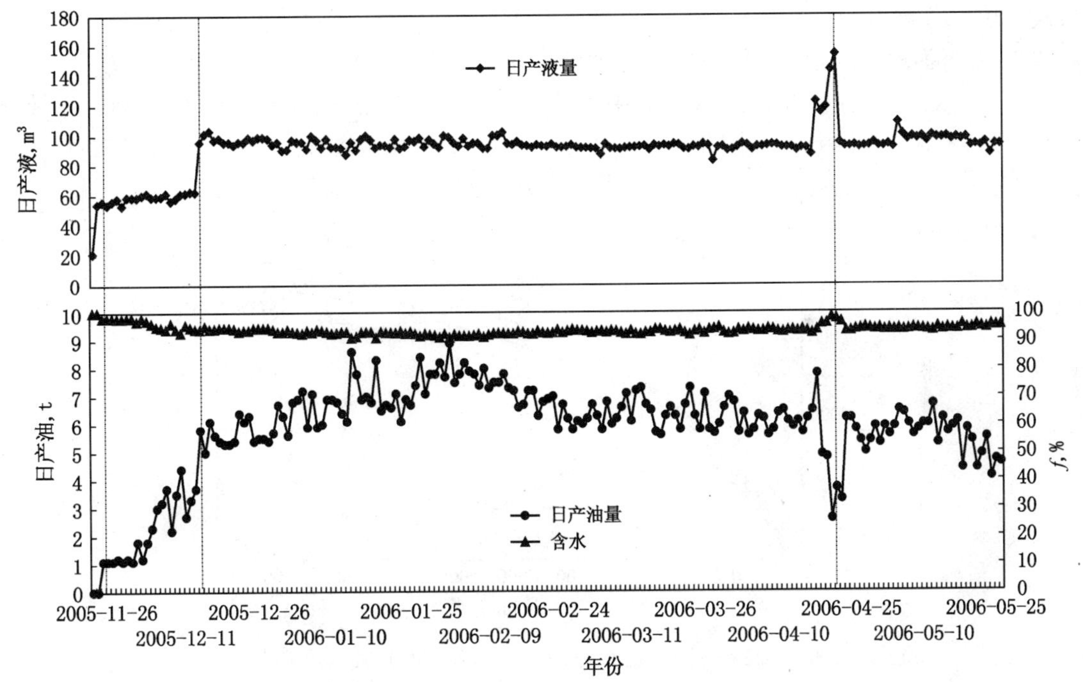

图 4－30　新海 27－H4 井生产曲线

6. 注汽干度

蒸汽干度是指干蒸汽的重量成分，即湿蒸汽中干蒸汽所占的相对重量。蒸汽干度的大小反映了单位注入蒸汽量的热焓值。干度越高，热焓值越大。提高蒸汽干度可降低单位注入热量的注水当量，从而降低近井带冷凝水饱和度，对提高多周期蒸汽吞吐效果十分有利。研究结果表明，蒸汽吞吐产量的响应，在一定程度上主要取决于注入油藏的总热量。这就是说，为了将一定的热量注入油藏，可以用较少质量的高干度蒸汽来实现，也可用较大质量的低干度蒸汽来实现。对一个具体油藏是注入高干度蒸汽还是低干度蒸汽，这要视油藏条件而定。

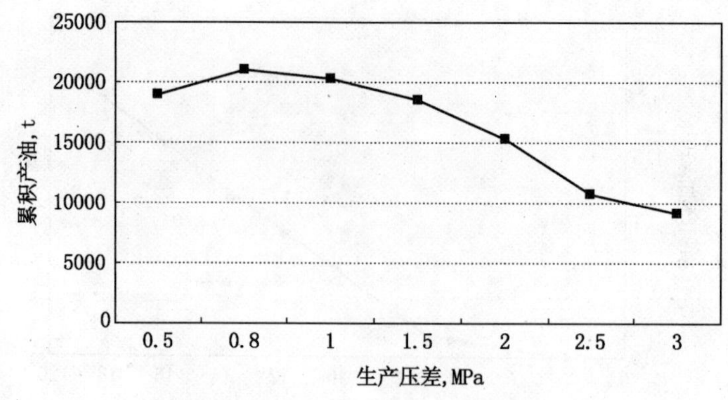

图 4－31　生产压差与累积产油关系图

利用新海 27 块水平井机理模型对井底蒸汽干度分别为 0、20%、30%、40%、50%的不同值进行模拟计算，得到不同注汽干度下水平井开发指标，从指标对比结果可以看出，井底干度小于 40%时，初期日产油较小，含水上升速度快，水平井周期累积产油量较低，蒸汽加热效果较差，当井底注汽干度大于 40%时，初期日产油较高，含水上升速度较慢，水平井周期累积产油量大，注汽效果较好，然而继续增大注汽干度，当井底注汽干度为 50%时，水平井开发效果略有提高，但增油效果不明显，由此确定蒸汽吞吐的井底干度应保证在 45%（图 4－32、图 4－33、图 4－34）。

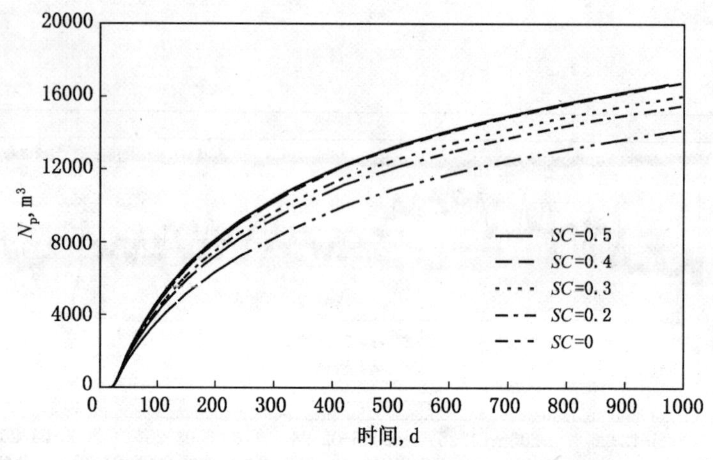

图 4－32　不同井底蒸汽干度 *SC* 方案累积产油对比曲线

7. 注汽强度

注汽强度是指蒸汽吞吐一周期每米油层注入的蒸汽量，它是稠油蒸汽吞吐的一个重要参数，直接影响加热半径的大小，确定合理的注汽强度是提高蒸汽吞吐效果的关键之一。一般规律是，在一定范围内，周期产油量与蒸汽注入量成正比。因为黏度较高油藏的采油速度基本上取决于加热的油藏体积。但对于一个具体稠油油藏，蒸汽吞吐的周期注汽强度有一个优选范围。由于新海 27 块是边底水油藏，加热半径过大会导致与边底水窜通，而加热半径过小又起不到很好的注热效果，因此，为保证既最大限度地提高加热体积，又不至于使边底水过早突进、影响水平井开采效果，因此有必要对水平井合理的注汽强度进行研究。

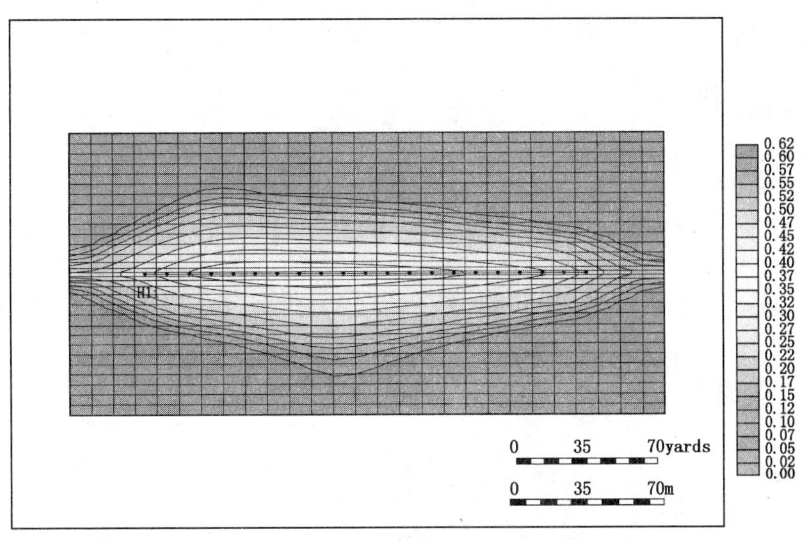

图 4－33 注汽干度 50%方案含油饱和度平面分布图

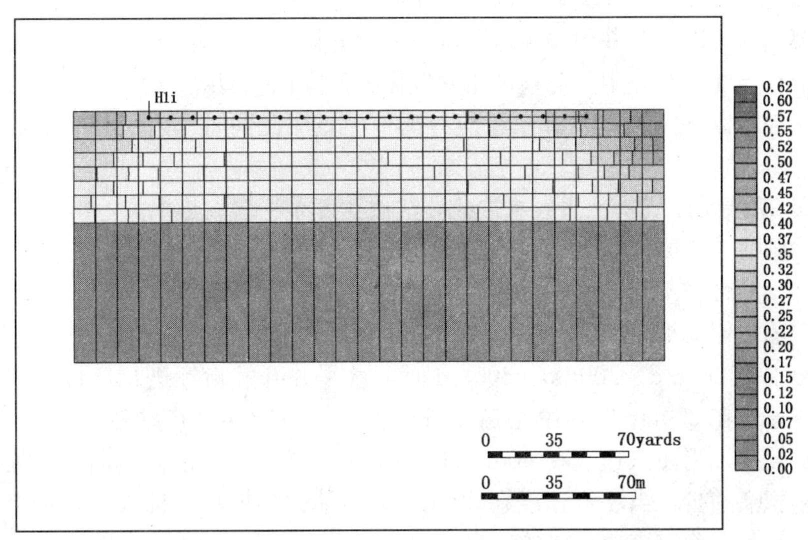

图 4－34 注汽干度 50%方案含油饱和度纵向分布图

通过建立的新海 27 块热采数值模型，对不同注汽强度下水平井的开发指标进行数值模拟预测，对比注汽强度分别为 15t/m、20t/m、30t/m 时的水平井周期生产指标，结果表明注汽强度为 15t/m 时，由于蒸汽加热半径较小，油井初期产量低，含水上升较慢，周期累积产油较少，当注汽强度为 25t/m 时，由于蒸汽加热半径过大，与底水窜通，油井初期产量较高，但含水上升速度快，产量递减快，周期累积产油相对较少，当注汽强度为 20t 时，蒸汽加热半径适中，油井初期产量高，含水上升慢，周期累产油高。因此，确定新海 27 块蒸汽吞吐最佳的注汽强度为 20t/m（图 4－35）。

8. 注汽速度

注汽速度指单位时间内注入油层的蒸汽量。注汽速度和注入压力往往联系在一起。注汽速度低，将会增加井筒的热损失，导致井底干度降低，影响吞吐效果。但注汽速度高，则需

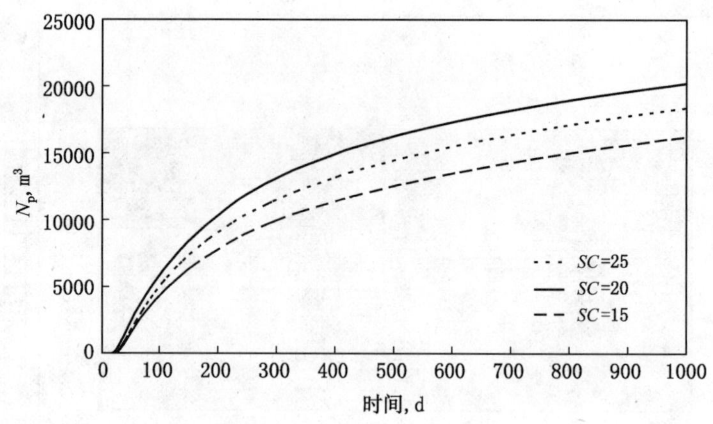

图 4－35　不同注汽强度方案累积产油对比曲线

要较高的注入压力。尤其在吞吐初期，油藏处于原始状态，地层压力较高，导致注入压力必须很高才能实现注汽。一般注入压力一定要保持在油藏破裂压力以下。因为在注入压力超过破裂压力的情况下，注入蒸汽会通过高压所诱导的地层裂缝或高渗透带窜到远离注入井的某一地方，或窜到邻近的生产井中发生严重汽窜，而井筒附近的地层没有得到有效地加热。在这处种情况下，当油井开井生产时，由于井底压力的降低，裂缝重新压实，而使注入远离井筒的蒸汽结水被封固在原地，发挥不了应有的作用。与此同时，由于井筒附近地层受热有限，产油也少。

由于新海 27 块是厚层块状边底水油藏，注汽速度小将增大热损失，影响蒸汽吞吐效果；注汽速度过大则使井筒摩阻增大，井筒压力出现异常分布，且容易形成突进造成边底水的锥进，给水平井生产带来不利的影响。

根据建立的数值模拟模型，在确定水平井井底注汽干度为 45％、注汽强度为 20t/m 时，对注汽速度分别为 200t/d、300t/d、400t/d 时的水平井开发指标进行模拟计算，预测结果表明，当注汽速度在 200t/d 时，由于热损失较大，油井初期日产油较小，含水上升较快，周期累积产油较少，当注汽速度在 400t/d 时，由于形成突进，油井初期日产油小，含水上升快，周期累积产油少，当注汽速度在 300t/d 时，油井初期日产油大，含水上升慢，周期累积产油多，因此，确定该块最佳的注汽速度为 300t/d（图 4－36）。

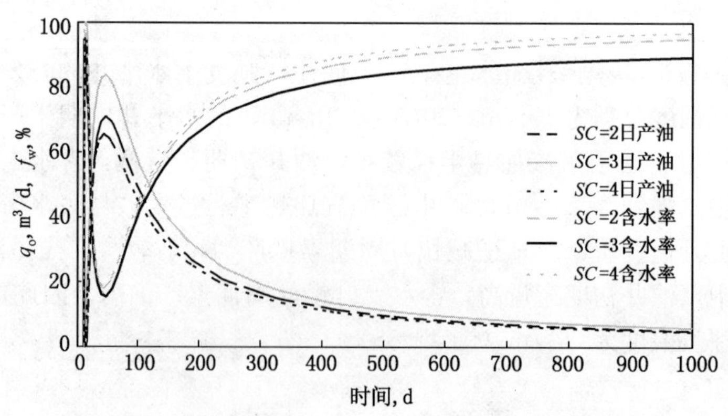

图 4－36　不同注汽速度方案日产油、含水对比曲线

第七节　复杂小断块油藏

辽河油区地质特征复杂，油藏破碎、断块面积小、原油储量高度分散是一个重要方面。直井开发产能低、经济效益差，所以多数复杂断块低品位储量长期闲置。近年来，通过“四个转变”，有效开发了小33、小35、高105、锦150等区块，其中“平面跨块、纵向跨段、一井多块、经济有效”等开发思路对同类油藏也具有很好的借鉴和指导作用。

一、小33、小35块

小33、小35块火山岩油藏位于辽河盆地东部凹陷中段，处于黄沙坨构造带和欧利坨子构造带的结合部，构造面积约为10km^2。根据岩心观察分析，本区为火山喷发的溢流相，火山岩岩性大体上有两种，即粗面岩类和玄武岩类，其中粗面岩类为本区的有效储集岩。本区粗面岩呈北东向条带状展布，在北东向条带的中部，小33、小35井一带厚度较大，达到530m，粗面岩向周边逐渐减薄。小35块油水界面为-2820m。油层埋深2670～2820m，油层厚度较大，油气藏类型为具气顶的底水岩性构造油藏。

在开展火山岩岩相研究，在构造形态、储层特征、岩相分布规律以及裂缝分布状况研究的基础上，进行油水分布规律研究，对储量进行落实，建立三维地质模型。经过精细油藏描述，准确预测了该区火山岩储层及储层裂缝发育情况和油层分布规律。部署了目前辽河油区水平段最长、井型最复杂、跨断块的分支水平井——小35—H1井。小33、小35块共完钻各类井6口，产油气的井仅有4口，由于完钻油井较少，水平井边部没有油井控制，火山岩岩性变化较快，在没有直井控制下打水平井风险较大，需要准确预测储层裂缝及油层发育情况，使水平井的轨迹准确钻遇油层。在小35—H1—Z1井的有增设B1、C1、D1、E1 4个点控制水平井轨迹，在小35—H1—Z2井的又增设A2、B2两个控制点，使该水平段轨迹既能最大限度钻遇油层，又能保证钻井工程的实施。小35—H1—Z1井钻遇粗面岩顶深2670m；水平段长850. 67m；解释油层337. 6m/5层；差油层厚度178. 3m/7层；干层322. 1m/8层；小35—H1—Z2井钻遇粗面岩顶深2751. 9m；水平段长347. 67m；解释油层143. 1m/4层；差油层厚度265. 8m/7层；干层57. 5m/3层；取得良好的效果。

二、高105块

高105块位于高3-8-6断层下降盘以东，高3块北端东侧断阶带上，依附于断层之下形成平缓鼻状构造，为北东向和近东西向4条正断层所围限。构造高点在北西部，向东南方向倾没，构造高点埋深1825m，构造幅度325m，西高东低，西陡东缓。其主要开发层系为古近系沙河街组沙三段大凌河油层。高105块是一个受构造控制的边水油藏，油水界面-1975m左右。高105块大凌河油层探明含油面积0. 31km^2，石油地质储量107. 7×10^{4}t（图4-37）。

高105块是一个被高升断层及与之平行的次级北东向断层和一组近东西向断层围限形成的鼻状断块，地层向南东倾没的单斜构造，构造高点埋深在1825m，圈闭面积0. 79km^2，地层倾角27. 7°左右，具有西高东低，西陡东缓的特点。

高105块大凌河油层储层沉积继承了莲花油层的沉积特点，为一水下浊积扇沉积环境中的分支沟道砂体，物源主要来源于东部。砂体分布受物源及沉积相带的控制。本区砂体呈北东—西南向条带状分布，在高3-72-108—高3-7-0166井一线，厚度变化较大，向西北快速变薄，直至尖灭。含油砂体厚度一般为10～50m，厚度最大分布在高105井—105-1井附近，厚度大于50m。岩性为灰褐色砂砾岩，成分以石英为主，长石次之，次棱角状，反

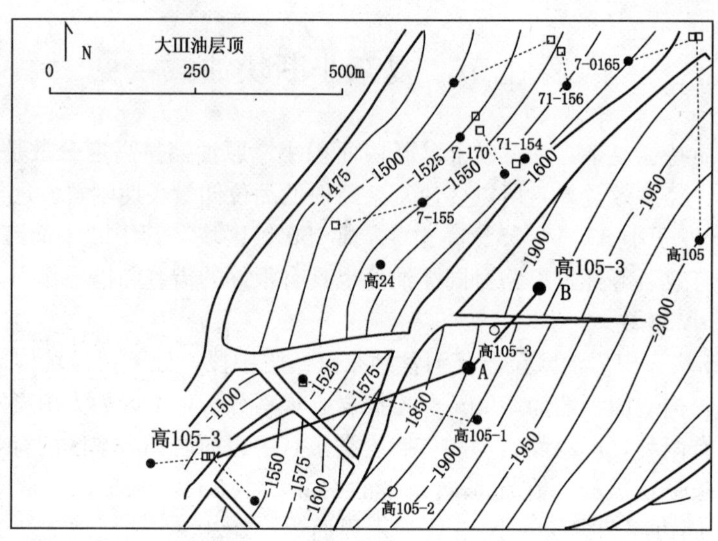

图 4-37　高 105 块开发部署井位图

映为近物源快速堆积的特征，岩石碎屑成分成熟度较低。

测井解释储层孔隙度为 19.0%～24.0%，平均渗透率为 $259\times10^{-3}\mu m^2$。

高 105 块是高升构造带主体东侧的一个新断块，与主力产油断块高二、三区具有相似的成藏条件，是断层控制的断块型边底水油藏，油水界面 -1975m。大凌河油层顶面高点埋深 1825m，含油井段长约 75m 左右，分为上下两段。平面上油层分布主要受构造控制，构造高部位的油层厚度大，向构造低部位过渡为水层。

高 105 块油品性质为中质稠油（据高 3—72—108 井大凌河油层试油资料），20℃密度为 $0.9521g/cm^3$，50℃地面原油黏度为 2262.06mPa·s，凝固点 6℃，含蜡量为 4.92%，胶质+沥青质含量为 28.66%。原油对温度敏感，适合蒸汽吞吐开采。根据实测资料，高 105 块 2023.6m 深度对应的地层温度为 67.3℃，压力为 18.9MPa。

高 105 块大凌河油层地层倾角较大、油层组薄，因此将油井设计为大斜度定向井，平面上跨两个断块，纵向上跨两个层组，在节省钻井投资的基础上最大限度地控制地质储量和发挥油井的生产能力。而且该断块具有较大的地质储量：上层系已上报石油地质储量 17×10^4t，油层薄且分布稳定；下层系新增石油地质储量 50×10^4t，目前只有一口，单井控制地质储量大；具有较高的压力水平，高 105 块 RFT 测压表明地层压力为 19.09MPa。

因此，在该块部署大斜度定向井，高 105—3 井目的层大凌河油层，该井设计两个靶点，靶点 1 深度为 1875m，靶点 2 深度为 1915m，完钻井深为 1960m（图 4-38）。

高 105-3 导井于 2008 年 4 月 29 日开钻，预计按设计轨迹施工将在斜深 2030.00～2043.00m（垂深 1831.00～1836.00m）见第一套标志性油层，2008 年 05 月 13 日钻达井深 2108.00m（垂深 1860.25m，井斜 71.51°，方位 39.76°）才见到标志性油层，比设计轨迹预测油层低 29.25m，后全力降斜，于 2008 年 05 月 15 日钻至井深 2262.00m（垂深 1917.07m，井斜 54.25°，方位 34.73°）进入目的层，进入目的层后（井段 2262.00～2312.00m），油层垂深厚度 29.54m。与高 105—1 井对比分析目的层厚度基本一至（高 105—1 井目的层厚度为 28.30m），确认高 105—3 井与高 105—1 井目的层一致，只是高 105—3 井比高 105—1 井垂深低 12.0m，即设计 A 点垂深 1875.00m，垂深较高，设计 B 点

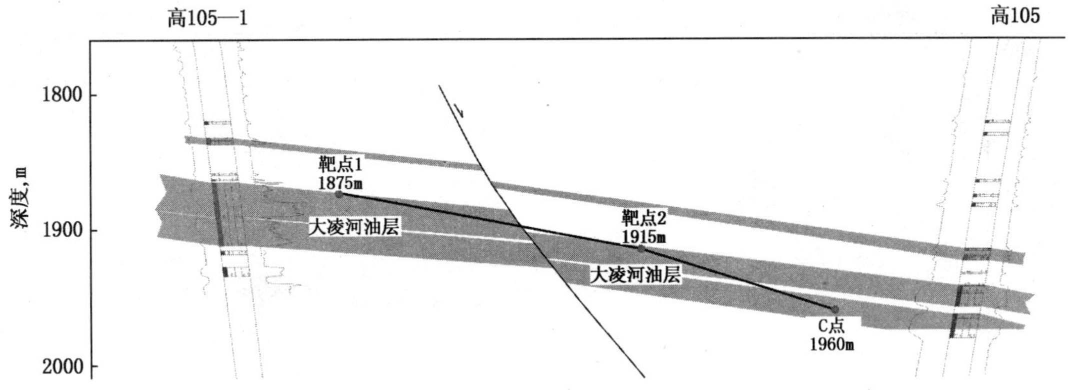

图 4-38　高 105—3 井预测剖面图

垂深也将钻不到目的层，5 月 16 日钻达井深 2334.31m（垂深 1958.51m，井斜 55.5°，方位 34.95°）完钻。2008 年 5 月 18 日，完井电测后，由于为落实目的层顶界深度造成现场施工曲率较大，无法满足日后采油工艺求产，经辽河石油管理局开发处汇报孙岩处长定填井侧钻，原高 105—3 井眼更名为高 105—3 导，重新设计轨迹，增加控制点 K1、K2，回填井深至 1400m，井号为高 105—3 井（图 4-39、图 4-40）。

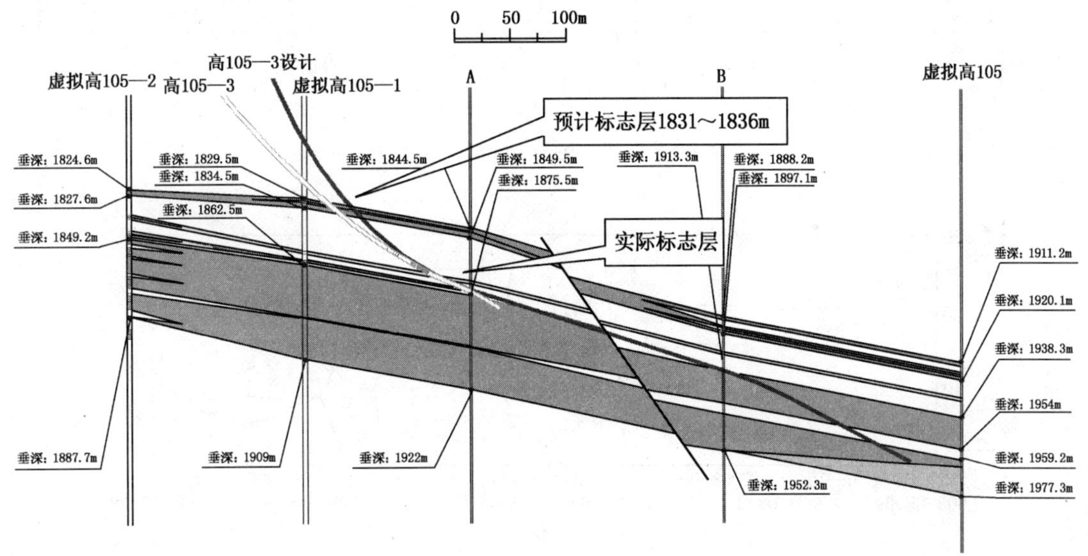

图 4-39　高 105—3 井地质录井导向现场轨迹跟踪图

高 105—3 井于 2008 年 5 月 21 日井深 1400.00m 开始侧钻钻进，2008 年 6 月 3 日完钻，完钻井深 2460m，全井测井解释油层 376.5m/10 层，低产油层 12.2m/3 层，该井套管固井，固井质量合格。

高 105—3 井综合录井图见图 4-41。

该井于 2008 年 8 月 9 日开始注汽，设计注汽量 3000t，2008 年 8 月 28 日停注。该井注汽压力较高，为 19.5MPa，注汽干度较低，为 40%～50%，累积注汽 2994t。2008 年 9 月 3 日放喷生产，2008 年 9 月 22 日转抽，初期日产液 15.3m^3，日产油 9.2t，目前日产液 14.2 m^3，日产油 11t。该井目前累积产液 652.9 m^3，累积产油 232.4t（图 4-42）。

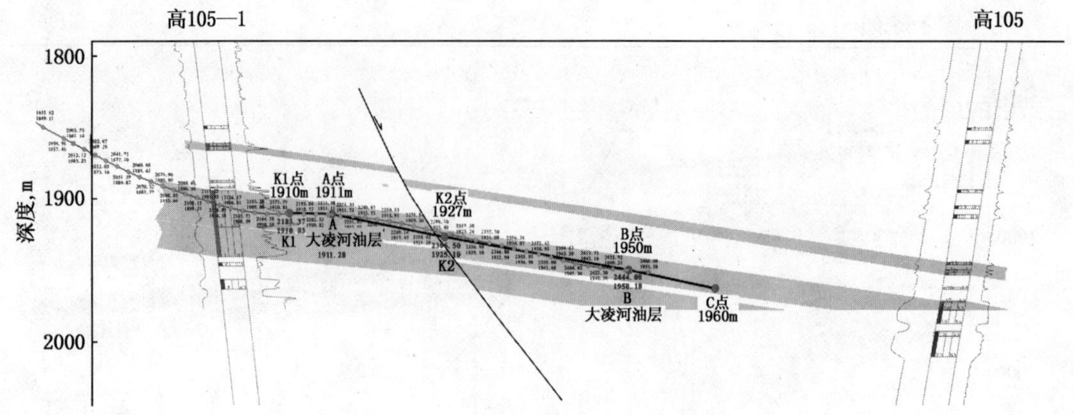

图 4-40　高 105—3 井实钻轨迹剖面图

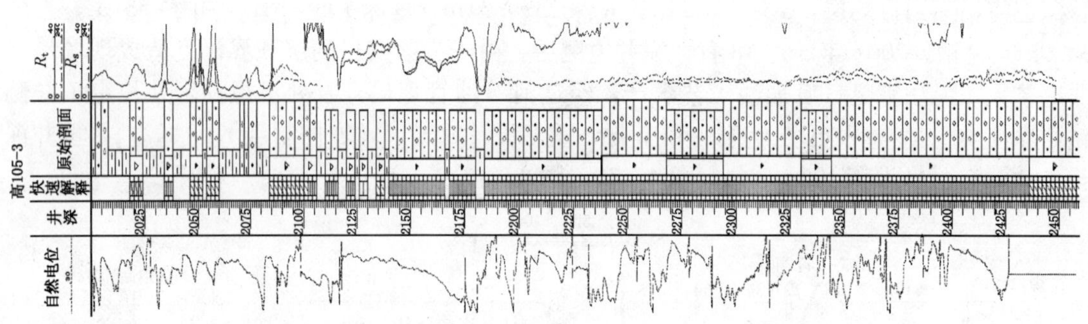

图 4-41　高 105—3 井综合录井图

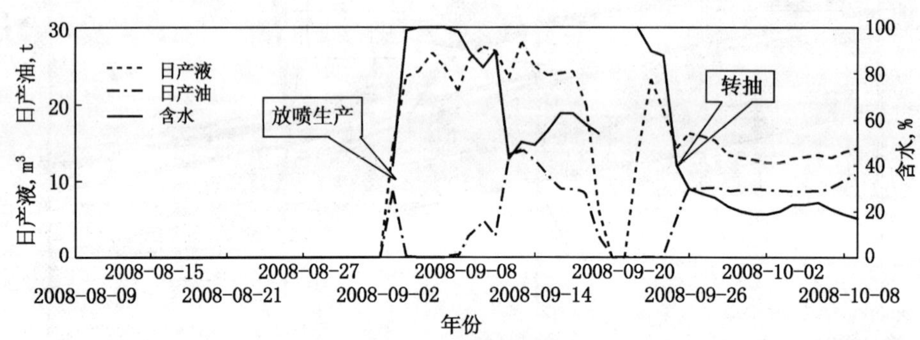

图 4-42　高 105—3 井采油曲线

高 105—3 井大斜度井平面上跨两个断块，纵向上跨两个层组，钻井时采用地质导向跟踪，根据现场实际情况及时准确地落实目的层，确保了较好的油层的钻遇率，钻遇情况与设计基本一致，油层显示较好，全井测井解释油层 376.5m/10 层，低产油层 12.2m/3 层。采用套管固井完井，固井质量合格。该井适应地层倾角较大、油层组薄，直井开发风险大的实际，加深了对本区块构造横向上变化情况、岩性、物性及油层分布情况的了解，达到设计目的。同时，通过采用套管固井完井，实现产能层间接替，产能有保证，目前有逐渐上升的趋势。高 105—3 井为典型成功井案例，为下一步开发奠定了良好的基础。

三、锦 150 块

复杂结构井部署区为锦 150 块东部的两个次级断块，是一四周被断层夹持的单斜构造。主要目的层为中生界油层，油层顶面埋深为 -1710～-1840m，含油面积 0.4km²，油层厚度 13.5m。石油地质储量 37×10^4t。

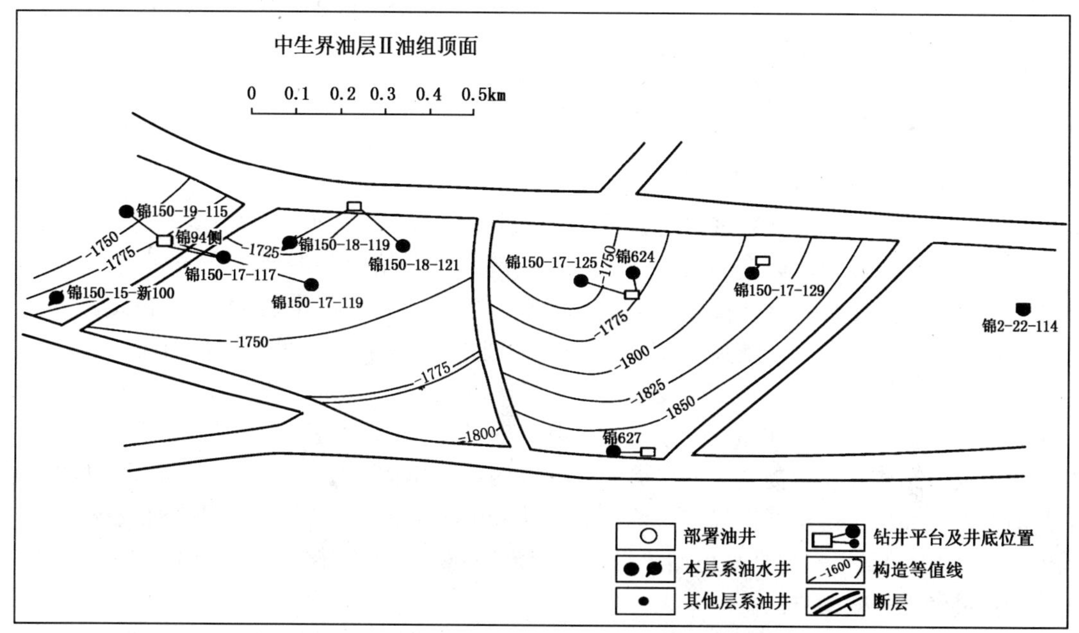

图 4-43 锦 150-17-119 块、锦 624 块中生界调整井位部署图

目前共有油井 5 口，开井 3 口，日产液 17.6t，日产油 8.2t。累积产油 2.52×10^4t。采油速度为 0.8%，采出程度为 6.8%。

部署区水平段的垂直厚度为 7.4～9.5m。其中，锦 150-17-119 块南部储量无井点控制，锦 624 块也仅有锦 150—17—125 井，储量控制程度低，高部位及南部均无井点控制（图 4-43）。

锦 150—H2 井设计水平段长 500m，位于构造高部位，平行锦 94 北断块，目的层厚度 7.4～9.5m，设计日产油 15t（图 4-44）。

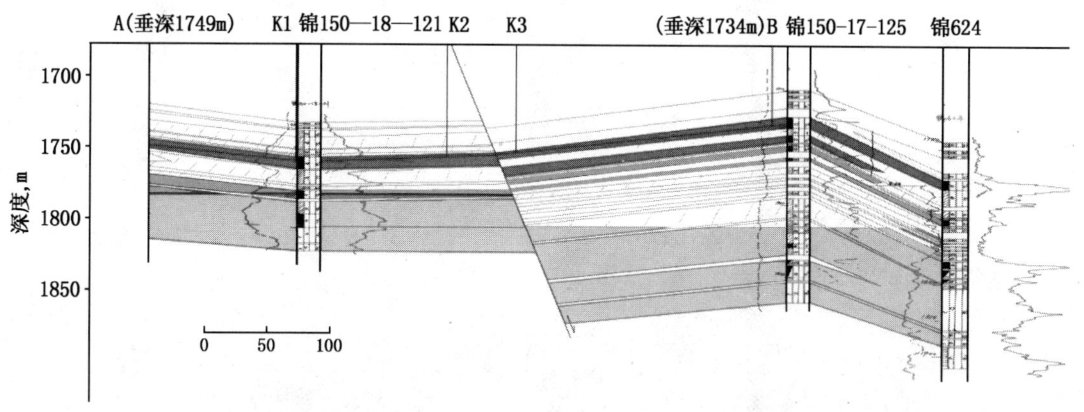

图 4-44 锦 150-17-119 块、锦 624 块中生界锦 150—H2 井轨迹剖面图

2007年12月16日，锦150—中H2导眼井开钻，在3个导眼井的控制下，水平井锦150—中H2钻遇率达到96.9%，于4月18日投产，初期日产液11.8t，日产油11.1t。目前日产油8.6t，已累积产油956t，预计全年产油1900t。

锦150块为一个低孔、低渗的油藏，利用水平井跨断层开发取得了较高的产能和经济效益。锦150—中H2井是按照油田开发管理纲要的要求，在经过落实构造、油水分布和储量计算的基础上进行新井部署，设计思路合理，效果较好。

小　结

（1）复杂内幕构造油藏兴古7块通过优选井型、优化开发，设计3段5层39口复杂结构井开发，动用石油地质储量2094.8×10^4t，投产的复杂结构井中80%的井自喷高产，全面开发一年以来，已收回全部投资，并赢利3.5×10^8元。创新了同类油藏开发模式。

（2）低裂缝密度潜山油藏基质和裂缝系统渗流能力差，直井不具经济合理性，石油储量长期闲弃。通过转变井型、转变开发方式，在静52块、边台北等实施的20分支鱼骨井和双底多分支井，打破多项设计和钻完井记录，取得较好效果。

（3）复杂结构井技术提供了薄层稠油低品位储量动用的技术方法，西斜坡13口薄层水平井的实施，突破了薄层开发界线，稀油油藏从6m一举下降到1.2m，稠油油藏从10m降低到3m。大大提高了薄层低品位储量潜力，使该块3000×10^4t储量上报成为可能，成为动用薄油藏最经济有效的方法。

（4）易出砂低品位稠油油藏，由于储层胶结疏松，出砂成为影响产量的主要因素。通过采用高强度弹性防砂筛管完井，有效控制了地层出砂，提高了低品位储量的动用程度。

（5）薄层低渗透砂岩油藏复杂结构井开发纵向上要选择油层相对厚度大、分布稳定的小层，平面上需注意注采井网的配合、能量的补给，通过邻井落实产能、设计为鱼骨井来降低风险。

（6）高孔低饱和度油藏新海27块，通过复杂结构井二次开发，全块日产油从32t上升到360t，采油速度由0.26%上升到2.78%，产量提高10倍，实现了断块日产油达到一次开发初期水平。提高采收率15.3%。

第五章　低品位石油储量复杂结构井开发效果评价

辽河油区复杂结构井的应用经历了“八五”攻关、“九五”试验、“十五”末扩大试验和“十一五”规模推广4个阶段。截至2007年底，共完钻复杂结构井496口，其中分支多底井47口，鱼骨井44口，2007年生产原油154.8×10^4t，占油区当年原油产量的八分之一（图5－1）。

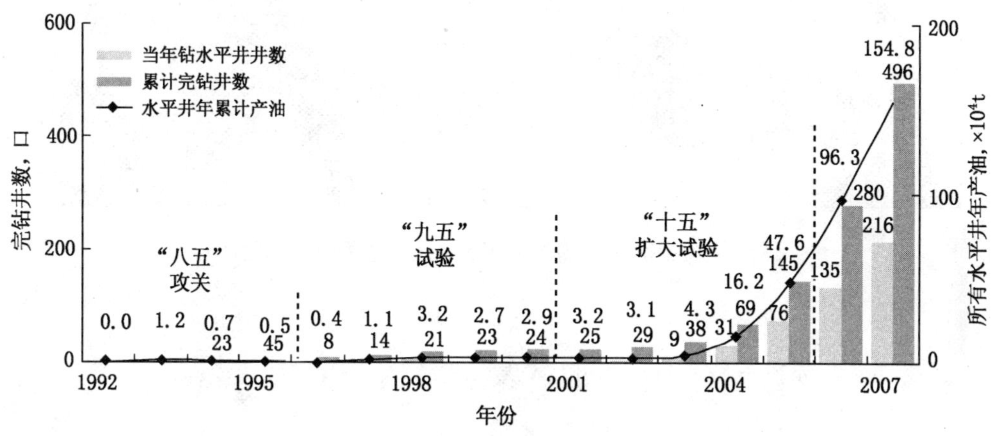

图5－1　辽河油区复杂结构井井数上升曲线

按油品性质分类，复杂结构井在辽河油区的应用可以分为稀油86口，高凝油33口，普通和特稠油273口，超稠油194口（表5－1）。

表5－1　历年水平井按油品分类表

年　　份	稀油，口	高凝油，口	普特稠油，口	超稠油，口	合计，口
2003年以前	2	8	12	7	29
2003年		2	1	6	9
2004年	6		13	12	31
2005年	9	4	36	27	76
2006年	14	4	55	62	135
2007年	41	9	108	58	216
2008年前4月	14	6	48	22	90
合计	86	33	273	194	586

除了应用于各种油品，目前辽河油区复杂结构井也已广泛应用于不同油藏类型，做到了与老区剩余储量二次开发、难采储量评价的有机融合，并且针对油藏特点逐步形成了单支水平井、鱼骨井、分支井等多种井型（图5－2）。

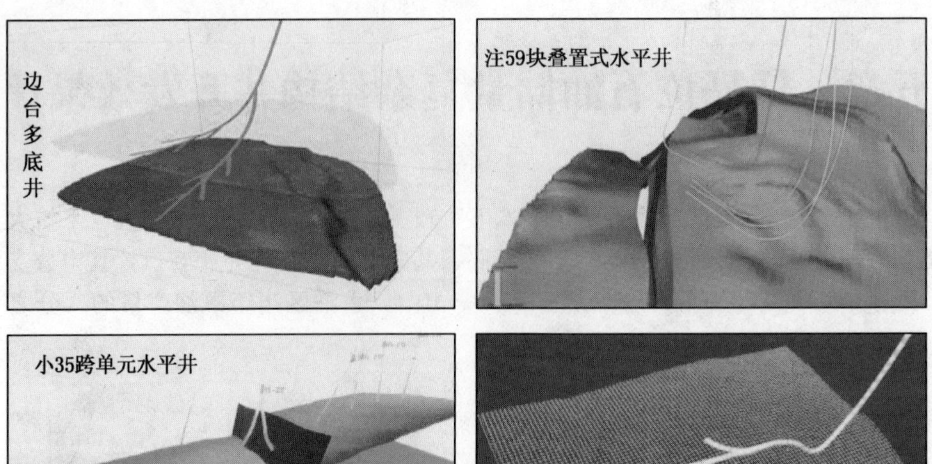

图5-2　应用不同复杂结构井开发不同类型低品位储量

第一节　辽河油区复杂结构井应用效果

辽河油区复杂结构井的应用取得了较好开发效果、较高经济效益，总体达到了产能建设指标。辽河油区直井与复杂结构井开发指标对比见表5-2。

表5-2　辽河油区直井与复杂结构井开发指标对比表

类别	投产井数 口	开井数 口	日产油 t	平均单井日产油 t	年产油 $\times 10^4$t	平均单井年产油 $\times 10^4$t	水平井直井单井日产量对比	水平井开井数占油区开井比例 %	水平井日产量占油区比例 %
复杂结构井	544	457	5238	11.5	61.67	0.1134	4.8	3.7	15.6
直井	17812	12010	28242	2.4	340.8	0.0191			
合计	18356	12467	33480	2.7	402.47	0.0219			

一、钻井成功率、油层钻遇率较高

复杂结构井油层钻遇率见表5-3。

表5-3　钻遇率统计表

类　别	完钻井数 口	钻遇油层井数 口	钻井成功率 %	水平段长 m	钻遇油层 m	油层钻遇率 %
中厚层油藏	401	401	100	299.9	266.2	88.8
薄层油藏	95	94	98.9	278.2	226.2	81.3

二、产能贡献率、到位率较高

复杂结构井产能贡献率、到位率见表 5－4。

表 5－4　产能贡献率、到位率统计表

年　度	建产能 $\times 10^4$t	当年产油 $\times 10^4$t	贡献率 %	第二年产油 $\times 10^4$t	到位率 %
2003	2.7	1.6394	60	4.5604	168.9
2004	11.1	7.3834	66.5	17.4532	157.2
2005	30	20.306	67.7	30.9183	103.1
2006	52	38.5272	74.1	49.8343	95.8
2007	75	47.3685	63.2		

三、万米进尺建产能超方案设计

根据 2007 年的统计，复杂结构井单井建产能是直井的 2.1 倍；万米进尺建产能为直井的 1.46 倍；单井进尺为直井的 1.4 倍；每米进尺钻井成本为直井的 1.9 倍；单井钻井投资为直井的 2.7 倍（见表 5－5）。

表 5－5　2007 年万米进尺建产能统计表

年　度	设计万米进尺建产能 $\times 10^4$t	井数 口	建产能 $\times 10^4$t	进尺 $\times 10^4$m	万米进尺建产能 $\times 10^4$t
2003	1.85	9	2.7	1.37	1.98
2004	1.85	31	11.1	5.18	2.14
2005	1.85	76	30	14.23	2.1
2006	1.85	135	52	25.01	2.08
2007	1.5	216	75	49.44	1.52

低效井比例远低于复杂断块油藏行业标准 20%，为 13.5%（表 5－6）。

表 5－6　低效井统计

年　度	完钻井数，口	低效井数，口	比例，%
2004 年以前	69	6	8.7
2005	76	7	9.2
2006	135	13	9.6
2007	216	6	2.8
合计	496	32	6.5

从不同年度水平井经济评价效果对比分析，单位操作成本整体呈下降趋势，投入产出比呈上升趋势（见表 5－7）。

表 5－7　不同年度水平井经济评价效果对比分析

年　度	井数 口	总进尺 $\times 10^4$m	累积产油 $\times 10^4$t	累积产气 $\times 10^4 m^3$	累积操作成本 $\times 10^8$元	单位操作成本 元/t
2003 年以前	21	2.76	48.4	190.97	2.84	584.94
2004	38	7.03	50.35	1471.42	3.43	665.73

续表

年　度	井数 口	总进尺 $\times 10^4$m	累积产油 $\times 10^4$t	累积产气 $\times 10^4m^3$	累积操作成本 $\times 10^8$元	单位操作成本 元/t
2005	64	11.06	74.11	199.12	3.72	500.88
2006	135	23.2	96.66	1898.39	3.25	331.02
2007	213	40.32	55.45	3232.84	2.09	360.12
合计	471	84.37	324.97	6992.75	15.33	463.76
年　度	前期投资 $\times 10^8$ 元	单位进尺投资 元/m	累积销售收入 $\times 10^8$ 元	投入产出比	盈亏平衡产量 $\times 10^4$t	盈亏状况 $\times 10^4$t
2003 年以前	1.58	5733	9.06	1∶1.8	10	39.42
2004	3.13	4454.4	11.22	1∶1.5	16.7	35.6
2005	7.1	6417.79	18.44	1∶1.5	32.6	42.44
2006	15.76	6792.81	25.57	1∶1.3	68.7	29.78
2007	29.05	7204.28	17.44	1∶0.5	108.2	-52.09
合计	56.62	6710.92	81.73	1∶1	261.4	69.13

第二节　影响开发效果的主要因素

一、单井控制储量是决定累积产量的根本

单井控制储量直接决定累积产量的高低，直接影响最终经济效益。辽河油区对稠油油藏初步研究了单层开采的极限产量与控制储量、单层厚度、水平段长度关系，确定了薄层稠油开采厚度下限，制定了厚层块状油藏开发技术政策。在薄油层稠油储量开采中，投资成本决定了必须达到的累积产量下限，根据采收率就可以计算出相应的单井控制储量，从而确定极限部署厚度和复杂结构井水平段长度。

在设定油价下，计算绘制出了单控储量与单层厚度和水平段长度关系图版。在单井控制储量下限为 2.2×10^4t，油层部署厚度下限 3m 时，水平段长度必须大于 300m（图 5－3）。

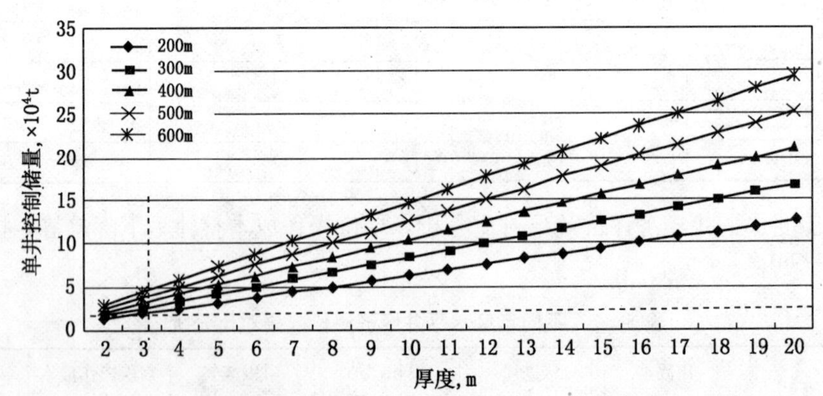

图 5－3　不同水平段长度下的单井控制储量与油层厚度关系曲线

注 70 块现场实施情况对此有很好的验证（见表 5－8）。

表 5-8　洼 60—H102 井与洼 60—H103 井水平段长度与开发指标对比表

洼 70 块	水平段长 m	单控储量 $\times10^4$t	周期 d	累积注水 $\times10^4$t	累积产油 $\times10^4$t	累积产水 $\times10^4$t	油汽比 t/m³
洼 60—H102 井	308.2	7.5	7	2.318	0.846	1.303	0.37
洼 60—H103 井	305	10.7	4	1.676	1.394	1.44	0.86

对于厚层块状油藏，主要考虑动用半径和纵向热传导状况，对于厚度大的采用纵向叠置式水平井开发。如冷 41 块部署叠置式水平井，形成上下吞吐双水平井，提高了油层动用程度（图 5-4）。

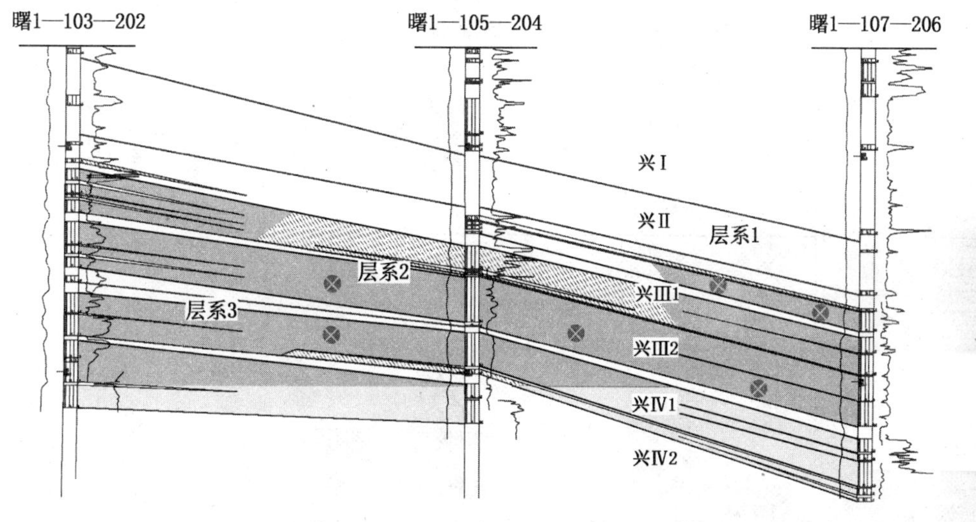

图 5-4　冷 41 块叠置水平井部署油藏剖面

二、地层压力保持水平是获得较高产量的保证

其他条件相似，地层压力越高，生产效果越好。

三、采取的开发方式是决定稳产期限的核心

目前辽河油区应用水平井开发的区块，从开发方式划分主要有天然能量开发、注水开发、蒸汽吞吐开发和 SAGD 开发 4 种。3 年实践证明，天然能量开发和蒸汽吞吐开发区块，符合标准和具备条件的，通过转注水开发能有效减缓产量递减；转 SAGD 开发的，一年后，基本上能实现产量稳中有升。一是天然能量开发区块，稀油、高凝油老区和稠油蒸汽吞吐区块复杂结构井开采递减都较快（图 5-5、图 5-6）。

从超稠油同期水平井与直井对比，水平井的产量高峰期在 3～4 轮，直井在 4～5 轮，周期产油明显高于直井，但 4 周期以后水平井的递减速度快。油汽比前三周期明显高于直井，但 4 周期以后低于直井（图 5-7）。

二是注水开发区块水平井递减明显小于天然能量开发区块。如茨 631 块油层厚度仅有 1.7m，直井开发不经济，水平井天然能量开发递减快，导致低压关井。当注水达到 $1.2\times10^4m^3$ 时，茨 631—H1 井产量逐步回升到 10t 以上（图 5-8）。

三是 SAGD 开发区块方式转换后水平井产量呈上升趋势（图 5-9、图 5-10）。

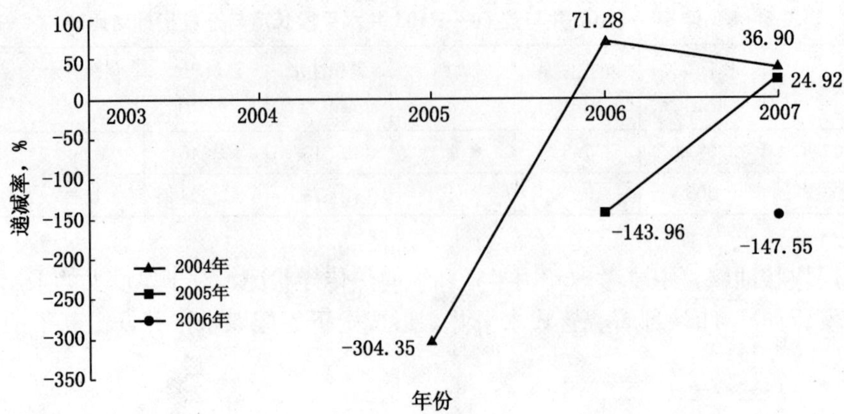

图 5－5　稀油、高凝油天然能量区块水平井递减规律

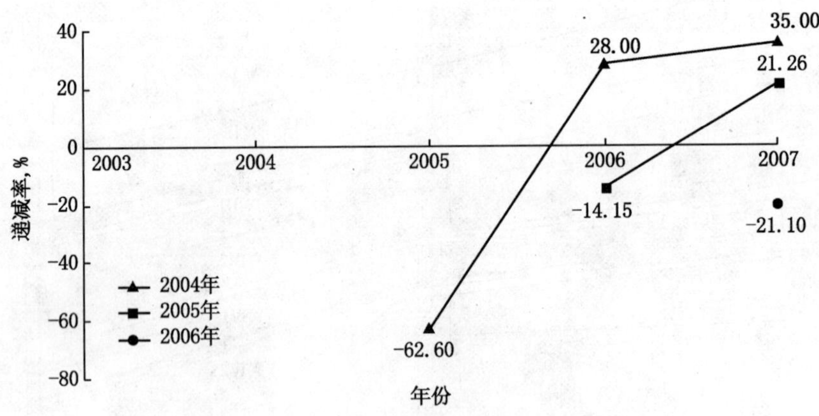

图 5－6　蒸汽吞吐开发区块水平井递减规律

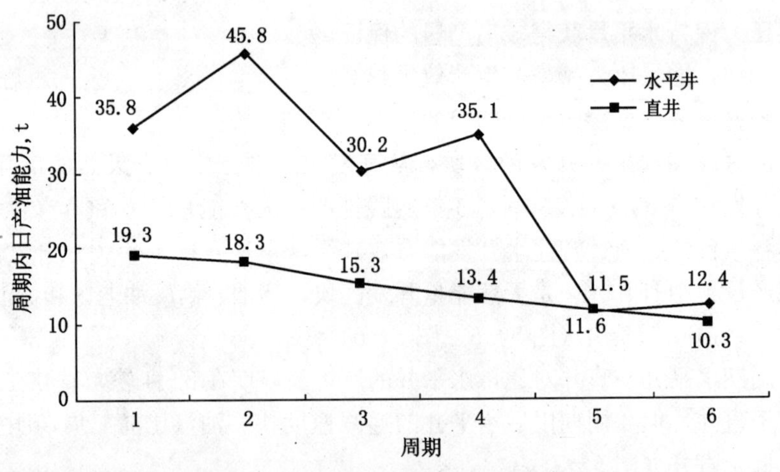

图 5－7　水平井与直井周期日产能力对比

四、选择与油藏特点相适应的钻完井技术是达到较高产能的关键

对于稠油油藏相对低渗区域，开采初期地层压力高、经济效益差问题，采取鱼骨井可有效改善生产效果，提前进入高产期；对于低品位潜山可有效钻遇更多裂缝，实现有效开发。

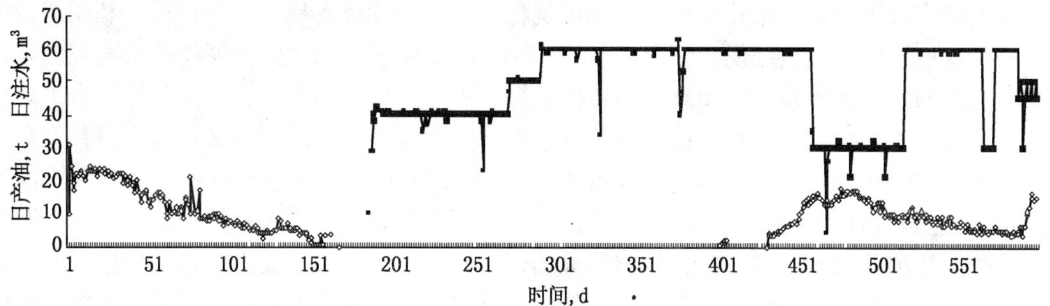

图 5－8　茨 631 块井注采关系曲线

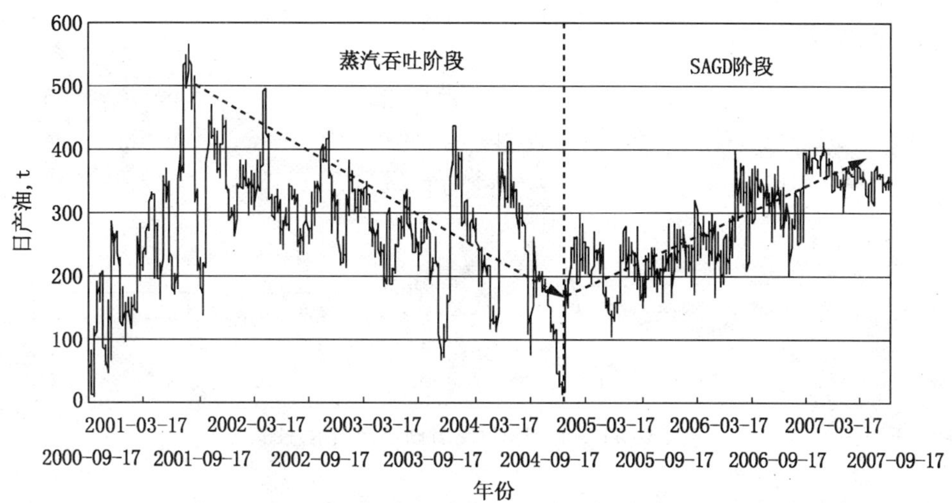

图 5－9　馆陶油层先导试验区日产曲线

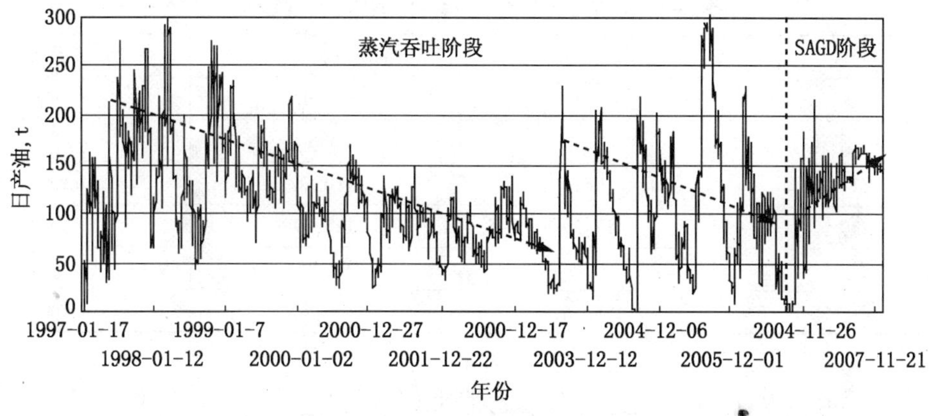

图 5－10　兴Ⅵ组油层先导试验区日产曲线

小 33 块、小 35 块为辽河盆地东部凹陷中段两个相邻的火山岩油藏。由于储层物性差，非均质性强，两块自 2004 年利用直井投入开发以来，采油速度和采出程度只有 0.76%和 0.53%，整体上处于低速、低效开发状态。为实现高效开发，研究采用了分支水平井技术。通过一个井眼实现对两个断块油层的控制。为确保这口跨断块双分支水平井获得成功，技术人员首先确定地层对比关系；应用全三维可视化和地震切片技术精细解释构造；利用成像测井资料确定地层倾角及裂缝发育情况，利用3Dmove和地震多属性分析等技术预测裂缝，并建立了精确的三维地质模型，最终利用数值模拟技术对水平井的方向、纵向位置、水平段长度等参数进行了优化设计。目的层设计深度与实际钻探深度误差不到一米，水平段长度分别达到了850.67m和347.67m；油层和差油层合计解释厚度924.2m。小35—H1井为中国石油天然气集团公司迄今为止第一口跨断块高产分支水平井，其分支水平段长度及井型复杂程度，在全国范围内也属罕见。该井的部署成功，不但说明辽河油区火山岩油藏的地质研究已经达到国内先进水平，同时也为利用复杂结构井技术开发特殊岩性油藏提供了可借鉴的经验（图5-11）。

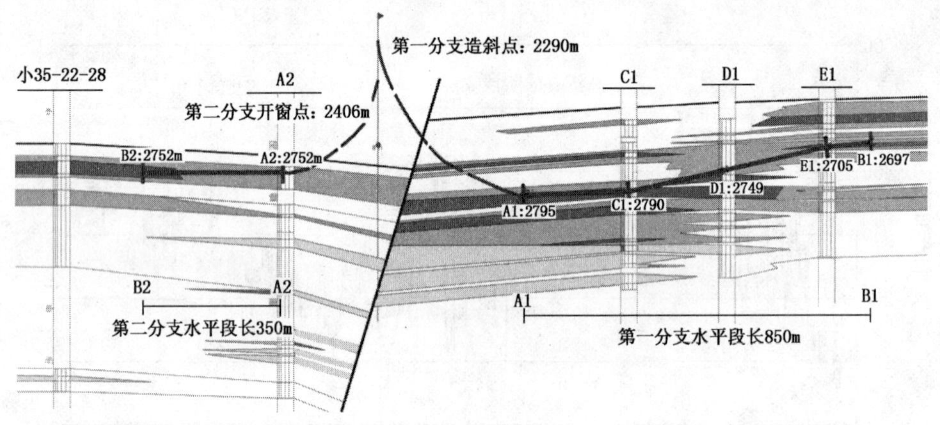

图5-11　小35—H1Z井轨迹剖面示意图

在超稠油老区杜84块钻成的4分支鱼骨井杜84—兴H238井，整体经济效益明显好于周围水平井（表5-9、图5-12）。

表5-9　4分支鱼骨井杜84—兴H238井主要参数表

井　号	水平段长度，m	油层段长度，m	油层钻遇率，%
合计	839.17	836.97	99.7
主井眼	398.2	396	99.5
Z1	110.76	110.76	100
Z2	117.59	117.59	100
Z3	98.86	98.86	100
Z4	113.76	113.76	100

在低品位潜山边台潜山实施的四分支水平井边台—H1Z井，投产后日产油22.5t，是周围直井的4.3倍，当年累积产油5525t。

五、最大限度提高储量动用程度是改善开采效果的保障

最大限度提高储量动用程度，涉及沉积相带、井距排距、纵向钻遇位置、加热半径、构造位置、油水关系等多种因素。在常规研究基础上，在以下4个方面又取得初步成果：

（1）钻遇有利相带可有效提高产量。在锦45-32-18块于楼油层（图5-13），运用相控建模软件，精细刻画主力砂体辫状河道展布特征，模拟的砂体长度220m与实际钻遇的砂

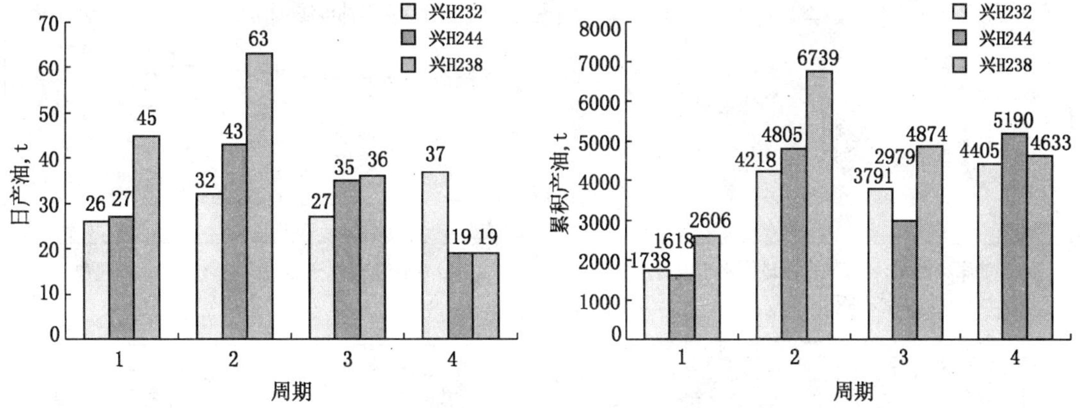

图 5－12　兴 H238 井初期生产效果与邻井对比

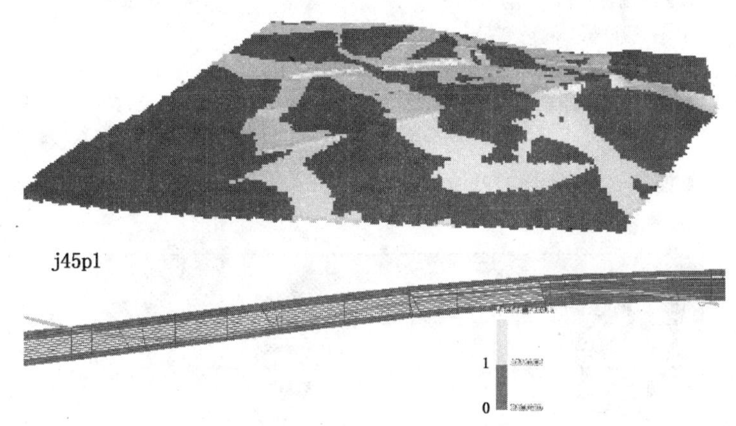

图 5－13　锦 45－32－18 块于楼油层辫状河道模型

体长度 251m 比较接近，与实际吻合较好。该井至 2007 年 12 月已累积采油 8059t。

（2）优化水平段纵段尽可能靠近油层底部。对于边水油藏，水平井平行油水边界略靠近油层上部部署，抑制边水向位置可有效提高储量动用程度。在稀油油藏，为了延缓见水时间，尽可能靠近油层顶部。对于稠油纯油藏，水平水侵，提高内部井开发效果（图 5－14）。

（3）拓展波及范围可有效改善生产效果。

实施水平井增大注汽量、三元复合蒸汽吞吐、化学吞吐、气体吞吐等组合式注汽方式，可有效拓展平面、纵向波及体积，改善吞吐开发效果。3、4 轮加大注汽量，周期产油量较前两周期明显增加，日产能力可达 46.4t，油汽比可达到 0.53（图 5－15、图 5－16）。

（4）提高水平段动用状况可有效改善生产效果。针对单管注汽水平段吸汽不均造成油层动用程度差的实际，2007 年在杜 84—兴平 67 井开展了双管注汽试验，内管注入量 4730t，外管注入量 3151t，累积注入量 7881t，见到明显增油效果。测温资料显示，水平段动用程度达到 84.8%，提高 26%。双管注汽管柱结构见图 5－17。

杜 84—兴 H67 井三周期产油 5438t，与二周期对比增油 2497t，周期油汽比 0.68，提高 0.31（图 5－18）。

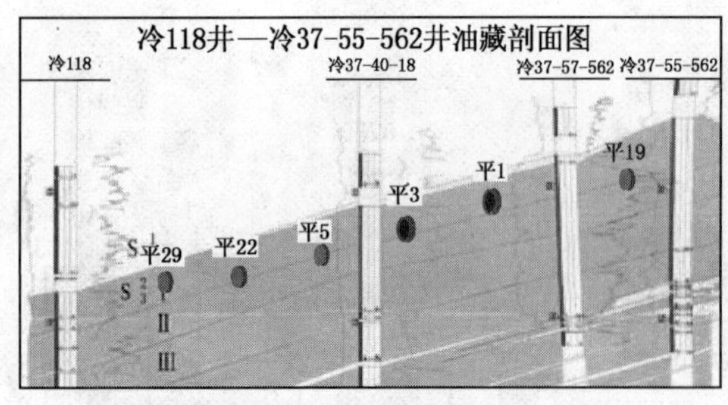

稠油底水油藏:研究底水推进到水平段时,上部油层得到充分动用

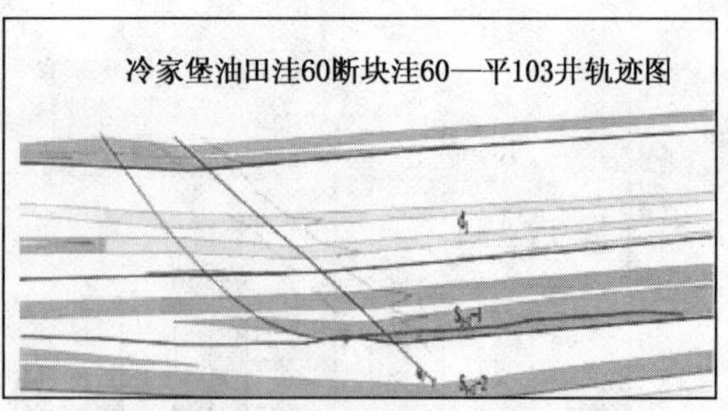

稠油纯油藏：水平段尽可能靠近油层底部

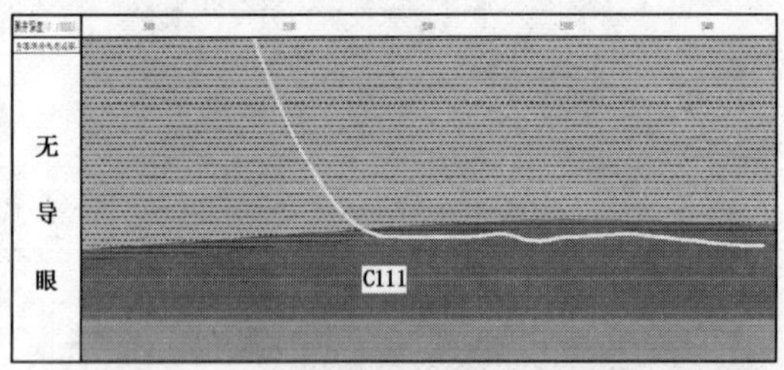

稀油：为了延缓见水时间，尽可能靠近油层顶部

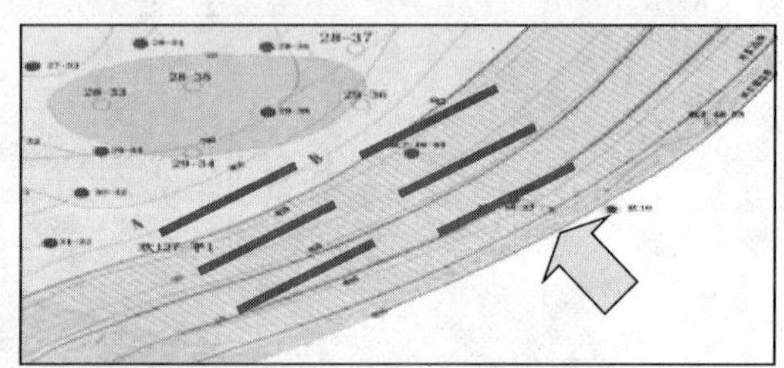

边水油藏：水平井平行油水边界略靠近油层上部部署，抑制边水水侵，提高内部井开发效果

图 5－14　不同类型油藏复杂结构井水平段位置部署剖面图

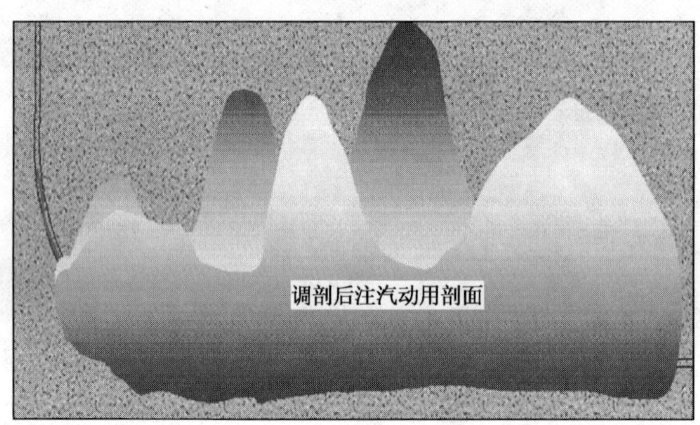

图 5－15　注汽剖面调整示意图

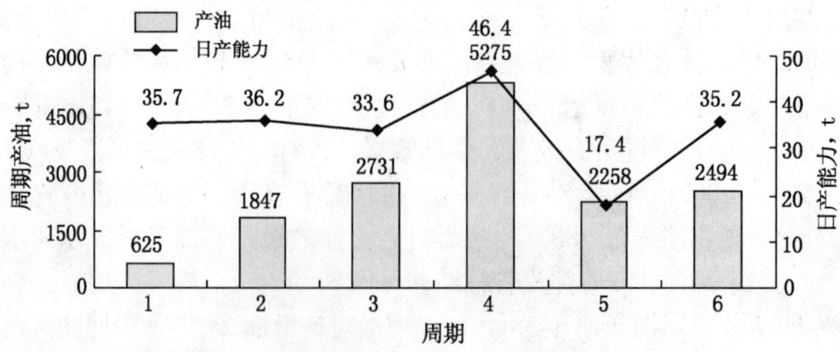

图 5－16　拓展波及范围后产量指标曲线

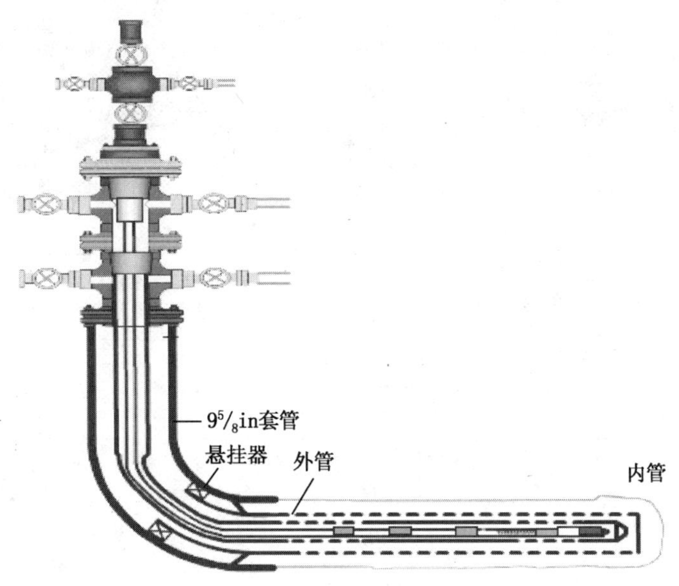

图 5－17　双管注汽管柱结构图

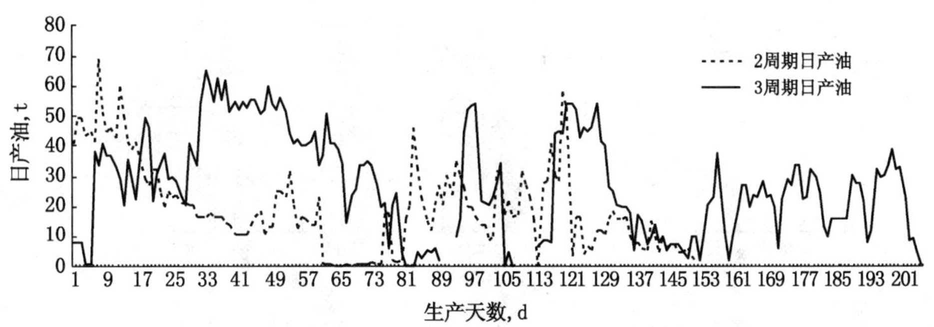

图 5－18　杜 84—兴 H67 井双管注汽前后产量对比曲线

第三节　复杂结构井成效及作用

通过复杂结构井的规模实施，在以下 6 个方面取得显著成效。

一、实现了油区稳产

复杂结构井的规模应用为油田持续稳定发展发挥了重要作用。1996 年以来油田持续 10 年递减，2005 年以来通过实施以水平井为主要技术手段的新区高效开发和老区二次开发，2007 年实现了产量稳中有升（图 5－19）。

主要是通过实施复杂结构井保证了产能建设规模，实现了油区稳产（图 5－20）。

二、提高了资源利用率

复杂结构井切实解决了低品位储量开发问题。一是实现了难采储量动用。应用水平井或复杂结构井评价难采储量，三年提供可开发储量 4311×10^4t，增加可采储量 760×10^4t；二是盘活了老区资源，提高了老区剩余储量采收率：

（1）超稠油 SAGD 提高采收率 30％以上。阶段增加可采储量 130×10^4t。

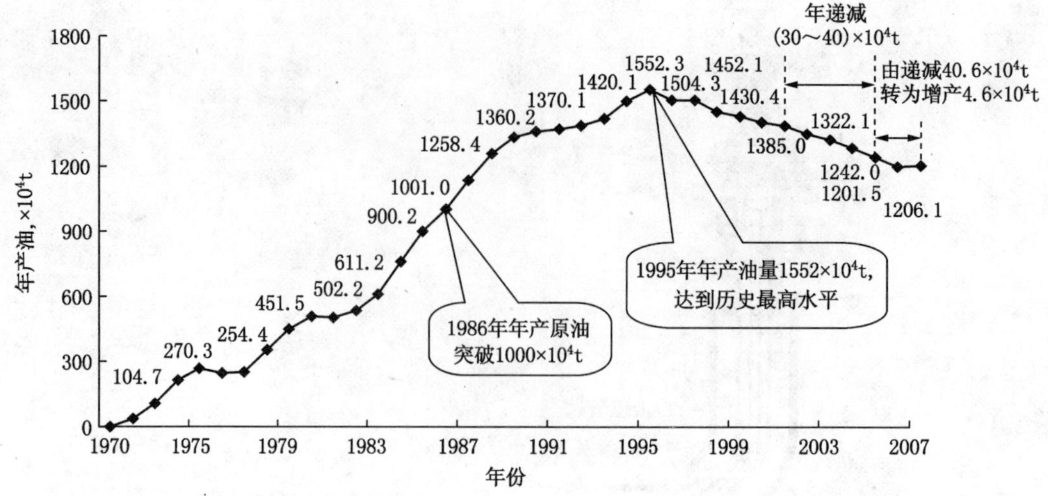

图 5－19　辽河油区历年产量变化曲线

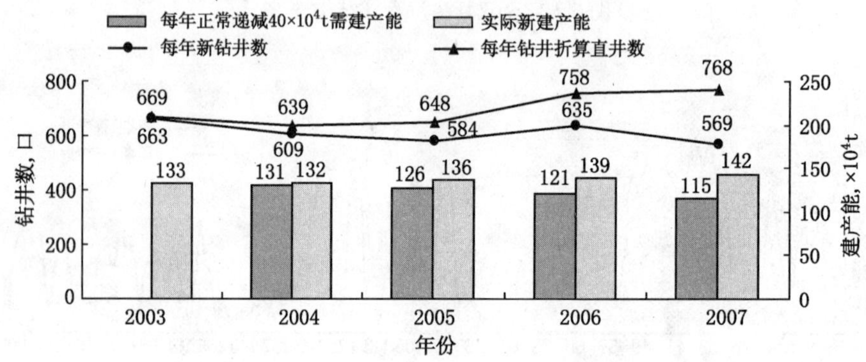

图 5－20　辽河油区 2003 年以来钻井及建产能状况图

（2）稠油井间加密井实施水平井＋直井组合蒸汽吞吐可提高采收率 5%～8%，增加可采储量 300×10^4t；

（3）直井水平井组合注水，提高采收率 2%～3%，增加可采储量 40×10^4t；

（4）濒临废弃油藏实施二次开发，增加可采储量 120×10^4t。

（5）边底水油藏实施水平井开发，提高采收率 6%以上，盘活石油地质储量 2200×10^4t，增加可采储量 130×10^4t。

共增加可采储量 1480×10^4t，老区实施水平井开发区块可提高采收率 7%～8%。

三、调整了油区“四大结构”，奠定了油区进一步持续稳产的基础

（1）调整产量结构，实现了稀油高凝油产量增加，增强了稳产基础（图 5－21）。低递减增强了油田稳产能力。

（2）调整产能结构：通过以复杂结构井为主的产能结构调整，基本实现了产能增减平衡，增强了辽河油区稳定发展的基础（图 5－22）。

（3）调整措施结构：以水平井为主的增大注汽量与老井组合集团式注汽措施改变了以往措施产量递减趋势。辽河油区措施产量变化见图 5－23。

（4）调整稳产结构：实现了具有稳产能力产量比例的上升，产量递减下降（图 5－24）。

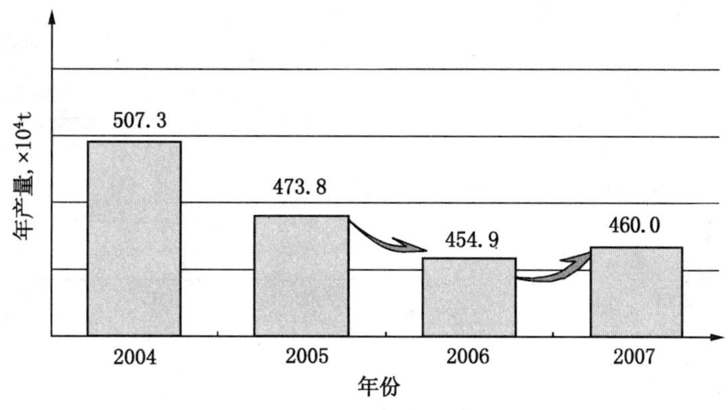

图 5-21 近年来稀油高凝油产量变化

四、形成了规模效益

截至 2007 年底，全油区共完钻复杂结构井 496 口，建成原油生产能力 175×10^4 t。投产水平井 485 口，开井 386 口，2007 年产油 154.8×10^4 t。累积评价复杂结构井 471 口，总投资 56.62×10^8 元，销售收入 81.73×10^8 元，单位操作成本 463.8 元，投入产出比 1∶1.02（图 5-25）。

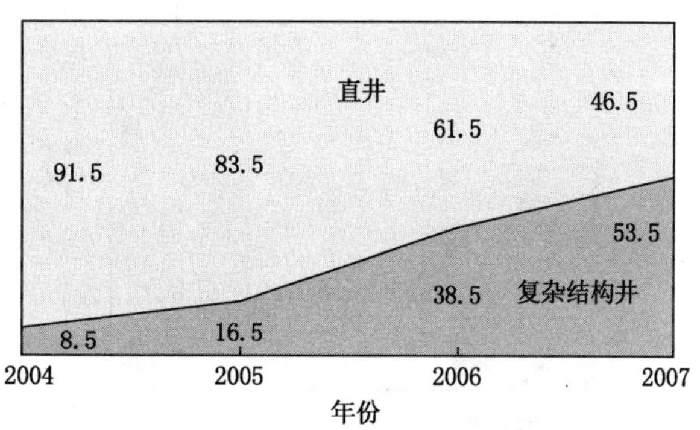

图 5-22 水平井与直井产能建设比例关系图

规模效益另一方面体现在节约了土地，按照中国石油天然气股份有限公司土地征用办法，如钻直井应征地 $330\times10^4\,m^2$，实际征地 $164.8\times10^4\,m^2$，节约占地 $165.2\times10^4\,m^2$。据 Ggardes 定向井公司报道，一口多分支井可以节省 18 口直井的井场，而产量却能增加 20%，并且减少了岩屑和其他要处置废物的数量（图 5-26）。

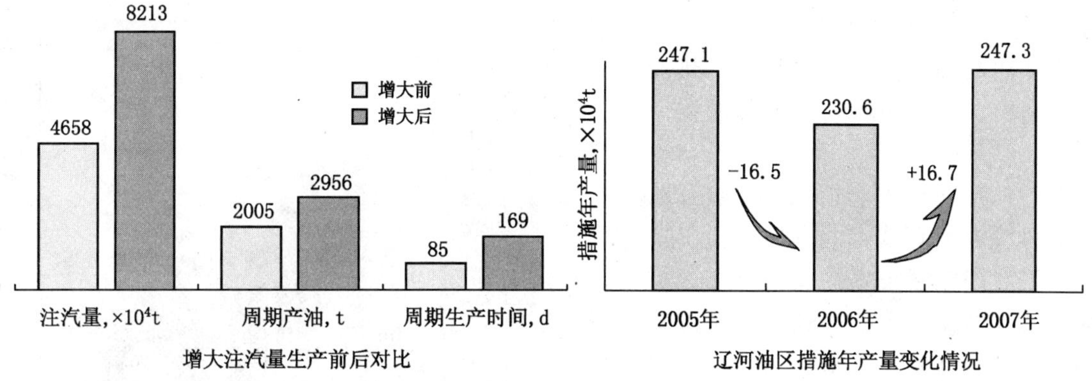

图 5-23 辽河油区措施产量变化情况统计图

规模效益的第三方面还体现在：(1) 减少操作人员。按照中国石油天然气股份有限公司相关文件规定，每口井定员 1.25 人，共减少操作人员 600 名左右；(2) 减少安全隐患。稠油热采水平井一次注汽量大，油井吞吐周期长，相应减少了频繁作业带来的安全隐患；(3)

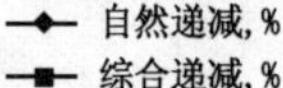

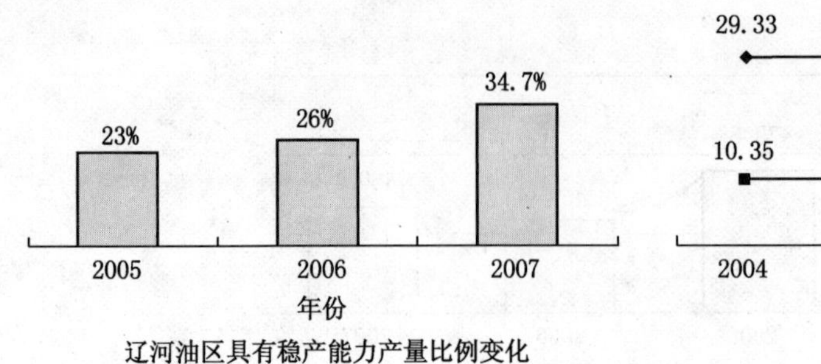

图 5－24　辽河油区递减率变化曲线

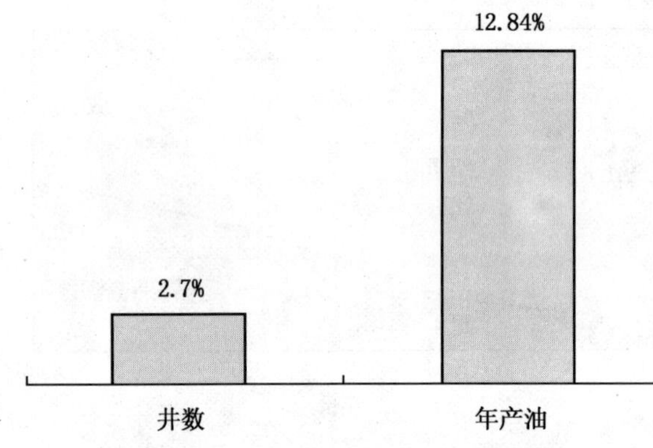

图 5－25　2007 年底水平井占油区对应总量的比例

减少了套坏井比例。对比超稠油 3 年来投产直井和水平井套管损坏状况，直井平均为 25.7%，水平井仅为 8.1%（见表 5－10）。

五、水平井的规模应用促进了核心技术、关键技术和配套技术的发展

（1）促进了三大核心技术的发展：蒸汽辅助重力泄油与蒸汽驱复合驱动、直井与水平井组合集团式立体蒸汽吞吐、直井与水平井组合注水；

（2）促进了油藏井网优化设计、注采参数十大关系优化、钻完井、深层高干度注汽和高温大排量举升、热能综合利用、污水循环利用等关键技术的发展；

（3）促进了双管注汽、酸化压裂、调剖解堵等配套技术的发展。由于核心、关键和配套技术的发展，中深层稠油大幅度提高采收率技术，获得中国石油天然气股份有限公司、集团公司技术创新特等奖。

图 5－26　8 口井的丛式复杂结构井平台图

六、创新了开发理念

复杂结构井应用促使我们形成了全新的开发理念，逐步确立了“二次评价、二次开发、多元开发、深度开发、高效开发”的二十字开发方针，为油田持续开发打开了富有想象力的空间。规模实施三年来，超额完成了中国石油天然气股份有限公司下达的工作量和当年产能建设任务，实现了建产增储一体化，取得了一系列突破性认识，引领了辽河油区近一时期开发方向，其影响极其深远。应用复杂结构井能够发挥以下作用：

表 5-10　直井与复杂结构井损坏率对比表

投产年份	直井			水平井		
	当年投产井数 口	到 2007 年底损坏井数，口	损坏率 %	当年投产井数 口	到 2007 年底损坏井数，口	损坏率 %
2005	166	64	38.6	30	3	10
2006	171	28	16.4	67	6	9
2007	123	26	21.1	39	2	5.1
合计	460	118	25.7（平均）	136	11	8.1（平均）

（1）实现了新区高效开发，形成了平面跨断块、纵向跨层组叠置式复杂结构井设计，探索了大斜度水平井、多底水平井、鱼骨井在油藏中的应用，建成 50t 以上生产能力井 20 口，其中 10 口井生产能力井达百吨，实现了新区高效开发。在含油幅度高达 1600m、油层底界超过 4000m 的巨厚深层变质岩潜山兴古 7 块的开发中，应用复杂结构井技术，纵向 3 段 5 层交错叠置部署，实现了快速建产、高效开发。复杂结构井投入开发后仅 11 个月，采油速度由 0.09%提高到 1.4%，增加 15 倍。复杂结构井初期产量是直井的 3.6 倍，生产压差只有直井的七分之一，比采油指数是直井的 2～3 倍。已经完钻复杂结构井中 100%见油，82%的井能够自喷高产，低效井比例大大低于裂缝型油藏直井开发，初期日产油 70.6t，目前日产油 63.4t，大大减缓了递减。如果完全直井开发，根据测算，日产油只有目前的三分之一，采油速度仅能达到 0.6%（图 5-27）。

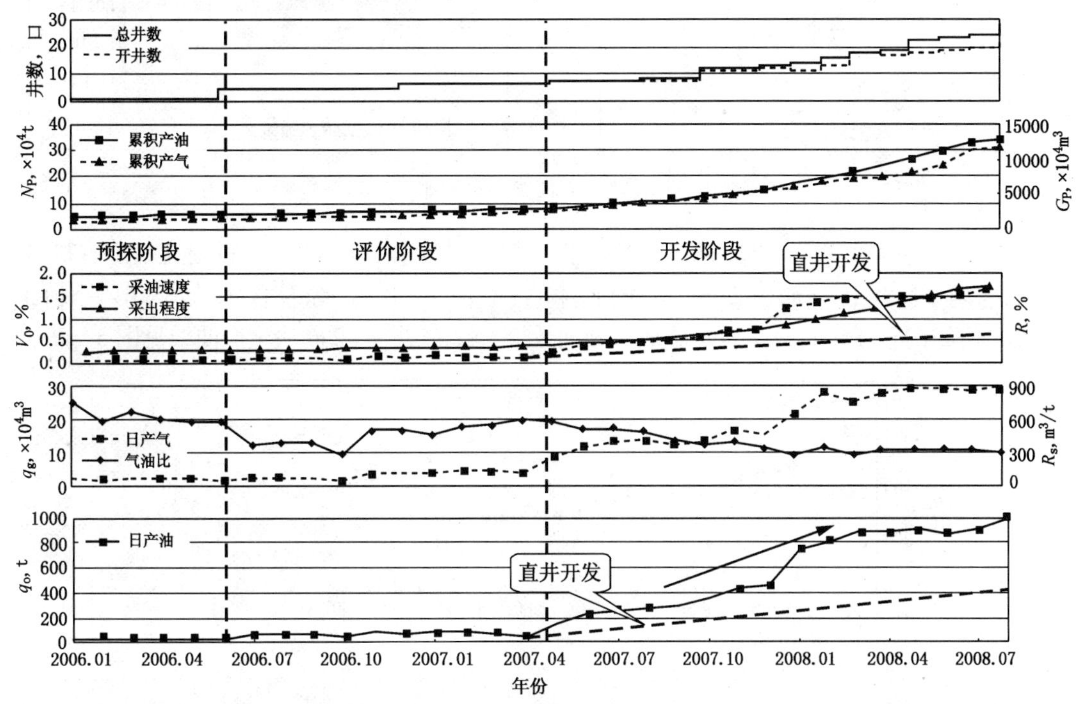

图 5-27　兴古 7 潜山油藏综合开发曲线

（2）催生了老油田二次开发。

在 2004—2005 年利用水平井开展低含油饱和度油藏、边底水油藏、薄层油藏、热采稠油厚层油藏中后期底部挖潜试验获得成功的基础上，滋生了利用新技术重新开发老油田的工作设想，并率先在老油田二次开发方面开展了积极的探索与实践，形成了较为完整的技术体系和工作路线。逐步建立了一次开发评价、二次开发筛选、二次开发工作“三大体系”；形成了重选开发方式、重构地下认识体系、重建井网结构、重组地面流程“四重技术路线”；确立了改变渗流方式、改变驱替类型、改变驱动方式和重组驱替介质“四个工作层次”，夯实了二次开发理论基础。在老油田二次开发新理论指导下，3 年实施 27 个区块，与二次开发前对比，日产油增加 1100t。

①改变渗流方式。新海 27 块是中国石油天然气股份有限公司二次开发示范区块，采用水平井替代直井开发，整体部署水平井 33 口，建产能 12×10^4t。

②改变驱动方式。针对块状普通稠油油藏油水黏度比高、水驱效果差的实际，受 SAGD 开发机理启发，探索“顶部水平井注水、实现重力驱油”的注水开发方式。首先，水平井部署在油层顶部，直井底部注水补充能量，预计提高采收率 7.7%。之后，水平井顶部注水，扩大波及体积，预计提高采收率 3.1%（图 5－28）。

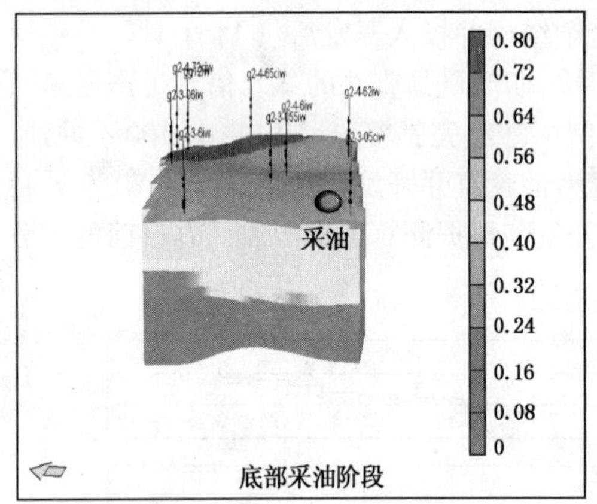

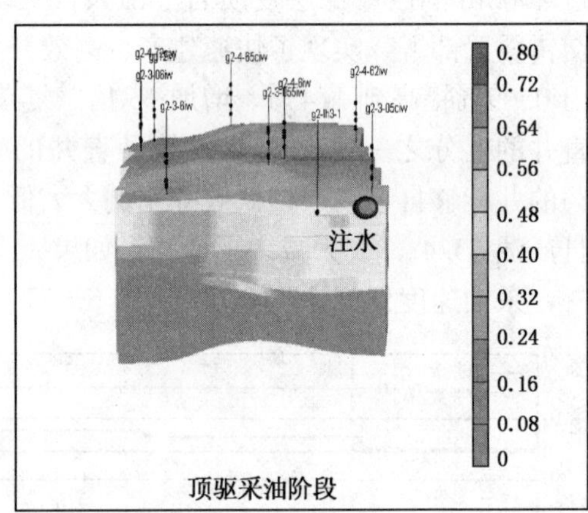

图 5－28　顶部水平井注水、重力驱油示意图

2007 年选择锦 612、高 246 两个区块实施，整体部署水平井 44 口，目前完钻 30 口，投产 28 口。两个区块日产油由 265t 上升到 646t，增加了 381t，综合含水从 65.6%下降到 54.7%，下降了近 11 个百分点，实施取得预期效果。锦 612、高 246 块生产曲线见图 5－29。

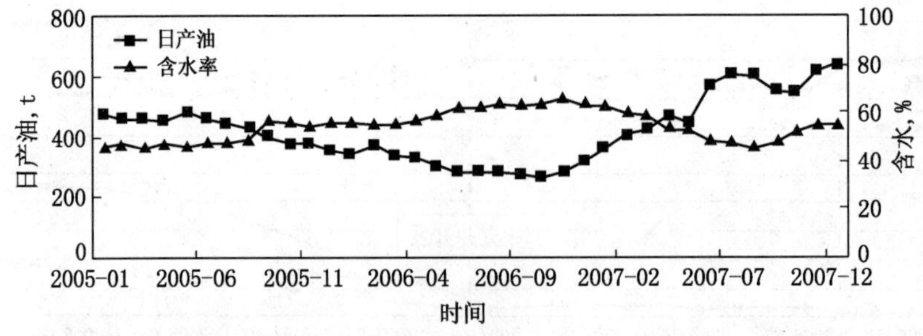

图 5－29　锦 612、高 246 块生产曲线

（3）推进了边际储量评价开发。

形成了“四个转变”的二次评价思路。通过 3 年实施，预计提供经济有效开发储量 4311×10^4t，其中可实现高效开发储量 2270×10^4t。

①利用水平井评价薄层稠油油藏获得高产，使之成为高效开发储量。

在西部凹陷西斜坡薄层稠油实施了水平滚动探井，均获得成功，突破了储量探明和动用厚度下限，使该块 3000×10^4 t 储量上报成为可能。

②应用鱼骨井评价低产潜山，获得较高产量。

在边台实施的四分支水平井边台—H1Z 井获得成功基础上，2008 年部署鱼骨井 8 口，使该块 792×10^4 t 难采储量高效开发成为可能。2008 年完钻并投产 4 口，平均单井初期日产油 20t，取得了较好的效果。

（4）促进了老油田深度开发。

针对热采稠油进入高轮次阶段，常规吞吐效果逐年变差的实际情况，积极推进“单井单点独注向多井面积同注、水平井由低强度注汽向高强度注汽、水平井单点注汽向多点注汽”3 个转变，取得了较好的效果。2007 年热采稠油在注汽量增幅减小的情况下，实现了措施产量上升（图 5－30）。

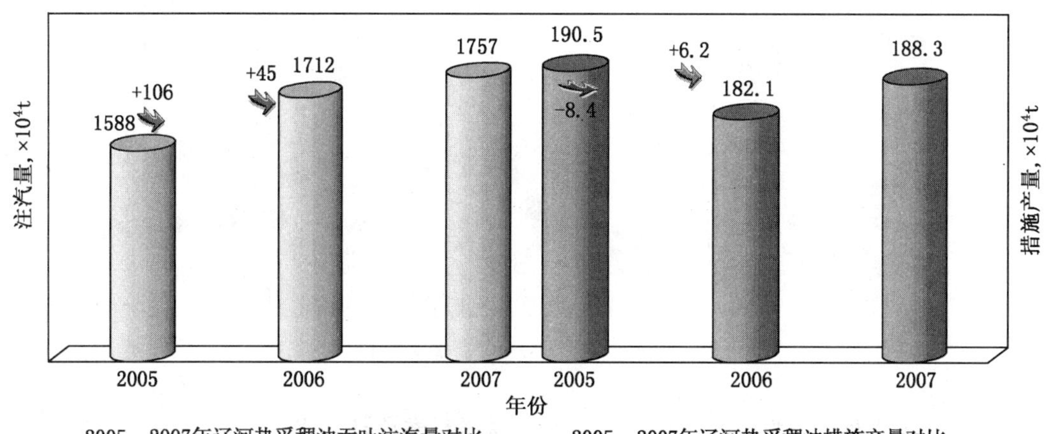

图 5－30　2005—2007 年辽河热采稠油措施产量对比

以水平井为主的增大注汽量与老井组合集团式注汽，2007 年措施增产 20.2×10^4 t，若考虑措施产量递减，实质增加 27.7×10^4 t。如杜 84—兴 H225 井，水平段长度 576m，注汽量由 8030t 增加到 15000t，周期产量由 2933t 增加到 6142t（图 5－31）。

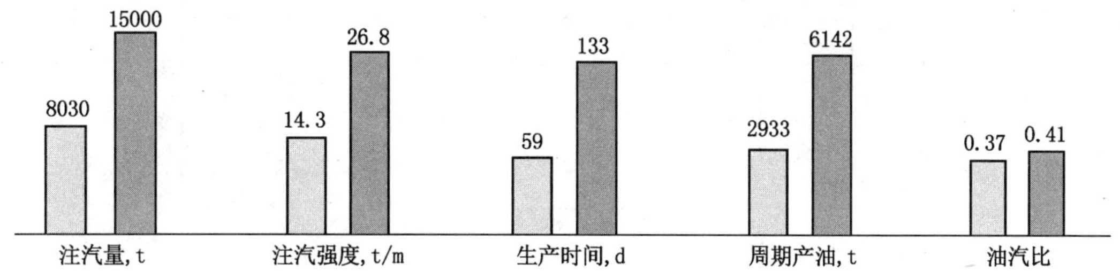

图 5－31　杜 84—兴 H225 井加大注汽量前后生产效果对比图

（5）带动了特殊油藏多元开发。

①水平井直井组合注水，改变了沈 625 块潜山油藏开发模式。针对沈 625 块潜山油藏，平面上岩性变化大，纵向上具有分组、分段、分层性的特点，在精细研究潜山内幕基础上。划分出了相对独立的开发单元。

并以沈625潜山地质研究为基础，重新确定注采井网，采取直井底部注水，水平井中高部采油的注采方式。形成了平面上不同组合注采关系（图5-32）。

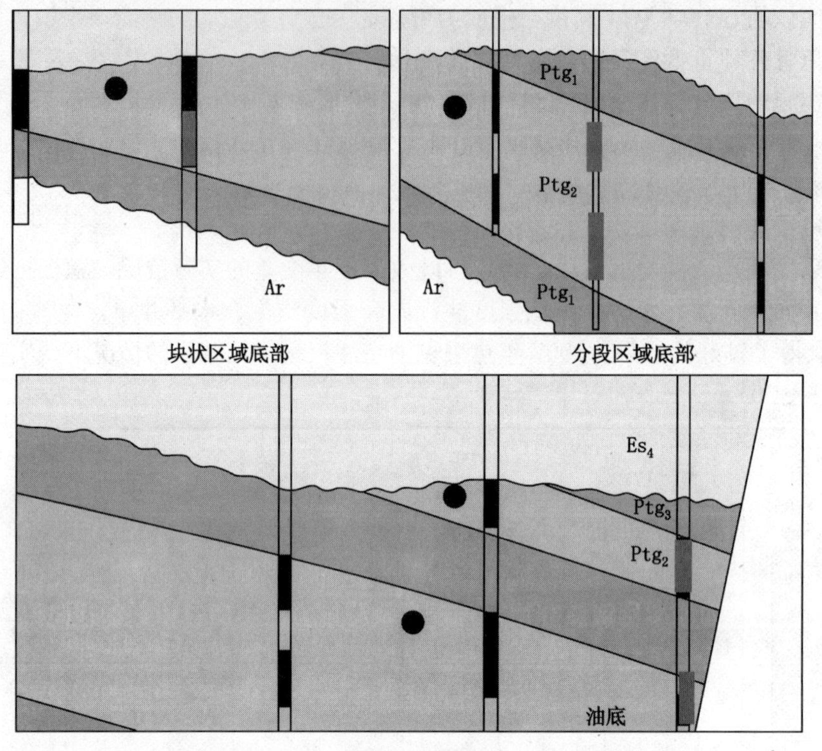

图5-32 分段区域分层注水示意图

沈625潜山实施注水开发后，区块综合和自然递减率分别下降了9.7和11.9个百分点。实现了潜山油藏持续稳产，改变了同类型油藏快速上产、迅速减产的开发模式。沈625潜山油藏与其他潜山油藏开发模式对比见图5-33。

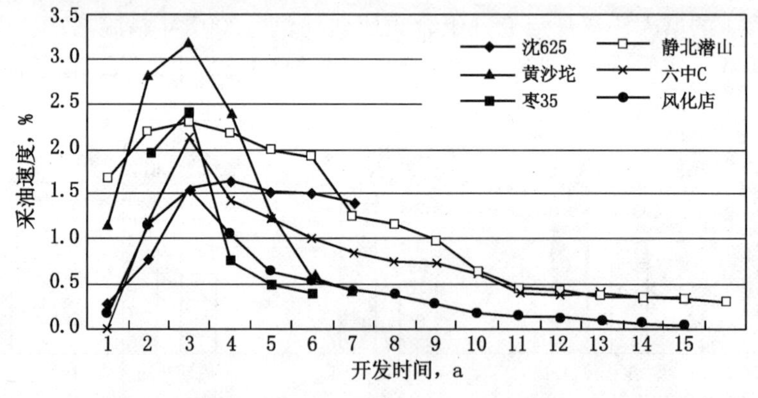

图5-33 沈625块与其他潜山油藏开发模式对比图

②杜84块超稠油SAGD工业化试验获得成功。在杜84块馆陶组、兴Ⅰ组、兴Ⅵ组3套层系共部署109个井组，目前转驱13个井组，其余96个井组将分3年转完（图5-34）。

SAGD开发13个井组，目前开井12口，日产油572t，平均单井日产油48t，瞬时油汽比0.17（图5-35）。

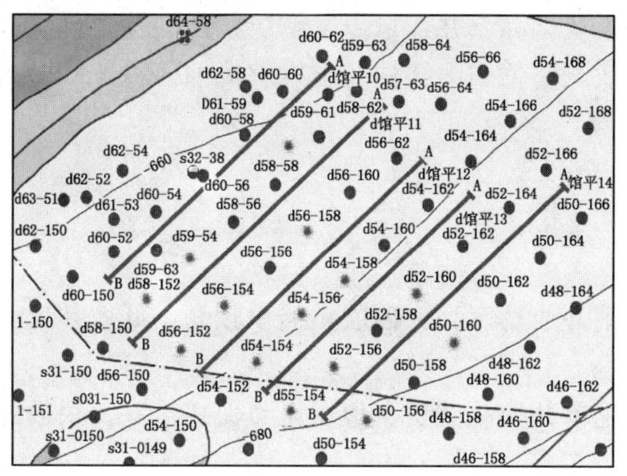

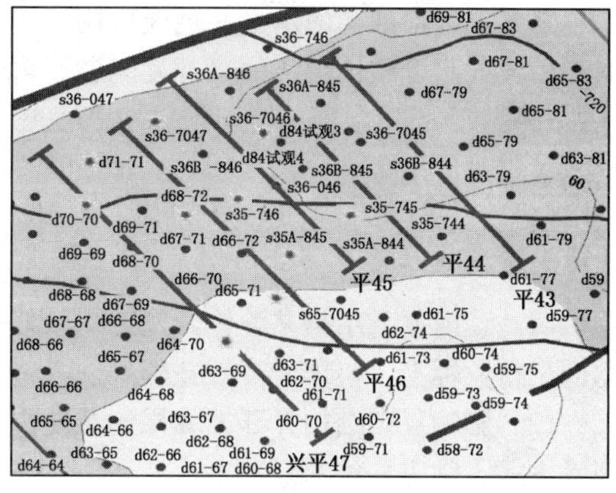

图 5－34　馆平 10—14、平 43—47 井组井位图

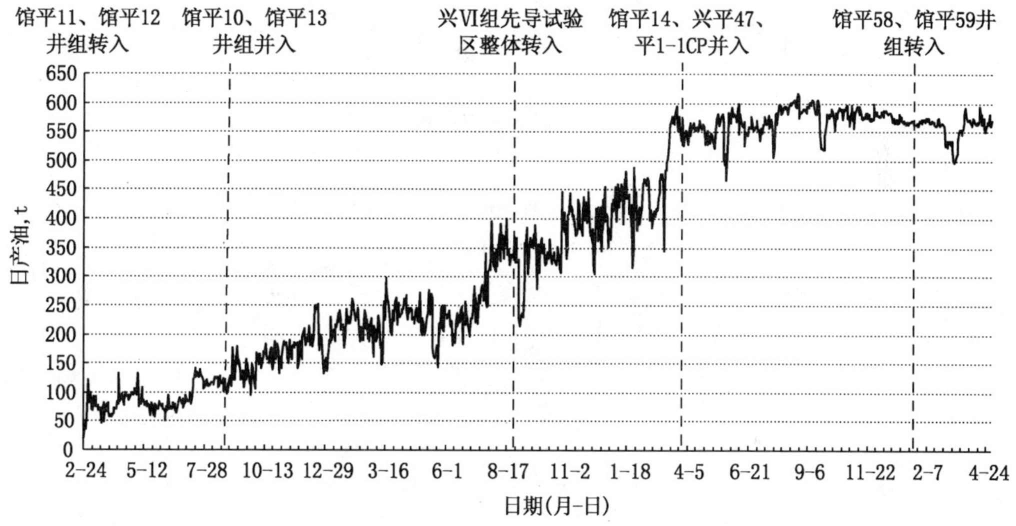

图 5－35　SAGD 井组日产油变化曲线

曙一区超稠油 109 个井组转 SAGD 后，最高年产油 189×10^4t，增加可采储量 1060×10^4t，提高采收率 31.6%，最终采收率可达 63.1%（图 5－36）。

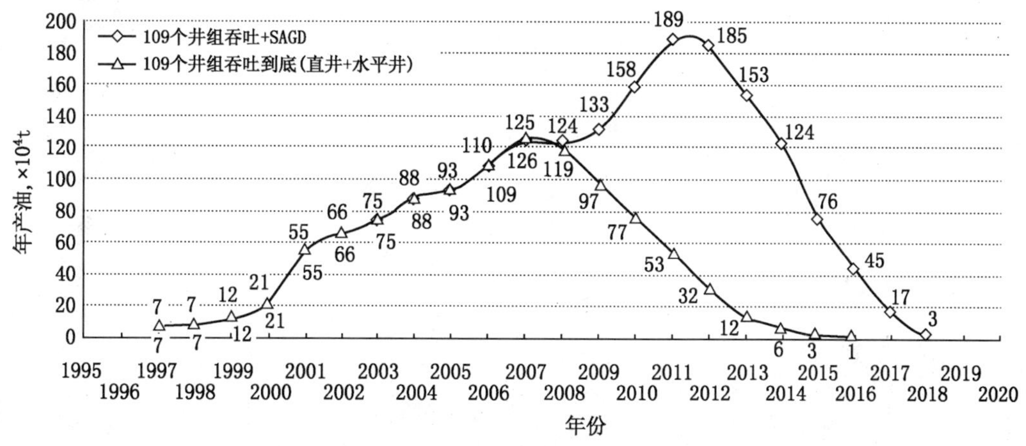

图 5－36　曙一区超稠油 SAGD 年产油预测曲线

总之，辽河油区的水平井规模应用，实现了从提高单井产量出发解决建产问题，到从改变开发方式出发整体解决油藏开发问题，再到从调整“四大结构”出发解决油区稳产问题的“三步跨越”。

小　结

(1) 辽河复杂结构井整体开发效果较好，钻井成功率高，油层钻遇率较高，低效井比例远低于行业标准，整体经济效益较好。

(2) 影响复杂结构井开发效果的主要因素是单井控制储量、地层压力保持水平、采取的开发方式、钻完井技术。

(3) 辽河油区低品位储量复杂结构井应用取得较大成效：

①实现了油区稳产。

②提高了资源利用率，实现了低品位储量动用，3 年提供可开发储量 4311×10^4 t，增加可采储量 760×10^4 t。

③调整了油区产量结构、产能结构、措施结构、稳产结构“四大结构”，奠定了油区进一步持续稳产的基础。

④形成了规模效益，节约占地 $165.2\times10^4 m^2$，减少安全隐患。

⑤促进了核心技术、关键技术和配套技术的发展。

⑥创新了开发理念，逐步确立了“二次评价、二次开发、多元开发、深度开发、高效开发”的二十字开发方针，为油田持续开发打开了富有想象力的空间。

参考文献

程林松，李春兰，郎兆新，等．1995．分支水平井产能的研究．石油学报，16（2）：49～55.

范玉平，韩国庆，杨长春．2006．鱼骨井产能预测及分支井形态优化．石油学报，27（4）：101～104.

方明，徐英卓．2002．基于实例的多智能体储集层伤害诊断模型的研究．小型微型计算机系统，23（3）：339～341.

韩国庆，李相方，吴晓东．2004．多分支井电模拟实验研究．天然气工业，24（10）：99～107.

韩国庆，吴晓东，陈昊，等．2004．多层非均质油藏双分支井产能影响因素分析．石油大学学报：自然科学版，28（4）：81～85.

金建忠．2008．多分支井技术在低渗透油气田开发中的应用分析．西部探矿工程，7：96～98.

李春兰，程林松，孙福街．2005．鱼骨型水平井产能计算公式推导，西南石油学院学报，27（6）：36～37.

李浩，杨海滨．2007．低品位石油储量有效动用的思考．中外能源，6（4）：29～32.

李琪，何华灿，张绍槐．2004．复杂地质条件下复杂结构井的钻井优化方案研究．石油学报，7：80～83.

李琪，徐英卓．2003．基于数据仓库的钻井工程智能决策支持系统研究．石油学报，24（4）：77～82.

李涛，等．2007．利用LWD技术开发鱼骨型分支井的实例分析．胜利油田职工大学学报，2（2）：111～113.

刘想平，张兆顺，崔贵香，等．2000．鱼骨型多分支井向井流动态关系．石油学报，21（6）：57～60.

毛志强，李进福．2000．油气层产能预测方法及模型．石油学报，21（5）：58～61.

潘继平，车长波，金之钧．2004．加强开发低品位石油储量的探索．中国矿业，13（8）：21～24.

彭美强，汪 超．2007．分支井技术的发展与现状．试采技术，6（2）：44～46.

戚志林，杜志敏，汤勇，等．2006．蛇曲井生产井段压降预测方法，西南石油学院学报，28（5）：44～46.

戚志林．2004．蛇曲井水平段两相流压力梯度模型．天然气工业，24（6）：95～97.

桑百川，侯孝国．1997．公司创新与发展．北京：中国经济出版社．

沈平平，江怀友，赵文智，等．2007．MRC技术在全球油田开发中的应用．石油钻采工艺，29（2）：96～99.

唐正国，张宏洋，王燕琨．2005．低品位石油储量有效开发利用策略．中国矿业，10（3）：30～31.

王贺林．2006．复杂结构井的过套管测井技术应用．石油地球物理勘探，6（4）：357～361.

王家宏．2002．中国水平井技术应用评价及实例分析．北京：石油工业出版社．

谢桂学，等．1997．低渗透油田开发中的突出特点、主要矛盾及基本做法．低渗透油气田，2（1）．

徐明．2004．中、俄经济可持续发展的“瓶颈”与能源制约问题分析．经济学家，5（2）．

于民．1999．石油经济研究报告集．北京：石油工业出版社．

查全衡．2003．试论“低品位”油气资源．石油勘探与开发，30（6）：5～7.

张绍槐，张洁．2001．21世纪中国钻井技术发展与创新．石油学报，22（6）：63～68.

张绍槐．2003．现代导向钻进技术的新进展及发展方向．石油学报，24（3）：82～89.

张亚伟．1998．多底分支井完井方案及其应用的比较．新疆石油科技信息，6（2）：25～26.

张云连，等．2000．多底井、分支井工程设计原则和方法．石油钻探技术，28（2）：20～25.

赵济东，徐英卓，白艳放．2008．基于CBR的复杂结构井钻井过程智能决策支持系统．计算机应用与软件，25（4）：27～29.

郑俊德，杨长祜．2005．水平井、分支井采油工艺现状分析与展望．石油钻采工艺，27（6）：93～98.

中国国家统计局．2006．中华人民共和国2005年国民经济和社会发展统计公报．

周生田，张琪．1997．水平井水平段压降的一个分析模型．石油勘探与开发，24（3）：49～52.

祝金利，姜汉桥，梁春梅．2008．多分支井技术在辽河稠油油藏中的应用．西安石油大学学报，3（3）：55～

59.

Afaleg N I. Design and Deployment of Maximμm Reservior Contact Wells With Smart Completions in the Development of a Carbonate Reservoir. SPE 93138.

AL－Dossary A S. First Installation of Hydraulic Flow Control System in Saudi A Rranco. SPE 93183.

AL－Jeffre A M. World's First MRC Window Exits Out of Solid Expandable Open－hole Liner in the Shaybah Field，Saudi Arabia. SPE 97427.

AL－Otaibi M B. Wellbore Cleanup by Water Jetting and Enzyme Treatments in MRC Wells：Case Histories. SPE97427.

Basquet. 1998. A semi—analytical approach for productivity evaluation of wells with complex geometry in muhilayered eservoirs [R]. SPE49232：1～10.

Dikken B J. 1989. Pressure drop in horizontal wells and its effects on their production performance，SPE 19824.

Dossary A S. Challenges and Achievements of Drilling Maximum Reservoir Contact（MRC）Wells in Shaybah Field. SPE/IADC 85307.

Eduardo Pacheco，Rene Castro，M. Y. Soliman. Advanced Numerical Simulator To Predict Productivity for Conventional and Non－conventional Well Architecture. Latin American & Caribbean Petroleum Engineering Conference，15－18 April 2007，Buenos Aires，Argentina.

Finger J T，Mansure A J，Knudsen S D，et al. 2003. Development of a system for diagnostic—while—drilling（DWD）[R]. SPE/IADC 79884：1～9.

Ginest N H. First Deep Multi－Lateral Gas Wells：Objectives，What We Got. Lessons Learned and Next Steps. SPE 93530.

Heisig G，Sancho J，Macpherson J D. 1998. Downhole diagnosis of drilling dynamics data provides new level drilling process control to driller [R]. SPE 49206：649～658.

Kanj M Y. Taming Complexities of Coupled—Geomechanics in Rock Testing：From Assessing Reservior Compaction to Analyzing Stapility of Expandable Sand Screens and Solid Tubulars. SPE 97022.

Michael J J，David R H，Darrell C H，et al. 2003. Telemetry drill pipe：enabling technology for the downhole internet [R]. SPE79885：1～10.

Montaron B A，Hache JM D. 1993. Improvements in MWD telemetry："Right data at the right time". SPE 25356：337～346.

Nughaimish F N. First Lateral—Flow—Controlled Maximum Reservoir Contact（MRC）Well in Saudi Arabia：Drilling & Completion：Challenges & Achievements：Case Study. IADC/SPE 87959.

Ouyang L B，Arbabi S，Aziz K. 1998. General wellbore flow model for horizontal，vertical and slanted well completions [R]. SPE 36608：124～133.

Ouyang. 1998. A simplified approach to couple wellbore flow and reservoir inflow for arbitrary well configuration [R]. SPE 48936：79～91.

Paul Lurie，Philip Head，Jacke E S. 2003. Smart drilling with electric dill string [R]. SPE/IADC 79886：1～13.

Saleri N G，Salamy S P. SHAYBAH－220：A Maximμm Reservoir Contact（MRC）Well and Its Implications for Developing Tight Facies Reservoirs. SPE 81487.

Siddiqui S. Techniques for Extracting Reliable Density and Porosity Data From Cuttings. SPE 96918.

Stability of Expandable Sand Screens and Solid Tubulars. SPE97022.

Su Z，Gudmundsson J S. 1994. Pressure drop in perforated pipes：experiments and analysis. SPE 28800.

Yuan H，Saricac，Brill J P. 1996. Effect of perforation densityon single phase liquid flow behavior in horizontal wells，SPE 37109.